污泥热解转化

胡艳军　郭倩倩　乔　瑜　著

北　京

冶金工业出版社

2024

内 容 提 要

本书系统地阐述了过程污染物释放特征、热解产物特性分析及应用、污泥热解转化技术。全书共分 8 章，主要内容包括污泥全特性解析、宏观尺度下的污泥干化与热解特性、微观尺度下的污泥热解机制、污泥热解过程中硫/氮转化与污染物排放控制、污泥热解过程多环芳烃的生成与控制、污泥热解炭的全特性解析以及污泥热解工程实例。

本书可供污泥热解处置及资源化等领域的工程技术人员和科研人员阅读，也可供高等院校环境工程、热能工程及相关专业师生参考。

图书在版编目（CIP）数据

污泥热解转化／胡艳军，郭倩倩，乔瑜著．—北京：冶金工业出版社，2024.7

ISBN 978-7-5024-9798-9

Ⅰ.①污… Ⅱ.①胡… ②郭… ③乔… Ⅲ.①污泥处理—热解气化 Ⅳ.①X705

中国国家版本馆 CIP 数据核字（2024）第 058959 号

污泥热解转化

出版发行	冶金工业出版社	**电　话**	（010）64027926
地　址	北京市东城区嵩祝院北巷 39 号	**邮　编**	100009
网　址	www.mip1953.com	**电子信箱**	service@ mip1953.com

责任编辑　杜婷婷　美术编辑　吕欣童　版式设计　郑小利
责任校对　梅雨晴　责任印制　禹　蕊
北京建宏印刷有限公司印刷
2024 年 7 月第 1 版，2024 年 7 月第 1 次印刷
710mm×1000mm　1/16；18.25 印张；357 千字；281 页
定价 99.00 元

投稿电话　（010）64027932　投稿信箱　tougao@cnmip.com.cn
营销中心电话　（010）64044283
冶金工业出版社天猫旗舰店　yjgycbs.tmall.com
（本书如有印装质量问题，本社营销中心负责退换）

前　言

　　近年来，随着我国城市化进程加快及城市人口数量不断增加，城镇污水处理规模日益提升，市政污泥产量也相应增加。预计到 2025 年，我国污泥年产量将突破 9000 万吨。市政污泥含水率很高，成分复杂，除了含有大量的有机物和丰富的氮、磷等营养物质，还含有各种细菌、病毒、寄生生物及微量重金属。若污泥得不到妥善处理，将造成严重的环境污染和资源浪费。如何安全、经济、高效地处置市政污泥已成为当前各城市的迫切需求和难题。在全球共同应对气候变化、能源资源短缺的背景下，进行污泥无害化处理处置、降低二次污染风险，同时加强污泥资源化利用，实现减污降碳协同增效，是我国污泥处理处置的正确路径。对于污染防治攻坚，生态文明建设，碳达峰、碳中和目标的实现具有重要意义。

　　热解技术是当前污泥减量化与资源化利用的主流发展方向之一。本书结合作者及其合作团队在该领域多年的研究成果，注重内容的全面性和前瞻性，较系统地介绍了污泥热解转化技术与应用理论，并突出基础研究的科学性。全书共分 8 章，首先，对污泥全特性进行分析，对污泥处置利用技术开发及研究具有一定程度的借鉴价值；其次，从宏观尺度与微观尺度对污泥热解特性进行分析阐述，全面地剖析污泥热解转化特性；根据污泥特性介绍了热解过程中有机硫、氮转化及其臭气排放机制，对污泥清洁转化利用具有较高的参考价值；再次，基于作者长期在污泥热解污染物生成与控制方面的研究，围绕污泥无害化转化利用的热点研究方向，对热解过程典型有机污染物多环芳烃的生成、分布与控制进行详细介绍，具有前瞻性；最后，结合污泥热解技术的工程实例，对相关技术进行进一步阐述，具有一定的工艺参考价值。本书内容涵盖了较为全面的污泥热解转化理论与技术，兼顾工程技术人员、科研人员、高校师生等多层次背景读者的需求，通俗易懂。

本书由浙江工业大学胡艳军、郭倩倩以及华中科技大学乔瑜撰写，具体分工为：第1章、第3章、第4章、第6章、第7章由胡艳军撰写，第2章、第8章由郭倩倩撰写，第5章由乔瑜撰写。全书由胡艳军统稿。

天津商业大学陈冠益教授、同济大学赵由才教授、浙江大学王树荣教授等对本书提出了许多宝贵的建议，博士研究生余帆、赵玲芹及硕士研究生吴亚楠、陈江、卢艳军、刘山山、于文静、仝克、张本农、赵贺杨等在相关研究工作、资料收集与处理方面提供了大量的帮助，在此一并表示衷心的感谢。

书中涉及的有关研究得到国家自然科学基金重点项目和面上项目（项目编号：52236008、52170141、51576178）、浙江省自然科学基金重点项目及浙江省科技厅研发攻关计划项目（项目编号：LZ23E060004、2022C03092、2021C03164）等资助，在此表示诚挚感谢。

本书在编写过程中，参考了有关文献资料，在此向文献资料的作者表示感谢。

由于作者水平所限，书中不妥之处在所难免，敬请广大读者批评指正。

作　者

2023 年 8 月

目　　录

1 概　　论

城镇生活污水与工业废水处理过程产生的沉淀物和浮渣被统称为污泥，它是一种由有机残片、细菌菌体、无机颗粒、胶体等组成的极其复杂的非均质体。污泥的主要特性是含水率高、有机物含量高，容易腐化发臭，并且颗粒较细、密度较小，是呈胶凝絮状的固液混合物。它是介于液体和固体之间的浓稠物，可以用泵运输，但很难通过物理沉降进行固液分离。

污泥来源广泛，性质复杂，不同的污水水质及其处理工艺使剩余污泥的化学成分各异。通常，污泥富集了污水中 50% 以上的有机和无机污染物。一方面，污泥中病原体和微生物在高有机质和高含水率的环境下大量繁殖，引发腐败和恶臭，如处置不当会给公众健康和生态环境带来极大威胁，不利于社会的安全可持续发展。另一方面，污泥中较高含量的有机组分及丰富的氮、磷、钾等营养成分，使其具有一定的资源转化利用的潜力。

截至 2022 年，我国市政污泥的年产量已超过 6000 万吨（以含水率 80% 左右计）。市政污泥产量剧增不仅增加了污水处理厂的运行成本和负荷，也给生态环境保护带来了新的挑战。因此，污泥的处理处置是水处理行业的瓶颈问题，也是生态环境治理工作中的重点问题。在国家"十二五""十三五"和"十四五"规划政策的大力扶持下，污泥由传统的减量化、无害化处置方式逐步转变成资源化循环利用，目前已经逐渐形成了不同类型较为成熟的污泥资源化处置技术路线。

1.1　污泥来源、产量、分类

1.1.1　污泥来源

污泥来源具有复杂性和多样性，按照来源可以分为：给水厂污泥，来源于给水水源的净化过程；生活污水污泥，来源于城市污水处理厂处理生活污水过程；工业污泥，来源于污水处理厂处理工业废水过程；城市水体疏浚污泥，来源于河道、湖泊、池塘等自然或人工水体疏浚过程。按照污水厂处理污水工艺，可以分为初沉池污泥、活性污泥、腐殖污泥和化学污泥等。按照污泥的产生阶段，可以分为生污泥、消化污泥、浓缩污泥、脱水污泥和干化污泥。

1.1.2　污泥产量

我国污水净化处理起步于 20 世纪 70 年代末,随着社会对市政污水处理问题的重视程度不断提高,污水处理厂的数量和污水处理总量持续增加。据统计,截至 2022 年底,我国市政污水处理厂日处理能力达到 2.15 亿立方米,累计年处理污水量 625.8 亿立方米,污水处理率为 97.9%。随着污水处理效率的提高,污泥产量也随之增加,图 1-1 是 2016—2022 年我国市政污水处理厂污泥年产量及增速。

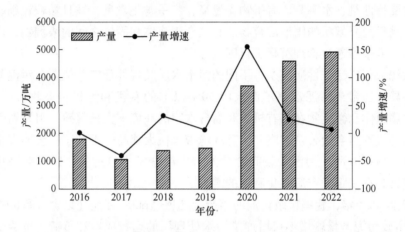

图 1-1　2016—2022 年全国市政污水处理厂污泥产量及增速

我国"十四五"发展规划在技术要求中明确提出,限制污泥填埋,稳步推进资源化,要求新建污水处理厂必须有明确的污泥处理途径,尽量选择热水解、厌氧消化、好氧发酵、干化等无害化处理方式,以推进污泥资源化回收利用。图 1-2 是对"十四五"期间污泥产量及无害化处置量预测,考虑到污泥处置补短板的政策力度,污泥处置的紧迫度不断提升。假设在"十四五"期间,污泥无害化处置比例提升至 90%,污泥产量增速逐年递减,则到 2025 年污泥无害化处置产能将会达到 28.56 万吨/d,年均复合增速 23.89%。

1.1.3　污泥分类

一般而言,不同的污水处理方法导致剩余污泥的理化性质各异、分类也较为复杂。目前有以下几种污泥分类方式。

(1) 按污泥来源分类,可分为给水厂污泥、市政污水污泥、工业污水污泥和水体疏浚污泥。给水厂污泥是指给水水源在净化过程中产生的污泥;市政污水污泥是指市政污水处理厂处理生活污水过程中排放的污泥;工业污水污泥是指污

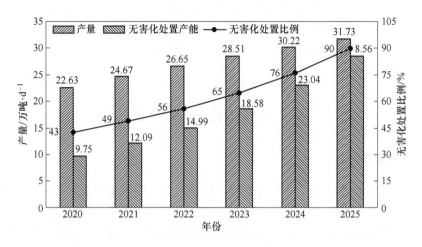

图 1-2 "十四五"期间污泥产量及无害化处置量预测

水处理厂在处理工业生产加工过程中排放的废水过程中产生的污泥;水体疏浚污泥是指河道、湖泊、池塘等自然或人工水体疏浚产生的污泥。本书中涉及的污泥主要是指市政污水污泥。

（2）按污泥成分分类，可分为有机污泥和无机污泥两类。有机污泥是指处理有机废水含生活污水的产物，其主要成分为有机物，营养成分丰富，如氮含量（质量分数）为 2%~6%、磷含量（以 P_2O_5 质量分数计）为 1%~4%、钾含量（以 K_2O 质量分数计）为 0.2%~0.4%；无机污泥，常称为沉渣，是指用自然沉淀和化学处理无机废水或天然水的产物，其主要成分为无机物，也会含有有毒物质和一定量的有机污染物。

（3）按污水处理方法分类，根据污泥从污水中被分离的过程，可分为初沉污泥、二沉池污泥、腐殖污泥和化学污泥。初沉污泥是指一级处理过程中产生的污泥。废水经初沉后，大约可去除可沉物、油脂和 50% 的漂浮物、30% 的生化需氧量。初沉污泥的性质随废水成分变化，特别是混入工业废水的市政污水或单独处理的工业废水。二沉池污泥是指二级生化处理中产生的污泥，包括活性污泥法中排放的剩余活性污泥、生物滤池及生物转盘等脱落的生物膜。此类污泥的组分与活性污泥及生物膜基本相同，除了吸附了少量的水中的悬浮物、无机盐或未分解的残剩有机物外，主要由微生物的细胞组成，因此污泥的有机物含量、含水率都较高，密度低。二沉池污泥的密度为 1.005~1.025 kg/m³，污泥的灰分及挥发性有机物的比例与生物处理系统中的泥龄有关，如果泥龄较长，则挥发性有机物含量较低。初沉污泥和二沉池污泥可统称为生污泥。腐殖污泥来自生物膜法二次沉淀池的排泥，其主要成分为脱落的生物膜，其性质与剩余污泥类似，含水率一般为 97% 左右。化学污泥是指用混凝沉淀法处理天然水或工业废水所排出的污泥，由于废水水质不同，成分较为复杂。化学污泥依据其产生的不同阶段又可以分为生污泥或者新鲜污泥（未经任何处理的污泥）、消化污泥（经厌氧消化或好氧消化稳定的污泥）、脱水污泥（经脱水处理后的污泥）、干化污泥（干化后的污泥）。

1.2　污泥特征概述

1.2.1　基本特征

市政污水处理厂剩余污泥的物理、化学和生物性质是遴选合适处置技术的重要依据，而理化组成特征是污泥的主要特性。不同来源污泥的化学特性和元素组成含量具有一定差异性，但基本的物理和化学组成成分具有一定相似性，如图1-3所示。一般来说，污泥由有机相和无机相的固相组分、水分、水溶性组分的流动相组成，主要包含以下成分：（1）蛋白质、多糖以及脂质等可生物降解有机物；（2）氮、磷等营养物质；（3）病原菌、细菌等；（4）具有潜在毒性的有机或无机污染物，如各类絮凝药剂、消炎止痛药、抗生素、抑菌剂、重金属等；（5）无机盐；（6）水。

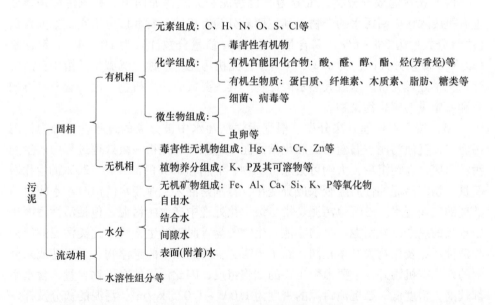

图 1-3　我国市政污泥的基本组成

城市污水处理厂污泥中除了含有大量可资源化利用的有机组分，也含有危害环境的重金属等元素组分。在污水处理过程中 70%~90% 的重金属被沉积在污泥中，根据我国106座典型城市污水处理厂污泥泥质调研结果，污泥中重金属浓度由高到低依次为锌、铜、铬、镍、铅、砷、镉、汞。

城市污水处理厂污泥包括初沉污泥、剩余污泥、消化污泥及脱水污泥。初沉污泥及剩余污泥主要性质见表1-1，未处理污泥和消化污泥的基本性质见表1-2。

表1-1　城市污水处理厂污泥的典型组成　　（%）

组分（质量分数）	城市污水处理厂污泥	
	初沉污泥	剩余污泥
挥发性固体	60～80	59～88
油脂	6～30	
蛋白质	20～30	32～41
纤维素	8～15	
氮（以N计）	1.5～4.0	2.4～5.0
磷（以P_2O_5计）	0.8～2.8	2.8～11
钾（以K_2O计）	0～1	0.5～0.7

表1-2　未处理污泥和消化污泥的基本性质

项　目	未处理污泥	消化污泥
总悬浮固体（TSS）/%	2.0～8.0	6.0～12.0
挥发性悬浮固体（VSS）/%	60～80	30～60
蛋白质/%	20～30	15～20
脂肪/%	6～30	5～20
N/%	1.5～4.0	1.6～6.0
P/%	0.8～2.8	1.5～4.0
纤维素/%	8.0～15.0	8.0～15.0
Fe/%	2.0～4.0	3.0～8.0
Si/%	15.0～20.0	10.0～20.0
碱度（$CaCO_3$）/mg·L^{-1}	500～1500	2500～3500
有机酸/mg·L^{-1}	200～2000	100～600
pH值	5.0～8.0	6.5～7.5

1.2.2　水分赋存特征

污泥中水分含量较高，这是影响后续脱水干化过程的关键。通常污泥中水分分为自由水和结合水两大类。自由水是游离在胶粒间和吸附在固体表面的水分，占初始浓缩污泥总水分的70%左右，一般可通过浓缩或机械脱水的方式去除大部分水分。结合水定义为在温度低于自由水的冰点（通常 – 8 ℃或 – 20 ℃时仍不结冰的水分），以化学键和其他物质结合在一起的水，其含量相对较小。结合水与污泥中的固体颗粒紧密吸附或存在键结，普通的浓缩和机械方式一般不能去除结合水，需要通过其他物理场（电场、温度场、更高压力场）方式去除或者采用调理的方法将一部分转化为自由水再去除。

对于自由水和结合水的测定，在很大程度上受到检测方法的影响。国内外很多学者通过热干燥法、抽滤法、膨胀测试法、示差热分析法、核磁共振等多种方式和技术识别了污泥中结合水的存在特征，同时也通过巧妙的实验设计对污泥中结合水的含量及结合力大小进行了定量分析。

1.2.3 絮体特征

污泥絮体结构如图 1-4 所示。活性污泥是一种独特的微生物生态系统，主要由细菌、真菌、藻类、原生动物、后生动物、病毒等各种各样的微生物及其分泌的胞外聚合物、无机颗粒物、有机物颗粒物等混合在一起形成，具有生物多样性高（超过 700 个微生物菌属和成千上万的操作分类单元）和生物量浓度高（通常 2 ~ 10 g/L）等特点。在这个独特的生态系统中，高度多样性的微生物高效地聚集在活性污泥絮体的异质结构中，这些微生物保证了活性污泥系统运行的稳定性和良好的处理性能，特别是一些功能微生物，如硝化细菌、反硝化菌、聚磷

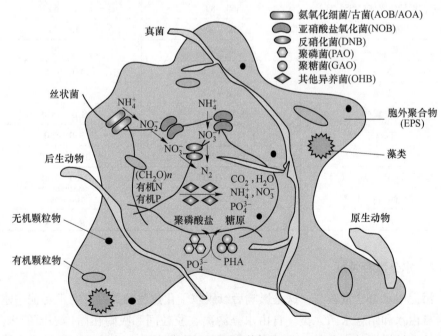

图 1-4 污泥絮体构成

菌、聚糖菌等是驱动系统有机物、氮、磷等污染物降解和转化的重要决定因素。因此，了解活性污泥中微生物群落组成、功能菌的生理特性以及影响微生物群落组成和功能菌的因素，从而选择性调控微生物群落，对于提高活性污泥絮体特征及处理能力具有重要价值。

有机絮体结构通常是以类凝胶状结构形式存在的胞外聚合物（Extra cellular polymeric substances，EPS）缠绕、缔结形成。其中，EPS 是包裹在微生物细胞壁外高分子物质的总称，由微生物代谢过程中分泌的一些高分子聚合物、细胞自溶或从水中吸附的有机物共同组成，能够与水分子牢固结合，是导致污泥深度脱水困难的主要原因。

疏水性是污泥絮体表面的重要性质，它促使污泥絮体中微生物细胞和表面物质紧密聚集在一起，疏水性越强，细胞间的亲和力或污泥絮凝性能越强。污泥 EPS 中带电亲水基团主要由多糖中的羧基等构成，非极性疏水基团主要由蛋白质中的芳香族化合物等构成。因此，污泥 EPS 中蛋白质和多糖的比值决定两种基团的比例以及污泥的疏水性。污泥 EPS 中大约 7% 是由蛋白质等物质构成的疏水性区域，剩下的则是由多糖等物质组成的亲水性区域，约 25% 的氨基酸带负电荷呈亲水性，约 24% 的氨基酸呈疏水性。EPS 中蛋白质、多糖、腐殖酸等物质的含量和组成对污泥的负电荷都有影响，而微生物 DNA 的含量对污泥絮体的表面电荷没有影响。活性污泥 EPS 表面多糖含有—OH、—COOH 等可解离的阴离子基团使污泥呈电负性，蛋白质中的氨基酸等基团带有的正电荷能够中和降低该负电荷。

1.2.4　物理组分

污泥的化学成分与污水成分、污水处理工艺紧密相关，是由各种有机质、胶体、金属元素、微生物、虫卵、病菌和有机高分子物质等组成的综合体，成分复杂，主要包括病菌微生物、有机物腐败、有机高聚物、重金属、盐分等。

污水和活性污泥中携带了大量的细菌、真菌、放线菌、原生动物和病毒等微生物，其中有些类群属于致病菌或条件致病菌。Li 等人利用高通量测序技术从污水处理厂的进出水、活性污泥、生物膜和厌氧消化污泥等 8 个等样品中共检出 113 种致病性细菌，其丰度介于 0.000095% ~ 4.89%。Korzeniewska 等人采用"BIO-PAKe"工艺处理污水时，空气环境中也存在一定数量的病原菌，如志贺氏菌属（Shigella）、小肠结肠炎耶尔森氏菌（Yersinia enterocolitica）、大肠杆菌（Escherichia coli）和臭鼻肺炎克雷白杆菌（Klebsiella pneumoniae ozaenae）等。在水的流动、曝气、搅拌等作用下，污水/污泥中微生物会逸散到大气中，形成微生物气溶胶，借助风力和自身的扩散作用向周围传播，它不仅影响周围空气质量，也可通过呼吸和皮肤接触等途径作用于人体，对人类健康造成严重影响。

　　污泥中重金属的赋存状态直接影响着其生态环境效应，其中重金属化学形态可分为溶解态、可交换态（碳酸盐结合态）等、可还原态（铁锰氧化态）等、可氧化态（有机结合态）等和残渣态等。其中，可交换态和有机结合态容易受到环境条件的影响而发生迁移，具有较高的环境风险；而残渣态则较为稳定，不易被微生物利用。污泥中重金属来源主要有以下四个方面：（1）工业废水，不同加工行业涉及的重金属种类不同，导致产生的工业废水中重金属成分也各有差异；（2）生活污水，主要为含重金属的洗涤废水；（3）地表径流，主要是工业废气中含有的重金属经过自然沉降或者雨雪冲刷会进入地表径流中；（4）城市污水管网系统，由于我国的污水管网系统大部分采用的都是镀锌材质，所以会导致污水及污泥中重金属锌的含量较高。污水的处理过程中，大部分重金属以共沉淀、微生物吸收和表面吸附等方式进入到污泥中。

1.2.5　资源价值

　　（1）堆肥利用。污泥因其自身的氨磷含量很高，水溶性有机物质、蛋白质等易分解成分含量较高，碳氨比低，供肥能力较强，适宜作为有机肥源使用。污泥堆肥是指在人工参与控制下，在特定的污泥水分、污泥碳氮比和通风等条件下将污泥中的有机物转变为肥料，其中微生物发挥了主要的作用。污泥通常用于同其他废弃物料混合进行堆肥。污泥堆肥后的产品挥发性物质含量降低、臭气减少，经堆肥化处理后污泥的物理性状明显改善（如含水量降低，呈疏松、分散、粒状）等，便于存储、运输和使用。此外，高温堆肥还可以杀灭堆料中的病原菌、虫卵和草籽，使堆肥产品更适合作为土壤改良剂和植物营养源使用。该方式不仅可以实现污泥的稳定化、减量化和无害化，还可以实现污泥的资源化利用，使得污泥中可用组分快速进入自然循环。

　　（2）建材化利用。随着我国经济的快速发展，对建材的需求日益增大。由于建筑材料等行业领域生产过程对黏土需求量很大，致使黏土资源被大量开采，已严重影响到农田质量。针对作为建材原料利用，可按污泥预处理方式将其分为两类：一是污泥脱水、干化后，直接用于建材制造；二是污泥以化学组成转化为特征进行处理后，再用于建材制造，其中典型的处理方式是焚烧和熔融。污泥熔融制得的熔融材料可以做路基、路面、混凝土骨料及地下管道的衬垫材料；微晶玻璃类似人造大理石，外观、强度、耐热性均比熔融材料优良，产品附加值高，可以作为建筑内外装饰材料应用；利用有害的城市垃圾焚烧灰和污泥亦可制成有用的建筑材料——生态水泥，实现资源再利用。

　　（3）能源利用。污泥富含有机质，为其能源利用提供了必要的物质基础，干燥基低位热值能达到 11 MJ/kg，这已经能与贫煤和劣质褐煤相媲美，可以通过物理、化学或生物的手段将其转化为热量，将对当下的能源危机有很大的帮助。

随着社会经济的发展，污泥作为热值较高的固体废弃物，其价值日渐得到关注，污泥的能源利用是当今污泥处理处置与资源化研究的热门课题。当前全球正面临着巨大的能源短缺困局与环境保护问题，化石能源和资源日益耗尽，使人们逐渐认识到寻找化石燃料的替代能源、开发环保型再生能源的重要性。

1.3 污泥热解定义

污泥热解技术是在无氧或低氧条件下，将干燥后的污泥加热到一定温度，经过热裂解等复杂反应过程，使污泥转化为热解油、热解气和残渣三种产物。污泥热解工艺流程图如图 1-5 所示。

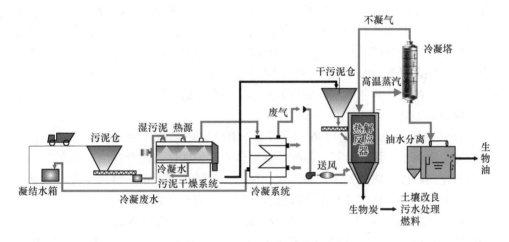

图 1-5　污泥热解工艺流程图

国外污泥热解技术研究最早始于 1939 年法国的一项专利，学者 Shibata 在专利中首次提出了污泥热解处理工艺。20 世纪 70 年代，世界性的石油危机对工业化国家的冲击，使得德国 Bayer 等对污泥热解工艺开展了深入研究，研发出污泥低温热解工艺。1983 年，加拿大 Campbell 采用带加热夹套的卧式反应器开展污泥热解中试实验。1986 年，在澳大利亚珀斯和悉尼建立第二代试验厂，试验结果为大规模污泥低温热解制油技术开发提供了翔实的数据参考和经验。20 世纪 90 年代末，澳大利亚珀斯 Subiaco 污水处理厂进行污泥炼油试验，处理干污泥规模为 25 t/d，每吨干污泥可产出 200～300 L 与柴油类似的燃料和约 0.5 t 炭。Inguanz 等人通过固定床热解器制备污泥热解油和气，分析了油气热值，这些热解油气与传统燃料有较为接近的热值，是一种很有发展潜力的替代燃料。

国内学者对于污泥热解技术和理论的研究目前也较为成熟。同济大学、天津大学、华中科技大学、哈尔滨工业大学及浙江工业大学在内的许多高校在污泥热解机理和技术推广方面均取得了一定的进展。Xu 等人对污泥热解动力学和产物特性进行了综合研究，分析了污泥的热解动力学特性，利用反应拟合模型函数，估算的动力学参数表明：污泥粒径和加热速率影响活化能。王山辉采用热重分析了不同反应条件下污泥热解特性及动力学规律，结果表明不同升温速率下的热重曲线趋势相同，但是随着升温速率的增加，热重曲线向高温区移动。闫志成等人基于现有的污泥热解技术，采用 PLC 热解设备，严格控制污泥热解的温度和时间，改进和扩大了污泥热解工艺，并获得了最优热解工艺，产生的主要气体为氢气、甲烷和一氧化碳，净化后的气体可以作为燃料使用。陈浩等人验证了 800 ℃污泥热解时添加 5% 的镍基催化剂能够促进 H_2、CO 和产气量的增加，认为在 500 ~ 600 ℃ 区间镍基催化剂可以促进 C_xH_y 的重整与裂解反应的发生从而加快 H_2 和 CO 的释放。Zhao 等人研究了污泥与准东煤共热解特性及硫的释放规律，结果表明，共热解挥发产物的产率高于纯污泥和相应产率的线性组合，说明共热解过程中存在一定的协同效应。H_2S、COS 和 SO_2 含量随准东煤含量的增加而降低。当准东煤的含量为 50%，对共热解过程中硫污染物的产率有重要影响。

目前，污泥热解领域主要发展的技术集中在热解制油、热解制合成气和热解制炭材料等领域。

（1）热解制油。早在 1986 年，许多学者就提出热解作为一种能源回收型技术处理市政污水污泥。然而，污泥热解液作为石油替代品仍存在诸多问题，主要包括污泥热解液的成分复杂、黏度大、腐蚀性较强且不稳定、容易变质、易老化等。因此，污泥热解制油技术还有很多需要研究完善之处。

（2）热解制合成气。近年来对污泥制高热值合成气的研究越来越多。与生物质热解类似，污泥热解气中检测到的主要化合物为 CO、CO_2、CH_4、H_2 和轻烃。目前以热解气相产物为目标产物的污泥热解工艺很少，通常都在小于 700 ℃低温下进行热解研究。随着微波高温加热和感应加热技术的快速发展，以产气为目标的污泥热解工艺开始得到广泛关注。典型的污泥微波热解气低位热值（LHV，标志）可达 8.6 ~ 11.7 MJ/m^3，高于大部分生物质气化气（4 ~ 7 MJ/m^3）和发生炉煤气（5.74 MJ/m^3）的热值，但与天然气（35.57 MJ/m^3）、液化石油气（50.22 MJ/m^3）、焦炉煤气（17.96 MJ/m^3）、生物沼气（20.51 MJ/m^3）相比，污泥微波热解气仍属于品质较低的燃料，不适于直接作为传统热电系统的燃料来源。

（3）热解制炭材料。以产炭为主要目的的热解也被称为"炭化"，有关污泥热解炭化制备生物炭又可分为直接炭化法、活化法、催化活化法、添加碳源法等。由于污泥热解的固体产物会被一些含金属的无机盐活化，尤其可以固定污泥中重金属。许多研究人员也认为，污泥热解固体残渣可作为吸附剂使用，在一定程度上可能在消除热化学过程中产生的 H_2S 和 NO_x 等污染物方面发挥重要作用。

但是，单一污泥热解存在着产物品质低、性价比不高等缺点，为克服这一缺陷，寻求能够提高产物品质的共热解生物质已成为研究热点。

1.3.1　污泥热解的基本原理

污泥热解是将污泥中有机化合物在缺氧或厌氧的条件下利用热能使其化合键断裂，由大分子量的有机物转化成小分子量的燃料气、液状物（油、油脂等）及焦炭/残渣的热处理过程。掌握污泥热解过程热解产物转化规律，对于获得清晰的污泥热解机理、促进污泥热解技术的精细化发展具有重要意义。

污泥热解化学反应基本上可以描述为干燥脱水、挥发分析出、焦油形成、半焦形成和焦油初步裂解、焦炭形成和焦油深度裂解以及灰分熔融和焦炭石墨化等反应过程，如图1-6所示。污泥热解反应也是有机物和部分无机物之间发生的多相化学反应，如固体成分向液体和气体转化、三相产物内部之间的转化和三相产物之间的转化。

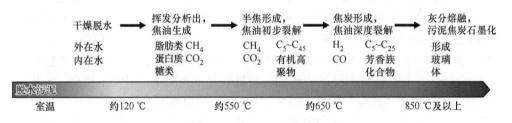

图1-6　污泥的热解机理

一些研究人员利用热重技术研究了污泥的初级热解行为。Fonts 等人认为污泥的热裂解可分为三个阶段：（1）200～300 ℃时第一次热分解容易生物降解的有机物和死亡的生物体；（2）300～450 ℃时主要热分解来自原始污泥中的天然聚合物，或者来自它们的生物稳定化过程的有机物质；（3）高于450 ℃后的热分解，可能与难以生物降解的组分（如纤维素）的热降解有关。Alvarez 等人给出了不同的解释，认为在255 ℃左右观察到的第一次分解与碳水化合物的热裂解有关，在100～200 ℃范围内水分蒸发和抽提物释放后才开始分解。以300 ℃为中心的第二次分解与脂类分解有关，而360～525 ℃时分解与蛋白质分解有关，木质素在较宽的温度范围内降解。污泥分解阶段的其他变化也有报道，这种差异可能是由于不同的实验条件和污泥的非均质性造成的。然而，在足够高的加热速率下，热分解各阶段之间的区别变得不明显，污泥中不同有机组分几乎同时分解。初级热解的挥发分称为初级挥发分，主要为以下几种：（1）重化合物生物油；（2）轻气体，即 H_2、CO、CO_2、H_2O 和 C_1～C_4 碳氢化合物；（3）不同类型的短寿命自由基。在一些研究中，也报道了还有大量的醋酸、甲醇、甲醛、乙醛和氰基化合物的存在。温度持续升高情况下，在惰性气体中，不稳定的主要挥发物成分发生进一步热解（或二次热解），导致低分子量的挥发分（如烃类和非烃类）和更稳定的芳香族化合物的生成。

1.3.2 影响污泥热解特性的关键因素

1.3.2.1 物料特性

污泥自身特性对热解过程具有较大的影响。含水率是影响污泥热解气体产率的重要因素，较高的温度下较高的含水率有利于提高热解气体产率，这是由于高温水蒸气能与热解气发生重整反应，也能与残碳发生气化反应。污泥的类型和来源同样会影响热解产物的特性。Lutz 等人在 300 ℃下对三种污泥进行了热解处理。在相同条件下，污泥热解产生的生物油质量分数为 31.4%，而漆厂污泥和生物消化后污泥的生物油质量分数分别为 14% 和 11%。对于活性污泥，以生物油的形式可以回收其 67% 以上的能量和约 68.4% 的碳。三种热解油中氢化合物主要来源于污泥中脂肪族化合物（活性污泥 93.1%、消化污泥 88.6%、油漆污泥 94.8%）。Kim 和 Parker 在调查了 250～500 ℃间三种污水污泥的热解过程后也得出了类似的结论，在所研究的温度范围内，与初级污泥［产量（质量分数）为 33%～85%］和活性污水污泥［产量（质量分数）为 43%～77%］相比，消化污泥的碳收率最高（质量分数为 53%～87%）。另一份研究也报道了从两个不同国家收集的污水污泥，其热解油中的主要成分是含氮芳烃、类固醇和含氧脂肪族化合物，而从曼谷污泥产生的热解油中发现其含有丰富单环芳烃、脂肪族和含氧化合物。然而，高灰分会给产品和工艺效率带来问题。氧含量（质量分数）通常为 19%～31%，这可能会影响产品的质量，特别是在污泥生物油生产过程中，高氧和高灰分会恶化其热值。

影响污泥热解过程的另一个参数是物料粒度。它对热解产油率有显著影响，是传热过程中至关重要的影响因素。通常较小的颗粒会导致升温过程加快，这是因为更快和更均匀的加热，可冷凝气体颗粒细小，很大一部分被排除在二次裂解之外，导致热解油收率较高，而颗粒大则有利于二次裂解。

1.3.2.2 热解炉类型

污泥热解装置主要是固定床、流化床和回转窑等，每种热解炉都有各自的优缺点。我国的热解系统和工艺已从实验室阶段进入设备研发阶段，但是实际的工艺参数和运行经验需要不断积累。

固定床热解系统主要分为固定床热解炉、冷却系统、冷凝液储存和气体储存装置等。固定床热解系统示意图如图 1-7 所示。固定床热解反应是在水平石英管或不锈钢管内通过电加热或者微波加热方式进行的，污泥样品放入反应器中，在惰性气体中以不同的升温速率将污泥加热至设定温度，热解过程中产生的气体通过冰水浴或冷凝管进行冷凝，收集到油品，凝气使用气相色谱仪分析其组成。固定床反应器具有安装方便、操作简单、成本低等优点。但该反应器难以实现连续进料，物料受热不均匀。由于固定床内物料受热不均，可能导致热解不充分。

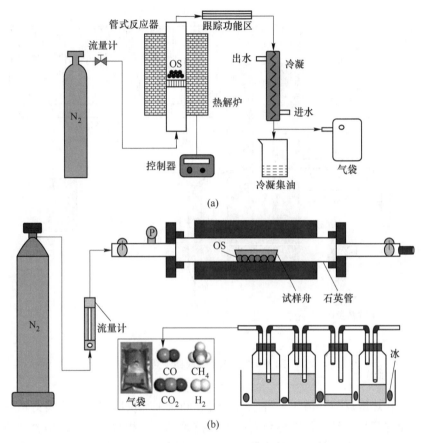

图 1-7　固定床热解系统示意图
（a）立式管式炉系统；（b）卧式管式炉系统

流化床是一种快速热解装置，在较高温度下通过直接接触传热达到热解回收能量的目的。反应器中气体流速较高，因此介质呈悬浮状态，物料和气体充分混合、同向流动接触，使得流化床温均匀，实现快速热解。此类流化床适用范围广，介质悬浮状态极大提高了传热效率，且其快速热解的优势使得回转窑尺寸比常规的固定反应器小，但也存在一些缺点，如：流化床中高速流动的气体会带走大量的热量，降低了流化床反应器的热效率；另外，投入的污泥需要破碎至一定程度以下才能达到悬浮的状态。德国的 Kaminsky 团队最早开始研究循环流化床反应器，在处理量为 1~3 kg/h 的循环流化床装置中进行了多次试验研究，反应温度范围设置在 460~650 ℃，馏分回收率为 70%~84%，还成功研制并调试出处理量 10~40 kg/h 用于塑料和污泥热解的循环流化床反应器。具体流化床反应器示意图如图 1-8 所示。

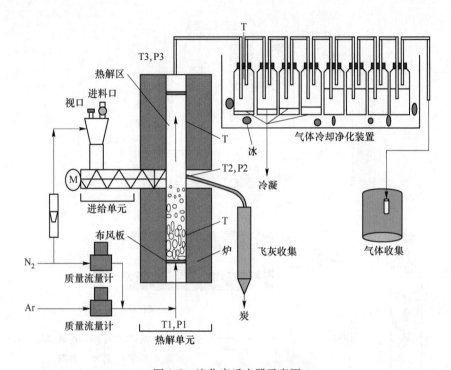

图 1-8 流化床反应器示意图

回转式热解反应器属于一种经典的慢速间接加热反应器，具有良好的原料适应性、操控简易灵活、原料停留时间易掌控等优点，相对于其他反应器具有较好优势，是常用废弃物热解的反应器之一。国外很多学者对于此类技术处理污泥已经研究了很多年，比较典型的有卡塞尔大学研发的回转窑、意大利 ENEA 中试窑以及清华大学和浙江大学的回转窑反应器。陈超等人在一台处理规模为 1~2 kg/h 的回转式反应器中进行了油泥热解实验研究，以氩气作为惰性气体，温度控制在 550 ℃，固体物料直径为 2~4 cm，停留时间为 45~60 min，热解反应过程控制的效果较好，质量及能量平衡误差在 10% 和 15% 以内，能够有效回收挥发性和半挥发性有机物，并得到热值为 11 MJ/m³ 和 43 MJ/m³ 的燃气和热解油。马蒸钊根据油泥的特性，设计了回转窑热解反应器，如图 1-9 所示，设备长为 855 mm，直径为 90 mm，整体依靠连接电机的链条转动，转速可在 0~20 r/min 间调节，采用电阻丝加热套作为热解反应器的热源，功率为 3.3 kW，电压为 220 V。

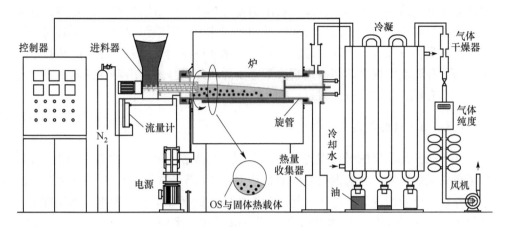

图 1-9 回转窑热解反应器示意图

1.3.2.3 热解温度

温度被认为是热解工艺中最重要的影响因素之一。依据温度的高低，可分为低温热解和高温热解。当温度较低时，热解产物以热解焦油和热解残渣为主；当温度较高时，污泥热解较为彻底，甚至会有二次裂解现象，有助于不可冷凝的高热值合成气产生，从而使产物以热解气和热解残渣为主。

污泥低温热解过程的能量平衡表明，该过程是能量净输出过程。在温度为 250~320 ℃ 时，污泥的产油率随着反应温度的升高而增加，其中当温度为 250~270 ℃ 时产油率增幅显著，当反应温度高于 270 ℃ 后产油率的增幅趋缓。然而，热解终温也决定了热解气的组成成分，如 H_2 主要由烃类有机物发生脱氢反应或是大分子化合物分解产生，而脱氢反应在较高的热解温度下更加剧烈，因此当热解温度达到 700 ℃ 以上时，H_2 的产生速率会超过其他气体，成为主要气体产物；CH_4 主要产生于 500~600 ℃，一般来源于脂肪侧链断裂和液态产物的二次分解，随温度升高，其产率先增加后减少，在 700 ℃ 左右达到最大值；而 CO_2 主要是由脱羧反应产生，因此在 400 ℃ 以下低温时释放量较大；CO 除了来源于脱羧反应外，还产生于醚键、羰基、羟基等的断裂，因此在低温和高温时均有产生。

1.3.2.4 热解升温速率

热解过程的升温速率越大，污泥分子间的化学键更易断裂，有利于热解油和热解气转化形成。当升温速率为 20 ℃/min 时污泥热解反应速率是升温速率为 5 ℃/min 时的 4.6 倍，升温速率越大，反应越剧烈，同时可以降低反应时间，达到降低能量损耗的效果。低温热解下升温速率对产物特性的影响程度更大。然而，在高温热解下，升温速率对产物特性的影响程度不明显。升温速率对污泥热解转化率及其最大失重率、挥发分析出温度等热解特性参数都有显著影响，升温速率越高污泥最大失重率越大；而较低的升温速率，延迟污泥热解反应时间，导致污泥失重相对较大。提高升温速率可显著增加污泥热解的表观活化能和频率因子。随着升温速率提高，污泥最大失重率增加，挥发分的析出温度区间加宽，有助于内部有机物热解反应的进行。

1.3.2.5　热解氛围

在不同的热解氛围对污泥进行加热处置，污泥发生的热化学反应截然不同。为了形成无氧环境，在污泥热解时通常会使用 N_2 隔绝氧气。N_2 氛围下污泥干燥过程存在 3 个阶段的失重过程，每一阶段的失重都有 CO_2 和水析出。然而在 CO_2 气氛下，由于 CO_2 参与焦炭的气化反应，失重速率大幅提升，促进了 CO、CH_4 和 NH_3 在高温下的形成与析出。在 CO_2 和 N_2 两种气氛下，CO 与 CH_4 的生成情况具有明显的差异，CO_2 气氛下 CH_4 释放浓度在峰值和总量上均低于 N_2 气氛，CH_4 释放峰值出现更早，释放时间更为集中，释放过程也结束得更快；相反，CO 的释放浓度峰值、总量以及持续时间在 CO_2 气氛下都要远远高于 N_2 气氛；随着温度的升高，CO_2 的存在大大促进了 CO 的生成。

1.3.2.6　热解反应时间

热解过程类似干馏过程，反应时间是反应达到平衡的主要控制条件。污泥热解中固体颗粒热化学键断裂分解需要时间，热解产物的产量和种类与热解停留时间密切相关。在高温下更适合较短的停留时间，以避免有机蒸气的分解和随后产生的物种之间的相互反应。然而，长时间的挥发分停留可以增强二次裂解反应，从而促进气态产物和固体产物的形成，同时最小化热解油产量。越短的停留时间和快速的升温速率可以提高热解油的产量。Zhang 等人研究了不同停留时间下热解油的产率，随着停留时间延长，热解油产率从 30% 下降到 21%。在污泥热解过程中，停留时间也与所使用的热解反应器类型密切相关，一般流化床反应器或气流床反应器内的停留时间较短，可避免大分子挥发分的二次裂解，从而提高热解油产率。

1.3.2.7　催化剂

添加合适的催化剂对热解反应起着至关重要的作用。一方面，添加催化剂可以降低热解反应的活化能，从而降低反应温度，减少能量消耗；另一方面，添加催化剂还具有调整产物分布，提升一些热解产物产量及品质的效果。钠化合物（NaOH、NaCl、Na_2CO_3）和钾化合物（KOH、KCl、K_2CO_3）是常用的热解催化剂，可以提高热解效率，减少固体残渣产量，而且还可以改善热解油的品质；

Fe_2O_3 也表现出很高的催化活性，$\gamma\text{-}Al_2O_3$ 作为催化剂可以改变前后液相的有机部分组成，含氧脂族化合物和含氮氧脂族化合物产率减少，而含氮脂族化合物以及含氮氧杂环芳族化合物产率增加。对比 CaO 和 Fe_2O_3 两种催化剂效果，发现 CaO 对污泥热解产氢促进效果最佳，Fe_2O_3 对产甲烷促进效果最佳。KCl 以及 Na_2CO_3 作为催化剂，能够使污泥热解过程在较低温度下进行；采用木炭或煤焦作为催化剂，对污泥热解焦油催化转化具有优良催化活性，负载 Fe、Co、Ni 等金属可进一步增强催化活性；此外，MnO_2、Al_2O_3、MgO、Fe_2O_3 等类型催化剂对造纸污泥的热解特性具有一定的影响，这几种金属氧化物对污泥热解的影响主要在中高温阶段，且对污泥热解活化能影响最大的是 MnO_2，最小的是 CaO。

常见用于热解的催化剂可以分为金属、金属化合物和分子筛三类。金属单质催化剂以过渡金属为主，包括 Ni、Fe、Cu、Al 等，一般通过负载于载体上来提高热解效率。金属化合物催化剂是以轻金属化合物为主的催化剂，主要包括 Al、Na、Ca、K 等构成的化合物。分子筛是一类具有规则微孔孔道结构的硅铝酸盐晶体，适合多种反应体系，热稳定性好，还可以作为载体负载其他催化剂使催化作用提升。三种催化剂的优缺点如下。

（1）金属单质对热解反应具有一定的正催化作用，但是不同的金属，对污泥催化作用效果不同；缺点是部分金属单质价格昂贵，需要选择性价比高的金属单质。

（2）金属化合物催化剂具有增加热解气产量、增大热解油产率、提高热解油品质、减少热解残渣、降低热解反应活化能等正催化作用；缺点是不同金属化合物对性质不同的污泥作用效果不同，使用时要根据物料性质、目标产物需求选择适合的金属化合物作为催化剂。

（3）分子筛催化剂适合多种反应体系，热稳定性好，还可以作为载体负载其他催化剂使催化效果显著提升；缺点是价格高，反应过程中存在结焦问题，导致催化剂失活而影响催化效率。

1.4　污泥热解技术

1.4.1　低温热解

低温热解通常是在 350 ~ 500 ℃且常压缺氧条件下，将污泥中的脂类和蛋白质转变成碳氢化合物，最终产物为油、碳、非冷凝气体和水。低温热解的主要产物是焦油，因此污泥低温热解技术又称为低温热解制油技术，通过焦油可回收污泥有机质约 60% 的能量。焦油的主要成分为烃类、脂肪族、芳香族化合物、苯衍生物、醇和醚等。张家栋等人发现，当热解终温为 550 ℃时，污泥热解油的最大产率约 40%，主要成分为脂肪族、芳香族及杂环化合物。不同种类污泥低温热解制油的产率不同，对活性污泥和消化污泥分别进行低温热解，热解油的产率分别为 31.4% 和 11%，且活性污泥热解油中脂肪酸的含量约 26%，而消化污泥仅约 3%，这是由于热解焦油中的氢元素主要来源于污泥中的脂肪，而活性污泥的脂肪含量较高。

从经济性和有效性来考虑，污泥低温热解的反应温度存在一个最佳温度值，使得热解反应最强烈。但是在热解条件、操作方法、污泥样品等多因素的综合影响下，不同热解工艺中制油的最佳温度不尽相同。

1.4.2　高温热解

一般认为热解温度在 600 ℃ 以上时是高温热解。在高温条件下，热解气产率可超过 30%，其次为固体产物，热解焦油占比最小（10% ~ 20%）。污泥高温热解可使有机物大分子在隔绝空气的条件下断裂，产生小分子气体、热解油和残渣。在 600 ~ 900 ℃ 范围内，随温度升高，热解气的产率逐渐提高，固体产物产率略有下降，热解焦油产率下降较明显。高温热解气体产物主要成分为 H_2、CO、CH_4 和 CO_2 及小分子烃 C_xH_y，其占比依次减小，主要产生于二次裂解和碳骨架重整等反应。相较于低温热解，高温热解产生的热解气热值变化不大，为 16 MJ/m^3 左右，但热解气产量可达低温热解时的 4 ~ 5 倍，因此单位质量污泥产生的热解气体热量较高。也有研究表明，污泥 750 ℃ 和 850 ℃ 的条件下热解，残渣的含碳率为 23% ~ 30%，其小孔平均直径为 55 ~ 65 nm，比表面积为 1.05 m^2/g，可以作为吸附剂回用。污泥高温热解油的主要成分为碳氢化合物，固体产物和气体产物的热值分别可达 32475.6 kJ/kg 和 15530 kJ/m^3，经过必要的处理后可满足燃料的要求。

1.4.3　催化热解

污泥催化热解是将污泥置于密闭反应容器中，在无氧、相对低温（通常低于700 ℃）和加入少量催化剂的条件下发生热裂解化学反应，产物主要是油、残渣和不凝气。在热解过程中加入催化剂，可对污泥热解产物产生正面影响，即油、气产率增大，油品质提高，残渣含量减少；还可改变热解反应条件，使热解所需时间缩短、温度降低等。在实际应用中，选择适宜的催化剂对热解反应起着至关重要的作用。金属氧化物最早用于催化热解生物质制取富氢气体上，FeO、Al_2O_3、MnO_2、Cr_2O_3 和 CuO 五种金属氧化物中，Cr_2O_3 的催化效果最强，热解温度为 750 ℃ 时热解气产率与未使用催化剂相比提高了 10%，富氢气体的体积分数提高了 13%。Fe_2O_3、ZnO_2、Al_2O_3、CaO 及 TiO_2 对污泥热解具有催化作用，在反应初期会促进污泥中挥发分的裂解，其中 CaO 的催化效果最好。

目前，污泥热解催化剂中研究最多的就是钠化合物和钾化合物，其催化效果较好，价格低廉。钠化合物（如 NaOH、NaCl 和 Na_2CO_3）和钾化合物（如 KOH、KCl 和 K_2CO_3）作为热解催化剂，不仅提高了热解效率，减少了固体残渣产量，而且改善了产出油的品质。使用钠钾化合物作为催化剂，会使热解过程向低温区移动，其中 KCl 使污泥热解 DTG 曲线向低温移动得最多，而 Na_2CO_3 使污泥最大失重率达到最高，300 ℃时最高失重率为 11.8%，是未添加催化剂时失重率的 2.7 倍，且 Na_2CO_3 的加入使挥发分在主要析出阶段的表观活化能降低了约 30%。

1.4.4　微波热解

随着人们对微波认识水平的提高，从 20 世纪 60 年代开始，逐渐将微波加热技术应用于纸类、木材、树脂挤出等加工过程。微波高温加热技术自 1968 年提出，经过了大量的实验研究和实践检验，在一些领域已获得了突破性进展，在一些行业已实现了产业化生产应用。微波加热和常规加热方式不同之处如图 1-10所示，微波加热可以使物料内外受热均匀甚至内部温度更高。相比于传统热解方式，微波热解具有更好的操控性、经济性，更节省时间和能量。微波热解虽然具有较多的优点，但是微波热解对设备要求较高，相对于常规加热的电炉价格更高，且处理规模和进出料便捷性上稍逊色于常规热解方式。

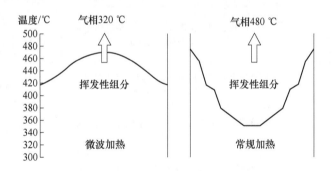

图 1-10　微波加热和常规加热区别

微波热解依靠微波这种新型加热方式，以频率为 0.3 ~ 300 GHz 的电磁波透入物料内，与物料的极性分子相互作用，物料中的极性分子（如水分子）吸收微波能后，彼此间频繁碰撞，产生大量摩擦热，从而使物料内各部分在同一瞬间获得热能而升温。Domingue 等人进行了污泥微波热解实验，并与传统热解方法进行了对比，发现污泥微波热解油中多环芳烃含量相对较低，热解残渣的量也较少。Yu 等人在实验室微波加热设备中研究了催化剂和微波吸收剂对污泥微波热解的影响，包括温度的变化、产品分布和气体组成等。实验结果表明，催化剂也可以作为微波吸收剂，促进污泥微波热解过程中温度的提升。除了 CaO，其余催化剂都增加了热解过程中的升温速率。微波加热升温速度快，能耗低；微波热解油可以有效地提高生物炭的比表面积，且微波热解制备的生物炭孔结构更加丰富；同时对比传统加热，微波热解过程中有害组分（如多环芳烃等）产生更少。

1.5　污泥处置的技术瓶颈

1.5.1　高含水率

根据国家现行标准和资源化利用技术需求，处置前的污泥含水率（质量分数）都应当低于60%，部分资源化利用技术甚至要求40%以下，见表1-3。国内大多数污水处理厂污泥采用聚丙烯酰胺（PAM）高分子絮凝剂调理后，经过离心或带式压滤脱水，仅能获得含水率80%左右的脱水污泥，远远达不到最终处置的要求。因此，需对污泥进行深度脱水。

表1-3　各类污泥处置方式对污泥含水率的规定

分　类	标　准	含水率规定
污泥填埋	城镇污水处理厂污泥处置　混合填埋用泥质 （GB/T 23485—2009）	填埋小于60%； 填埋覆盖土不超过45%
污泥焚烧	城镇污水处理厂污泥处置　单独焚烧用泥质 （GB/T 24602—2009）	自持焚烧小于50%； 助燃焚烧小于80%； 干化焚烧小于80%
污泥土地利用	城镇污水处理厂污泥处置　园林绿化用泥质 （GB/T 23486—2009）	小于40%
	城镇污水处理厂污泥处置　土地改良用泥质 （GB/T 24600—2009）	小于65%
	城镇污水处理厂污泥处置　农用泥质 （CJ/T 309—2009）	不超过60%
污泥建筑材料利用	城镇污水处理厂污泥处置　制砖用泥质 （GB/T 25031—2010）	不超过40%

国内大型的污泥深度脱水工程均采用隔膜压滤机作为污泥脱水设备，而在化学调理时通常采用氯化铁和石灰作为污泥调理药剂，脱水泥饼含水率可以降至55%~60%。以上两种药剂的投加量均占到污泥干基25%~30%。由此可见，如此高的药剂投加量不仅降低了深度脱水过程对污泥的减量效果，而且由于其高昂的价格较难大规模发展。此外，化学调理过程残留的化学试剂也会影响污泥及污泥过滤液进一步的处理处置，例如大量石灰的投加会降低后续污泥在土地利用和

堆肥等方面的资源化处置利用等。

导致污泥机械脱水困难主要有以下四个因素：（1）胶状固体颗粒的低沉降性；（2）过滤介质的堵塞；（3）污泥固体的高压缩性；（4）能够吸附水分的胞外聚合物含量高。目前，普遍采用热干化技术对机械脱水后污泥进行深度干化处理，即污泥通过与热媒介之间的传热作用，使其中水分以蒸汽的形式被脱除，进而降低其含水率。但由于水分转变成蒸汽时最小能耗是汽化潜热，在 100 ℃时为 2257 kJ/kg，因而热干化属于高能耗技术工艺。

1.5.2 复杂理化组分

污泥中有机污染物主要包括苯、氯酚、多氯联苯、多氯二苯并呋喃等，其中的持久性有机污染物作为一种典型的环境污染物，具有高毒性、长期残留性、半挥发性和高脂溶性的特征。同时，污水中病原微生物和寄生虫卵经过处理会进入污泥，污泥中病原体对人类和动物的污染途径包括直接与污泥接触、通过食物链与污泥直接接触、水源被病原体污染、病原体先污染土壤后污染水体等。任何堆放或处理不当都会给环境造成二次污染。污泥若是长时间随意堆放，受降雨和发酵等影响，渗流出的氮磷、有毒有害物质及包裹在污泥中的重金属，会污染自然水体和地下水等；污泥渗沥液中的有毒有害物质会影响土壤的结构、土质以及微生物和植物根系的健康成长，部分污染物还会在植物体内累积并通过食物链危害生态系统。因此，污泥是一种危害较大的固体废弃物，如果处理处置失当，不但会使整个污水处理体系的整体效益降低，还会释放出大量的重金属离子与病原菌等有害物质，导致有毒有害物质影响生物的生存环境或者通过食物链的传递累积危害人类和动物的健康生存，进而影响生态环境的正常循环。

污泥露天堆放散发出臭气和异味，在日晒风吹下堆放的污泥在风干后，其中的细微颗粒、粉尘等可随风飞扬，进入大气并扩散，人类吸入后易引起呼吸道疾病，对人体健康产生极大的危害。另外，污泥中一些有机物在适宜的温度下还可被微生物分解，释放出有害气体，产生毒气，造成地区性空气污染。

1.5.3 相关政策法规

目前，我国已进入"十四五"时期的重点发展阶段，从原有的"重水轻泥"管理模式逐渐步入新形势下的污泥"三化"协同高效治理阶段。在过去五年间，多部委相继颁布了一系列有关污泥规范化处置和处理的政策法规、标准和管理体系。纵观我国政府部门发布的污泥处理处置相关政策，可以发现 2012 年为分水岭，在 2012 年，《"十二五"全国城镇污水处理及再生利用设施建设规划》首次对污泥处理提出明确指标，到 2017 年《"十三五"全国城镇污水处理及再生利用设施建设规划》明确提出要由"重水轻泥"向"泥水并重"转变，这也反映了政府部门对污泥处理的重视度明显提高。

通过汇总 2015 年以来我国污泥处理处置相关政策（见表 1-4），可以看出：相比于"十三五"期间提出的污泥稳定化和无害化主要目标，"十四五"规划更加重视污泥资源化利用——"鼓励污泥能量资源回收利用"，响应了国家碳减排的战略目标，且明确污泥无害化处置率达到 90%，实施范围由《"十三五"全国城镇污水处理及再生利用设施建设规划》的地级及以上城市拓宽到所有城市，并要求 2035 年全面实现污泥无害化资源化处置。

表 1-4   2015—2023 年在污泥处理处置领域的国家主要产业政策

发布时间	发布单位	文件名称	主要相关内容
2023 年	发改委、住建部	《关于推进建制镇生活污水垃圾处理设施建设和管理的实施方案》	鼓励将生活污水处理厂产生的污泥经无害化处理符合相关标准后，就近就地用于土地改良、荒地造林、苗木抚育、园林绿化等。探索开展污泥中有机质和氮磷等营养物质资源回收利用。 探索建立以政府为主导、企业为主体的污水管网、提升泵站、处理设施、污泥处置一体化，垃圾收集、运输、处理一体化运营管理机制
2022 年	发改委、住建部	《污泥无害化处理和资源化利用实施方案》	到 2025 年，全国新增污泥（含水率 80% 的湿污泥）无害化处置设施规模不少于 2 万吨/d，城市污泥无害化处置率达到 90% 以上，地级及以上城市达到 95% 以上，基本形成设施完备、运行安全、绿色低碳、监管有效的污泥无害化资源化处理体系。污泥土地利用方式得到有效推广。京津冀、长江经济带、东部地区城市和县城，黄河干流沿线城市污泥填埋比例明显降低。县城和建制镇污泥无害化处理和资源化利用水平显著提升
2021 年	发改委、住建部	《"十四五"城镇污水处理及资源化利用发展规划》	明确污泥无害化处置率达到 90%，实施范围由《"十三五"全国城镇污水处理及再生利用设施建设规划》的地级及以上城市拓宽到所有城市，并要求 2035 年全面实现污泥无害化资源化处置。 在技术层面提出，土地资源紧缺的大中型城市推广采用"生物质利用 + 焚烧"处置模式。"生物质利用"可采用以污泥为主体的城市有机固体废物联合厌氧消化（好氧发酵）技术，该技术是目前实现污泥资源化的主流技术，厌氧消化产生的沼气可用于发电和产热，符合节能减碳发展方向；"焚烧"是解决污泥大量积存、消纳出路受限等问题的主流工艺路线，有条件的城市可利用现况窑炉协同焚烧，大中城市可采用单独焚烧，焚烧灰渣可作为建筑材料或磷回收，符合资源化发展方向
2021 年	生态环境部	《关于废止、修改部分生态环境规章和规范性文件的决定》	予以废止的文件包含《关于加强城镇污水处理厂污泥污染防治工作的通知》，通知中包含的条款"污水处理厂以贮存为目的将污泥运出厂界的，必须将污泥脱水至含水率 50% 以下"或将取消

发布时间	发布单位	文件名称	主要相关内容
2020年	发改委、住建部	《城镇生活污水处理设施补短板强弱项实施方案》	加快推进污泥无害化处置和资源化利用。在污泥浓缩、调理和脱水等减量化处理基础上，根据污泥产生量和泥质，结合本地经济社会发展水平，选择适宜的处置技术路线。污泥处理处置设施纳入本地污水处理设施建设规划。限制未经脱水处理达标的污泥在垃圾填埋场填埋，东部地区地级及以上城市、中西部地区大中型城市加快压减污泥填埋规模。到2023年，城市污泥无害化处置率和资源化利用率进一步提高
2019年	发改委、工信部等七部委	《绿色产业指导目录（2019年版）》（以下简称《目录》）	各地方、各部门要以《目录》为基础，根据各自领域、区域发展重点，出台投资、价格、金融、税收等方面政策措施，着力壮大节能环保、清洁生产、清洁能源等绿色产业。《目录》中包含："城镇污水处理厂污泥处置综合利用装备制造""城镇污水处理厂污泥综合利用"和"污水处理、再生利用及污泥处理处置设施建设运营"
2019年	住建部、生态环境部、发改委	《城镇污水处理提质增效三年行动方案（2019—2021年）》	加快推进生活污水收集处理设施改造和建设。推进污泥处理处置及污水再生利用设施建设。人口少、相对分散或市政管网未覆盖的地区，因地制宜建设分散污水处理设施。完善污水处理收费政策，建立动态调整机制。地方各级人民政府要尽快将污水处理费收费标准调整到位，原则上应当补偿污水处理和污泥处置设施正常运营成本并合理盈利；要提升自备水污水处理费征缴率
2017年	工信部	《工业和信息化部关于加快推进环保装备制造业发展的指导意见》	重点推广水泥窑协同无害化处置成套技术装备、有机固废绝氧热解技术装备、先进高效垃圾焚烧技术装备、焚烧炉渣及飞灰安全处置技术装备，燃煤电厂脱硫副产品、脱硝催化剂、废旧滤袋无害化处理技术装备、低能耗污泥脱水、深度干化技术装备、垃圾渗滤液浓缩液处理、沼气制天然气、失活催化剂再生技术设备等。针对生活垃圾、危险废物焚烧处理领域技术装备工艺稳定性、防治二次污染，以及城镇污水处理厂、工业废水处理设施污泥处理处置等重点领域开展应用示范
2016年	住建部、环保部	《全国生态保护与建设规划（2015—2020年）》	到2020年，地级及以上城市污泥无害化处理处置率达到90%。加强污泥处理处置设施建设，强化设施运营监管能力
2016年	国务院	《"十三五"生态环境保护规划》	提升污水再生利用和污泥处置水平，大力推进污泥稳定化、无害化和资源化处理处置，地级及以上城市污泥无害化处理处置率达到90%，京津冀区域达到95%

发布时间	发布单位	文件名称	主要相关内容
2016 年	发改委、住建部	《"十三五"全国城镇污水处理及再生利用设施建设规划》	加快城镇污水处理设施和管网建设改造，厂网配套、泥水并重，提高污水收集能力，推进污泥无害化处置。城镇污水处理设施产生的污泥应进行稳定化、无害化处理处置，鼓励资源化利用。现有不达标的污泥处理处置设施应加快完成达标改造。优先解决污泥产生量大、存在二次污染隐患地区的污泥处理处置问题。建制镇污水处理设施产生的污泥可考虑统筹集中处理处置。"十三五"期间，新增或改造污泥（按含水率80%的湿污泥计）无害化处理处置设施能力6.01 万吨/d

1.5.4　处置过程的问题

目前，我国污水处理状况得到很大程度的发展，污泥处理不到位不但增加了运输的难度，而且对运输路线周边环境带来威胁，形成了"污泥污染—处理—处理不到位—影响处置—二次污染"的恶性循环局面。目前，在污泥处置过程面临的主要问题如下。

（1）污泥处理处置规划建设滞后。部分污水处理厂规划建设未充分考虑污泥的处理处置方式，曾采用的污泥与生活垃圾混合填埋方式，对于生活垃圾处理场的库容和处理能力估计不足，容易造成污泥积存，处置不当极易造成二次污染和安全生产事故。受地方财力所限，较为先进的处置方式无法付诸实施。部分污水处理厂的污泥处理处置设施未做到同时规划、同时设计、同时投入使用。

（2）部分污泥脱水设施浓缩、脱水能力不足。部分污水处理厂仍然使用离心和带式脱水机等低效率设备，脱水后污泥的含水率普遍在80%左右。由于资金所限设备老化，无备用设备，在其损坏维修期间，存在污泥无法脱水、积存在厂区的现象。个别污水处理厂在污泥产量较大的情况下，对超出处理能力的部分污泥采取自然堆放、干化的脱水方式。污泥含水率高、污染物浓度高，在未做防渗和防护处理的情况下存在较大的环境污染风险。污泥渗沥液下渗污染土壤和地下水，同时长时间堆放会厌氧发酵，产生恶臭，影响周围环境；另外，需要占用大量的土地资源，自然干化方式无法有效去除掉污泥中含有的孔隙水、颗粒吸附水等，难以达到规定的含水率。

（3）污泥生物可利用性差。国外发达国家对污泥的回收率达到70%~80%，中国不同省份的地域经济发展不平衡，污泥回收并无有效管理。同时在市政管网已建成区，雨污分流率较低，造成重金属转移至污水中，因而在污水处理过程中，超过一半的重金属元素通过细菌和矿物颗粒的吸附以及与无机盐共沉淀而沉积在污泥中。此外，污泥具有恶臭特征，并含有大量的致病菌。然而，我国关于污泥处理的一些标准和要求仍然相对滞后，"一刀切"的模式也不利于大规模和分散式污泥处理。此外，虽然已制定较多针对污泥处理处置的标准，目前仍缺乏相关的污泥处理规范以指导合理化完成污泥资源化处置。

（4）污泥处置资源化利用率不高。填埋处置不仅大量占用土地，而且由于在污泥中加入石灰等改性剂，使其体积增大的同时形成了大片的板结体，减缓了其自然降解速度。污泥中含有大量可回收的氮磷钾等营养物质以及有机物，在对其中的有毒有害物质进行去除后可以作为良好的有机肥料和土壤改良剂。

污泥热解技术满足有机固废减量化、无害化、资源化的基本要求，是一项具有较好发展前景的污泥处置技术，但是热解技术也存在着一些缺点和不足。主要表现在：污泥热解设备比较复杂，热解工艺研究还有待完善，大规模工业生产难度较大；目前国内污泥热解工艺因原料差异性，还存在诸多稳定和连续生产问题；污泥热解工艺的突出优势是产物可以资源化利用，但是目前对污泥热解产物尤其关于热解油的使用价值仍需进一步提升；热解表观动力学等数据缺乏，限制了热解技术大规模工业化应用；污泥热解前需要对其进行干燥处理，缺乏污泥热解技术自身的经济评价分析等。

参 考 文 献

[1] 毛华臻. 市政污泥水分分布特性和物理化学调理脱水的机理研究 [D]. 杭州：浙江大学，2016.

[2] 郑江，宋文波. 城镇污水治理行业 2017 年发展综述 [J]. 中国环保产业，2018 (11)：20-24.

[3] Liu Cheng, Li Wang. Occurrence, speciation and fate of mercury in the sewage sludge of China [J]. Ecotoxicology and Environmental Safety, 2019, 186：10978.

[4] 张超，孙丽娜. 污泥处理处置现状及资源化发展前景 [J]. 黑龙江农业科学，2018 (9)：158-161.

[5] Zhao Jianwei, Jing Yiming. Aged refuse enhances anaerobic fermentation of food waste to produce short-chain fatty acids [J]. Bioresource Technology, 2019, 289：121547.

[6] 赵建伟. 盐度和油脂对餐厨垃圾和剩余污泥厌氧发酵产短链脂肪酸的影响与机理 [D]. 长沙：湖南大学，2018.

[7] 胡忻，陈茂林. 城市污水处理厂污泥化学组分与重金属元素形态分布研究 [J]. 农业环境科学学报，2005，24 (2)：387-391.

[8] 张辰，谭学军. 我国重点流域城市污泥重金属含量与溯源研究 [J]. 给水排水，2019，55 (2)：39-44，52.

[9] 邵瑞华. 泥质活性炭的制备及污泥热解动力学研究 [D]. 西安：西安建筑科技大学，2011.

[10] 许洲. 城镇污水处理初沉污泥产率影响因素研究 [J]. 城市道桥与防洪，2014 (3)：80-82，9.

[11] 高廷耀, 顾国维, 周琪. 水污染控制工程 [M]. 3 版. 北京: 高等教育出版社, 2007.

[12] 谢浩辉, 麻红磊. 污泥结合水测量方法和水分分布特性 [J]. 浙江大学学报 (工学版), 2012, 46 (3): 503-508.

[13] Chen Zhan, Zhang Weijun. Enhancement of waste activated sludge dewaterability using calcium peroxide pre-oxidation and chemical re-flocculation [J]. Water Research, 2016, 103 (15): 170-181.

[14] F Colin S, Gazbar. Distribution of water in sludges in relation to their mechanical dewatering [J]. Water Research, 1995, 29 (8): 2000-2005.

[15] 王晶, 刘耕良. 城市污泥无害化建材技术发展研究 [J]. 低温建筑技术, 2017, 39 (12): 4.

[16] Tao T, Peng X F. Micromechanics of wastewater sludge floc: force-deformation relationship at cyclic freezing and thawing [J]. Journal of Colloid & Interface Science, 2006, 298 (2): 860-868.

[17] Chu C P, Lee D J. Structural analysis of sludge flocs [J]. Advanced Powder Technology, 2004, 15 (5): 515-532.

[18] Wang Liping, Li Aimin. Relationship between enhanced dewaterability and structural properties of hydrothermal sludge after hydrothermal treatment of excess sludge [J]. Water Research, 2017, 112: 72-82.

[19] Vaxelaire J, Cézac P. Moisture distribution in activated sludges: a review [J]. Water Research, 2004, 38 (9): 2215-2230.

[20] 鞠峰, 张彤. 活性污泥微生物群落宏组学研究进展 [J]. 微生物学通报, 2019, 46 (8): 2038-2052.

[21] Ju Feng, Zhang Tong. Bacterial assembly and temporal dynamics in activated sludge of a full-scale municipal wastewater treatment plant [J]. Isme Journal, 2015, 9 (3): 683-695.

[22] Wu Linwei, Ning Daliang. Global diversity and biogeography of bacterial communities in wastewater treatment plants [J]. Nature Microbiology, 2019, 4 (7): 1183-1195.

[23] Jorand F, Boué-Bigne F. Hydrophobic/hydrophilic properties of activated sludge exopolymeric substances [J]. Water Science & Technology, 1998, 37 (4): 307-315.

[24] Britt-Marie Wilén, Bo Jin. The influence of key chemical constituents in activated sludge on surface and flocculating properties [J]. Water Research, 2003, 37 (9): 2127-2139.

[25] Li Bing, Ju Feng. Profile and fate of bacterial pathogens in sewage treatment plants revealed by high-throughput metagenomic approach [J]. Environmental Science & Technology, 2015, 49 (17): 10492.

[26] Korzeniewska E, Filipkowska Z. Determination of emitted airborne microorganisms from a BIO-PAK wastewater treatment plant [J]. Water Research, 2009, 43 (11): 2841-2851.

[27] 花莉. 城市污泥堆肥资源化过程与污染物控制机理研究 [D]. 杭州: 浙江大学, 2008.

[28] Inguanzo M, Domínguez A J. On the pyrolysis of sewage sludge: the influence of pyrolysis conditions on solid, liquid and gas fractions [J]. Journal of Analytical and Applied Pyrolysis, 2002, 63 (1): 209-222.

［29］ Maschio G, Koufopanos C. Pyrolysis, a promising route for biomass utilization ［J］. Bioresource Technology, 1992, 42 (3): 219-231.

［30］ Kutubuddin M, Bayer E. Low temperature conversion of sludge and shavings from leather industry ［J］. Water Science and Technology, 2002, 46 (10): 277-283.

［31］ Dirkzwager A H, L'Hermite P. Sewage sludge treatment and use: new developments, technological aspects, and environmental effects ［M］. Amsterdam: Elsevier Applied Science, 1989.

［32］ Xu Qiyong, Tang Siqi. Pyrolysis kinetics of sewage sludge and its biochar characteristics ［J］. Process Safety and Environmental Protection, 2018, 115 (1): 49-56.

［33］ 王山辉, 刘仁平. 制药污泥的热解特性及动力学研究 ［J］. 热能动力工程, 2016, 31 (10): 90-95.

［34］ 闫志成, 许国仁. 污泥热解工艺的连续式生产性研究 ［J］. 中国给水排水, 2017, 13: 16-20.

［35］ 陈浩. 微波催化热解城市污水污泥过程生物气释放影响因素研究 ［D］. 哈尔滨: 哈尔滨工业大学, 2013.

［36］ Bing Zhao, Jing Jin. Co-pyrolysis characteristics of sludge mixed with Zhundong coal and sulphur contaminant release regularity ［J］. Journal of Thermal Analysis and Calorimetry, 2019, 138 (2): 1623-1632.

［37］ 彭海军. 市政污泥热解产物特性及工艺条件的研究 ［D］. 长沙: 湖南农业大学, 2014.

［38］ 左薇, 田禹. 微波高温热解污水污泥制备生物质燃气 ［J］. 哈尔滨工业大学学报, 2011, 43 (6): 25-28.

［39］ Chen Tan, Zhang Yaxin. Influence of pyrolysis temperature on characteristics and heavy metal adsorptive performance of biochar derived from municipal sewage sludge ［J］. Bioresource Technology, 2014, 164: 47-54.

［40］ 李金灵, 屈撑囤. 含油污泥热解残渣特性及其资源化利用研究概述 ［J］. 材料导报, 2018, 32 (17): 3023-3032.

［41］ 王超前. 污水污泥微波诱导协同炭化及重金属固化研究 ［D］. 济南: 山东大学, 2021.

［42］ Font R, Fullana A. Analysis of the pyrolysis and combustion of different sewage sludges by TG ［J］. Journal of Analytical and Applied Pyrolysis, 2001 (58-89): 927-941.

［43］ Alvarez J, Amutio M. Sewage sludge valorization by flash pyrolysis in a conical spouted bed reacto ［J］. Chemical Engineering Journal, 2015, 273: 173-183.

［44］ Calvo L F, Otero M. Heating process characteristics and kinetics of sewage sludge in different atmospheres ［J］. Thermochim Acta, 2004, 409: 127-135.

［45］ Gao Ningbo, Li Juanjuan. Thermal analysis and products distribution of dried sewage sludge pyrolysis ［J］. Journal of Analytical and Applied Pyrolysis, 2014, 105: 43-48.

［46］ Caballero A, Front R. Characterization of sewage sludge by primary and secondary pyrolysis ［J］. Journal of Analytical and Applied Pyrolysis, 1997 (40/41): 433-450.

［47］ Nowicki L, Ledakowicz S. Comprehensive characterization of thermal decomposition of sewage sludge by TG-MS ［J］. Journal of Analytical and Applied Pyrolysis, 2014, 110: 220-228.

［48］ Lutz H, Romeiro G A. Low temperature conversion of some Brazilian municipal and industrial sludges [J]. Bioresource Technology, 2000, 74 (2): 103-107.

[49] Kim Y, Parker W. A technical and economic evaluation of the pyrolysis of sewage sludge for the production of bio-oil [J]. Bioresource Technology, 2008, 99 (5): 1409-1416.

[50] Fan Haojie, He Kejia. Fast pyrolysis of sewage sludge in a curie-point pyrolyzer: the case of sludge in the city of Shanghai, China [J]. Energy & Fuels, 2016, 30 (2): 1020-1026.

[51] Gerasimov G, Khaskhachikh V. Pyrolysis of sewage sludge by solid heat carrier [J]. Waste Management, 2019, 87: 218-227.

[52] Qin Linbo, Han Jun. Recovery of energy and iron from oily sludge pyrolysis in a fluidized bed reactor [J]. Journal of Environmental Management, 2015, 154: 177-182.

[53] Predel M, Kaminsky W. Pyrolysis of rape-seed in a fluidised-bed reactor [J]. Bioresource Technology, 1998, 66 (2): 113-117.

[54] Gao Yingxin, Ding Ran. Ultrasonic washing for oily sludge treatment in pilot scale [J]. Ultrasonics, 2018, 90: 1-4.

[55] 陈超, 李水清. 含油污泥回转式连续热解: 质能平衡及产物分析 [J]. 化工学报, 2006, 57 (3): 650-657.

[56] 马蒸钊. 含油污泥回转窑热固载体热解特性研究 [D]. 大连: 大连理工大学, 2015.

[57] 刘秀如. 城市污水污泥热解实验研究 [D]. 北京: 中国科学院大学, 2011.

[58] 邵立明, 何品晶. 污水厂污泥低温热解过程能量平衡分析 [J]. 上海环境科学, 1996, 6: 19-21.

[59] 喻健良, 邢英杰. 污水处理厂污泥的低温催化热解制油研究 [J]. 中国给水排水, 2007, 23 (11): 21-23.

[60] Han Rong, Liu Jinwen. Dewatering and granulation of sewage sludge by biophysical drying and thermo-degradation performance of prepared sludge particles during succedent fast pyrolysis [J]. Bioresour Technology, 2012, 107: 429-436.

[61] 周华, 范浩杰. 城市污水厂污泥的热解特性研究 [J]. 锅炉技术, 2011, 42 (6): 64-68.

[62] 李海英, 张书廷. 城市污水污泥热解温度对产物分布的影响 [J]. 太阳能学报, 2006, 8: 835-840.

[63] 管志超, 胡艳军. 不同升温速率下城市污水污泥热解特性及动力学研究 [J]. 环境污染与防治, 2012, 34 (3): 35-39.

[64] 翟云波, 魏先勋. 氮气气氛下城市污水厂污泥热解特性 [J]. 现代化工, 2004, 2: 36-38, 40.

[65] 张志霄, 杨帆. N_2/CO_2 气氛下工业危废污泥热解气化的 TG-FTIR 分析 [J]. 杭州电子科技大学学报 (自然科学版), 2022, 42 (1): 82-88.

[66] Boroson Michael L, Howard Jack B. Heterogeneous cracking of wood pyrolysis tars over fresh wood char surfaces [J]. Energy & Fuels, 1989, 3 (6): 735-740.

[67] Agar D A, Kwapinska M. Pyrolysis of wastewater sludge and composted organic fines from municipal solid waste: laboratory reactor characterisation and product distribution [J]. Environmental Science and Pollution Research, 2018, 25: 35874-35882.

［68］ Je-Lueng Shie, Jyh-Ping Lin. Pyrolysis of oil sludge with additives of sodium and potassium compounds ［J］. Resources, Conservation and Recycling, 2003, 39 (1)：51-64.

［69］ Atienza-Martínez M, Rubio I. Effect of torrefaction on the catalytic post-treatment of sewage sludge pyrolysis vapors usingγ-Al$_2$O$_3$ ［J］. Chemical Engineering Journal, 2017, 308：264-274.

［70］ Folgueras M B, Alonso M. Influence of sewage sludge treatment on pyrolysis and combustion of dry sludge ［J］. Energy, 2013, 55 (15)：426-435.

［71］ 周杨. 不同催化剂对微波热解污泥产物分布规律的影响研究 ［D］. 深圳：深圳大学, 2016.

［72］ 胡艳军, 宁方勇. 城市污水污泥热解特性及动力学规律研究 ［J］. 热能动力工程, 2012, 27 (2)：253-258, 70.

［73］ 李为强. 去除合成气制备过程所产焦油成分的炭及炭载型催化剂研究进展 ［J］. 河南化工, 2016, 33 (5)：7-12.

［74］ 肖汉敏. 造纸污泥催化热解特性及其动力学研究 ［J］. 肇庆学院学报, 2012, 33 (2)：28-32.

［75］ 张家栋. 污泥热解工艺中的三相产物组分研究 ［D］. 哈尔滨：哈尔滨工业大学, 2016.

［76］ 陈江, 杨金福. 污泥的热解特性实验研究 ［J］. 浙江工业大学学报, 2005, 33 (3)：315-318.

［77］ Max Lu, Low J C F. Surface area development of sewage sludge during pyrolysis ［J］. Fuel, 1995, 74 (3)：344-348.

［78］ 李海英, 张书廷. 城市污水污泥热解实验及产物特性 ［J］. 天津大学学报, 2006, 39 (6)：739-744.

［79］ 董智伟, 左宁. 热解污泥生物炭化学组成及环境效应研究进展 ［J］. 环境污染与防治, 2019, 41 (4)：479-484.

［80］ Shao Jingai, Yan Rong. Catalytic effect of metal oxides on pyrolysis of sewage sludge ［J］. Fuel Processing Technology, 2010, 91 (9)：1113-1118.

［81］ 张秀梅, 陈冠益. 催化热解生物质制取富氢气体的研究 ［J］. 燃料化学学报, 2004, 32 (4)：446-449.

［82］ 张立国, 刘蕾. 市政污水污泥催化热解特性研究 ［J］. 华南师范大学学报 (自然科学版), 2011 (4)：94-97.

［83］ Wang Jun, Zhang Mingxu. Catalytic effects of six inorganic compounds on pyrolysis of three kinds of biomass ［J］. Thermochimica Acta, 2006, 444 (1)：110-114.

［84］ 佟志芳, 毕诗文. 微波加热在冶金领域中应用研究现状 ［J］. 材料与冶金学报, 2004, 3 (2)：117-120.

［85］ Okress E C, Brown W C. Microwave power engineering ［J］. IEEE Spectrum, 1964, 1 (10)：76.

［86］ 彭虎, 李俊. 微波高温加热技术进展 ［J］. 材料导报, 2005, 19 (10)：4.

［87］ Domínguez A, Menéndez J A. Production of bio-fuels by high temperature pyrolysis of sewage sludge using conventional and microwave heating ［J］. Bioresource Technology, 2006, 97：

1185-1193.

[88] Yu Ying, Yu Junqing. Influence of catalyst types on the microwave-induced pyrolysis of sewage sludge [J]. Journal of Analytical & Applied Pyrolysis, 2014, 106 (5): 86-91.

[89] Badr A. Mohamed, Chang Soo Kim. Microwave-assisted catalytic pyrolysis of switchgrass for improving bio-oil and biochar properties [J]. Bioresource Technology, 2016, 201: 121-132.

[90] Duncan J. Barker, David C. Stuckey. A review of soluble microbial products (SMP) in wastewater treatment systems [J]. Water Research, 2003, 33 (14): 3063-3082.

[91] Yang Guang, Zhang Guangming. Current state of sludge production, management, treatment and disposal in China [J]. Water Research, 2015, 78: 60-73.

2 污泥全特性解析

2.1 污泥的基本特性

2.1.1 物理特性

污泥是市政污水处理的固体剩余物，由水中悬浮固体经胶结凝聚而成，机械脱水后的剩余污泥含水率在80%左右，呈黑色或黑褐色，自然风干后呈颗粒状，硬度大且不易粉碎。污泥主要由有机质和硅酸盐黏土等矿物组成。

2.1.1.1 水分赋存特征

根据污泥中水分赋存特征，可将其中水分分为自由水、毛细结合水、表面吸附水和内部结合水四种形态，如图2-1所示。

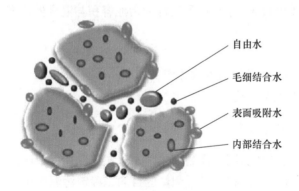

自由水

毛细结合水

表面吸附水

内部结合水

图2-1 污泥中水分存在形式

（1）自由水，又称间隙水，是存在于污泥颗粒间隙中的游离水，占污泥中总含水量的65%~75%。由于自由水不直接与固体结合，作用力弱，较容易分离，可借助重力沉淀、浓缩压密或离心力进行分离。

（2）毛细结合水，是通过毛细力固定于污泥絮状体中，占污泥总含水量的15%~25%。需要较高的机械作用力才能够去除这部分水分，如真空过滤、压力过滤、离心分离和挤压。

（3）表面吸附水，是覆盖污泥颗粒表面的水分，通过表面张力作用吸附，占污泥总含水量的 5%～10%。由于其表面张力较大、附着能力较强，故无法通过常规的浓缩或脱水办法去除。可以在污泥中加入电解质絮凝剂，采用絮凝办法使胶体颗粒相互絮凝，从而去除这部分水分，也可采用热干化和焚烧等方法去除。

（4）内部结合水，是包含在污泥中微生物细胞体内的水分，以及污泥中金属化合物所带来的结晶水等，约占污泥总含水量的 5%。由于内部结合水与微生物紧密结合，因此去除较困难，一般用机械方法无法脱除，但可采用生物技术使微生物细胞进行生化分解，或采用热干化和焚烧等热力方法对细胞壁造成破坏使其破裂，从而使污泥内部水扩散出来后再采用机械挤压或热干化等去除。

当前对于污泥中自由水的界定比较统一，即可全部或部分的直接通过机械方法而去除的水分；对于结合水的分类界定，研究人员的看法仍然不一。一般认为，间隙水、表面吸附水和毛细结合水是能够通过物理或化学形式结合的水分，可在添加絮凝刻后采用机械脱水部分去除；而存在于生物细胞内的内部结合水只能通过破坏污泥中微生物的细胞壁来去除，可采用热干化、冷冻和电解等手段。

2.1.1.2　沉降特性

污泥沉降特性可用污泥容积指数（sludge volume index，SVI）来评价，其值等于在 30 min 内 1000 mL 水样中所沉淀的污泥容积与混合液浓度之比，具体计算见式（2-1）：

$$SVI = V/C_{ss} \tag{2-1}$$

式中　V——30 min 沉降后污泥的体积，mL；

　　　C_{ss}——混合液的浓度，g/L。

2.1.1.3　流变特性和黏性

污泥的流变特性能够用来预测运输、处理和处置过程中污泥特性变化，以选择最合适的运输装置及流程。黏性测量的目的是确定污泥切应力与剪切速率之间的关系，其受温度、粒径分布、固体含量等多种因素影响。

2.1.1.4　热值

污泥的热值取决于自身含水率、灰分含量及元素组成。污泥中可燃元素碳和氢对热值的贡献较大。污泥中若含有较多的可燃物如油脂、浮渣等，则热值较高；若含有较多的不可燃，如沙砾、化学沉淀物等，则热值较低。热值是污泥热处置时的重要参数，由于污水来源和净化处理手段不同导致污泥含水率有所差别，故其干基热值差异较大。表 2-1 所列为我国不同污泥固体物的热值，从热值角度可以看出，污泥干燥后具有较高的能源化利用优势。

表2-1 我国各种污泥固体物的热值 （kJ/kg）

污 泥 种 类		燃烧热值（按污泥干重计）
初沉污泥	生污泥	15000 ~ 18000
	经消化	7200
初沉污泥与生物膜污泥混合	生污泥	14000
	经消化	6700 ~ 8100
初沉污泥与活性污泥混合	生污泥	17000
	经消化	7400
生污泥		14900 ~ 15200
剩余污泥		13300 ~ 24000

2.1.1.5 酸碱度

pH 值是污泥消化过程的重要指示指标，不同阶段污泥的 pH 值见表2-2。原始污泥和处于酸性发酵阶段的污泥 pH 值一般为 5.0 ~ 6.0，轻度偏酸；处于弱碱性发酵阶段的污泥 pH 值一般为 7.0 ~ 8.0，中性轻度偏碱。

表2-2 各种污泥的 pH 值

污泥类型	pH 值	污泥类型	pH 值
新鲜初次沉淀污泥	5.0 ~ 7.0	消化一般的污泥	6.8 ~ 7.3
新鲜二次沉淀污泥	6.0 ~ 7.0	消化好的污泥	7.2 ~ 7.5
消化不好的污泥	6.5 ~ 7.0	消化很好的污泥	7.4 ~ 7.8

污水处理厂产生的污泥具有不同的碱度缓冲系统，主要包括 CO_2/HC_3^{2-} 碱度系统、NH_3/NH_4^+ 碱度系统、蛋白质化合物碱度系统等，这对稳定 pH 值的变化有重要意义。各种污泥的碱度见表2-3。污泥消化处理过程中，会生成适量的有机酸，而碱度能够中和有机酸，稳定 pH 值，以保证碱性发酵的进行。

表2-3 各种污泥的碱度

污泥类型	碱 度	
	以 $CaCO_3$ 计/mg·L^{-1}	以滴定时消耗的酸的总量计/mmol·L^{-1}
新鲜初次沉淀污泥	500 ~ 1000	20 ~ 40
新鲜二次沉淀污泥	500 ~ 1000（有时小于500）	20 ~ 40（有时小于20）
消化不好的污泥	1000 ~ 2500	40 ~ 100
消化一般的污泥	2000 ~ 3500	80 ~ 1400
消化好的污泥	3000 ~ 4500	120 ~ 180
消化很好的污泥	4000 ~ 5500	160 ~ 220

2.1.2　化学特性

污泥包含了大量有机质，同时还包括污水中混入的泥沙、纤维、动植物残体等固体颗粒，以及可能吸附的重金属和病原体等。表 2-4 所列为污泥的典型化学组分及含量。

表 2-4　生污泥及熟污泥中典型的化学组分及含量

污 泥 组 分	生污泥		熟污泥		变化范围
	变化范围	典型值	变化范围	典型值	
总干固体含量（TS）/%	2.0 ~ 8.0	5	6.0 ~ 12.0	10	0.83 ~ 1.16
挥发性固体（占总干固体质量分数）/%	60 ~ 80	65	30 ~ 60	40	59 ~ 88
乙醚可溶物含量/mg · kg^{-1}	6 ~ 30	—	5 ~ 20	18	—
乙醚抽出物含量/mg · kg^{-1}	7 ~ 35	—	1.6 ~ 6.0		5 ~ 12
蛋白质（占总干固体质量分数）/%	20 ~ 30	25	15 ~ 20	18	32 ~ 41
氮（N，占总干固体质量分数）/%	1.5 ~ 4.0	2.5	1.6 ~ 6.0	3	2.4 ~ 5.0
磷（P$_2$O$_5$，占总干固体质量分数）/%	0.8 ~ 2.8	1.6	1.5 ~ 4.0	2.5	2.8 ~ 11.0
钾（K$_2$O，占总干固体质量分数）/%	0 ~ 1	0.4	0 ~ 3.0	1	0.5 ~ 0.7
纤维素（占总干固体质量分数）/%	8.0 ~ 15.0	10	8.0 ~ 15.0	10	—
铁（非硫化物）含量/%	2.0 ~ 4.0	2.5	3.0 ~ 8.0	4	—
硅（SiO$_2$，占总干固体质量分数）/%	15.0 ~ 20.0	—	10.0 ~ 20.0		—
碱度/mg · L^{-1}	500 ~ 1500	600	2500 ~ 3500	—	580 ~ 1100
有机酸含量/mg · L^{-1}	200 ~ 2000	500	100 ~ 600	300	1100 ~ 1700
热值含量/kJ · kg^{-1}	10000 ~ 12500	11000	4000 ~ 6000	5200	8000 ~ 10000
pH 值	5.0 ~ 8.0	6	6.5 ~ 7.5	7	6.5 ~ 8.0

2.1.2.1　植物营养成分

污泥中富含植物生长发育所需的氮、磷、钾，以及微量元素（钙、镁、铜、锌、铁等）和能改良土壤结构的有机质（通常质量分数为 60% ~ 70%）。因此，污泥具备改良土壤结构、增加土壤肥力、促进作物生长的潜力。我国 16 个城市 90 座污水处理厂污泥中有机质及营养成分含量的统计数据（见表 2-5）表明，其中有机质占比最高可达 77%，平均值为 51.43%；总氮、总磷、总钾的平均占比分别为 3.58%、2.32% 和 1.42%。经过稳定化及无害化处理后的污泥可以农用和复垦土地等。

表 2-5 我国 90 座城镇污水处理厂污泥营养物质成分汇总数据

营养成分指标	有效样本数/个	平均值/%	最高值/%	最低值/%
有机质	79	51.43	77	13.35
TN	62	3.58	7.20	0.31
TP（以 P_2O_5 计）	62	2.32	14.65	0.04
TK	64	1.42	7.4	0.13

2.1.2.2 重金属

污水经过格栅、沉砂池时，大颗粒的无机盐、矿物颗粒以及其中的重金属等通过物理沉淀的方式进入污泥。在化学处理工艺中，大部分以离子、溶液、配合物、胶体等形式存在的重金属元素通过化合物沉淀、化学絮凝、吸附等方式和剩余活性污泥、生物滤池脱落的生物膜等一起进入污泥。在生物处理阶段，部分重金属（见表 2-6）通过活性污泥中微生物的富集和吸附作用进入污泥。一般而言，生活污水产生的污泥中重金属含量较低，工业废水产生的污泥中重金属含量较高。

表 2-6 污泥中典型重金属含量（按干污泥计） （mg/kg）

金属元素	浓度范围	平均值
As	1.1～230	10
Cd	1～3.410	2.01
Cr	10～990000	500
Co	11.3～2490	30
Cu	84～17000	800
Fe	1000～154000	1700
Pb	13～26000	500
Mn	32～9870	260
Hg	0.6～56	6
Mo	0.1～214	4
Ni	2～5300	80
Se	1.7～17.2	5
Sn	2.6～329	14
Zn	101～49000	1700

2.1.2.3　有机污染性物质

城市污泥中有机毒害物成分主要包括聚氯二苯基、聚氯二苯氧化物/氧芴、多环芳烃和有机氯杀虫剂等。这些有机毒害物可大量吸附进而富集在污泥中，导致污泥中有机污染物含量比当地土壤背景值高数倍、数十倍甚至上千倍。

2.1.2.4　碳氮比

碳和氮是厌氧微生物中主要的两种营养元素，通常用碳氮比来表示二者在基质中的配比。我国市政污水中工业废水占比较大，尤其在工业发达的城市，因此污泥氮含量较高（约3%），这使得市政污泥的碳氮比处于（10~20）：1的水平。然而，不同污水处理单元产生的污泥其碳氮比有一定差异，如初沉池产生的污泥碳氮比值高于剩余活性污泥。

2.1.3　生物特性

2.1.3.1　生物稳定性

污泥生物稳定性主要通过降解度和剩余生物活性两个指标来评价。

（1）降解度可以描述污泥的生物可降解性。厌氧消化污泥的降解度通常为40%~45%，好氧消化污泥的降解度为25%~30%。降解度可通过式（2-2）进行计算：

$$P = (1 - C_{ss1}/C_{ss0}) \times 100\% \qquad (2-2)$$

式中　P——降解度，%；

　　　C_{ss0}——消解前污泥中挥发性悬浮固体浓度，mg/L；

　　　C_{ss1}——消解后污泥中挥发性悬浮固体浓度，mg/L。

（2）污泥的剩余生物活性是通过厌氧消解稳定后，生物气体的再次产生量来测定的。当污泥基本达到完全稳定化后，其生物气体的再次产生量可以忽略不计。

2.1.3.2　致病性

污泥中主要病原体包括细菌、病毒和蠕虫卵，大部分是通过被颗粒物吸附而富集于污泥中。病原体可通过各种途径传播污染土壤、空气、水源，并能够通过皮肤接触、呼吸和食物链危及人体健康，也能在一定程度上加速植物病害传播。这些病原体主要来自生活污水，污水处理过程中，50%以上病原微生物浓缩在污泥中。我国污泥中常见的病原微生物与含量见表2-7~表2-9。病原体在环境中的存活力取决于病原体本身生存能力，同时也与环境的温度、湿度、光照、pH值等因素密切相关，有的仅能够存活几个小时，而有的可存活数月甚至数年。

表2-7 污泥中常见病原体微生物

细 菌	病 毒	蠕虫卵
沙门氏菌	脊髓灰质炎病毒	—
志贺氏菌	柯萨奇病毒	蠕虫
埃希氏杆菌	艾柯病毒	绦虫
耶尔森氏菌	肠肠病毒	牛肉绦虫
梭状芽孢杆菌	轮状病毒	膜壳绦虫
致病性大肠杆菌	甲型肝炎病毒	

表2-8 未处理的污泥（湿样）中主要病原体的含量 （个/g）

病原物类型	名 称	含 量
细菌	大肠埃希氏菌	10^6
	沙门氏菌	$10^2 \sim 10^3$
病毒	肠病菌	$10^2 \sim 10^4$
原生动物	鞭毛虫	$10^2 \sim 10^3$
寄生虫	蛔虫	$10^2 \sim 10^3$
	弓蛔虫	$10 \sim 10^2$
	绦虫	5

表2-9 城市污水处理厂污泥细菌与寄生虫卵均值表

污泥种类	细菌总数（干）/个·g^{-1}	大肠菌群（干）/个·g^{-1}	寄生虫卵（干）/个·g^{-1}	肠道传染病析出率/%
初沉污泥	471.7×10^5	200.1×10^5	233（活卵率78.3%）	100
活性污泥	738.0×10^5	18.3×10^5	170（活卵率67.8%）	66.7
消化污泥	38.3×10^5	1.6×10^5	139（活卵率60%）	0

2.2 污泥的有机结构

2.2.1 污泥表面官能团分析

污泥干燥基的表面官能团可以通过傅里叶变换红外光谱法（Fourier transform in frared spectroscopy，FTIR）进行分析，FTIR谱峰的相对强度在一定程度上反映了其所含有的化合物或基团的浓度，图2-2是干燥污泥的红外光谱分析图。在3650 cm^{-1}波段出现部分尖锐的吸收峰（锐峰），表示污泥表面存在着酚类和醇类中游离的羟基（O—H）官能团。在3500 ~ 3000 cm^{-1}波段出现了一个宽而强的吸收峰（宽峰），表示污泥中存在着大量的在羟基（O—H）基团伸缩频率下的分子间氢键（—H），即—OH 以分子内缔合态存在。在 2925 cm^{-1} 和 2855 cm^{-1} 波段处分别出现了 C—H 的反对称和对称伸缩振动吸收峰，反映出污泥中存在着环烷烃或脂肪烃类化合物。在 1760～1650 cm^{-1} 波段红外图谱存在一个较强的伸缩振动吸收峰，该吸收峰为羰基（C═O），表示污泥中可能存在着酯、醛、酮、羧酸等化合物。在 1600～1450 cm^{-1} 波段存在着多个吸收峰，此为苯环的骨架 C═C 振动吸收峰，表示污泥中存在着多种形式的苯类化合物。1401～1375 cm^{-1} 波段范围内出现 C—H 伸缩振动峰，是由—CH$_3$ 和—CH$_2$ 基团产生的，说明污泥中含有大量脂肪烃类有机物。在 1150～1050 cm^{-1} 波段内出现一个宽峰，该峰归属于醇羟基（R—OH）。在 1000 cm^{-1} 左右波段中，图谱出现一个强而大的吸收峰，是酚、醇、醚、酯中的 C—O、C—O—C 及无机矿物质化合物中的 Si—O 伸缩振动吸收峰重叠的结果。753 cm^{-1} 处出现的芳香氢键（C—H$_{ar}$）弯曲振动峰说明有芳香化合物存在。在 500 cm^{-1} 左右波段的吸收峰表示污泥中存在着各类杂原子团的取代基（—Cl 和—Br 等）。

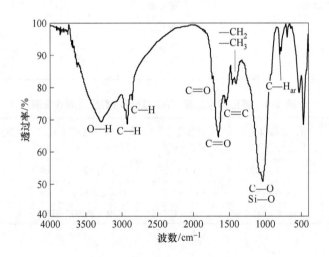

图 2-2　干燥污泥的红外光谱分析

2.2.2　污泥含碳基团定量分析

干污泥中含量最多的元素为 C 和 O，C 元素存在形式及相对含量直接影响污泥本身的性质，也影响其他元素（如 H、O 等）在污泥中的存在状态。污泥中含 C 的化学基团主要分为以下四种：碳氢化合物的碳碳键（C—C），醚和羟基中的碳氧单键（C—O、C—O—H），羰基中的碳氧双键（C═O），羧基中的 COOH，对应的 C 1s 电子结合能峰位分别为：(284.40 ± 0.30) eV，(286.10 ± 0.20) eV，

（287.60±0.30）eV，（288.60±0.40）eV。

通过 X 射线光电子能谱（X-ray photoelectron spectroscopy，XPS）能够表征污泥中含 C 化学基团种类，如图 2-3 和表 2-10 所示。不同形态 C 的电子结合能集中在 282~292 eV，在 284.80 eV 处存在一个较大的峰，归属于碳氢化合物中的碳氢键和碳碳键（C—H、C—C），其相对含量为 69.33%，是污泥表面碳元素的主要形态；286.40 eV 处的峰归属于羟基或醚键等基团中的 C—O 键，相对含量为 19.81%；287.60 eV 的峰归属于醛、酮、酯、羧酸和羧酸衍生物等中的 C ═ O 键，相对含量为 6.62%；288.80 eV 处的小峰归属于 O—C ═ O 键，其相对含量最少，仅为 4.24%。在污泥表面官能团中 C—C 键相对含量最高，而碳的氧化态中绝大多数以 C—O 键，即 C—O—C 或—OH 键形式存在，C ═ O 键和 O—C ═ O 键含量较少。

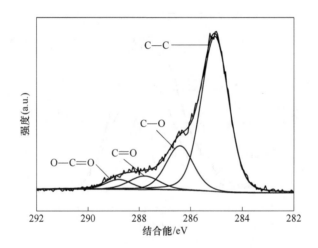

图 2-3　干污泥的 XPS C 1s 高频扫描图

表 2-10　干污泥 XPS C 1s 拟合结果

峰位	结合能/eV	半高全宽/eV	峰面积	归属
0	284.80	1.24	1626.27	C—C
1	286.40	1.25	464.66	C—O
2	287.60	1.37	155.28	C ═ O
3	288.80	1.19	99.42	O—C ═ O

2.2.3　污泥含氧基团定量分析

通常认为污泥中含氧基团主要有四类：第一类属于无机氧，主要为 Al_2O_3/SiO_2 等，这类氧的 O 1s 主要出现在（530.05±0.30）eV；第二类属于碳氧单键类，包括醚键和羟基，这类氧在（531.43±0.30）eV 区间出峰；第三类归属于（532.79±0.30）eV 的羰基氧，包括酯、醛、酮和羧酸等；第四类属于羧基氧，其结合能在（533.17±0.30）eV 范围内。

从干污泥 XPS 的 O 1s 图谱分峰拟合数据（见图 2-4 和表 2-11）来看，最佳拟合时，污泥中氧以 C—O（531.60 eV 处）、C＝O（532.62 eV 处）、O—C＝O（533.41 eV 处）以及无机氧（530.30 eV 处）形式存在。污泥的主要含氧基团的类型以 C—O 为主，其相对含量为 56.92%，包括醚键（C—O—C）和羟基（R—OH、Ar—OH）。醚键是分子结构中的弱结合点，受到热能冲击时容易发生断裂，而酚中羟基上的孤对电子能与芳香环形成共轭稳定结构，因此酚羟基是碳氧有机基团中最为稳定的形式。其次是 C＝O，相对含量为 22.63%；O—C＝O，相对含量为 16.44%；无机氧相对含量最少，为 4%。

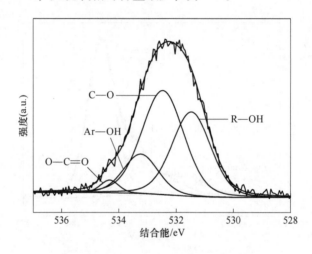

图 2-4　干污泥 XPS O 1s 高频扫描图

表 2-11　干污泥 XPS 的 O 1s 拟合结果

峰位	结合能/eV	半高全宽/eV	峰面积	归属
0	530.30	1.04	81.06	无机氧
1	531.60	1.57	1152.71	C—O
2	532.62	1.11	458.27	C＝O
3	533.41	1.51	332.96	O—C＝O

2.3　污泥的有机组分

按 C、H、O、N、S、Cl 六种元素的构成关系和质量分数来分析污泥中有机元素组成，如图 2-5 所示。

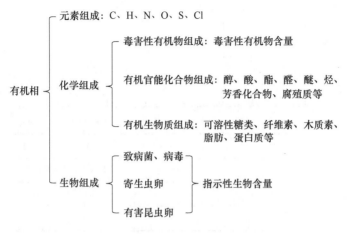

图 2-5 市政污泥有机组分体系

按污泥与污染控制与资源相关的各方面特征来描述其有机组分，主要包括毒害性有机物组成、有机官能化合物组成以及有机生物质组成。毒害性有机物是按污泥对环境生态体系中的生物毒性程度来定义的，在各国均已公布的环境优先控制物质目录中可找到相应的特定物质。污泥中主要的毒害性有机物有多氯联苯、多环芳烃等。有机官能化合物组成是按官能团分类对污泥有机物组成进行的描述，一般包含的物质种类有醇、酸、酯、醛、醚、各种烃类、芳香化合物、腐殖质等。此组成状况与污泥有机物的化学稳定性相关。有机生物质组成是按有机物的生物活性及生物质结构类别对污泥有机物组成进行的描述。前者可将污泥有机物划分为生物可降解性和生物难降解性两大类，后者则以可溶性糖类、纤维素、木质素、脂肪、蛋白质等生物质分子结构特征为组分分类依据，对污泥有机质进行组成描述。这两种生物质组成描述方式都能有效地提供污泥有机质的生物可转化性依据。

经过脱水处理后得到的剩余污泥含有粗蛋白质 60% ~ 70%，含氮化合物约占 25%，剩余小部分为脂类、纤维素、木质素和腐殖酸等。污泥含碳量约为 50%，污泥中还包括酯、醚、醇、酸、烃类、芳香化合物等，也含有多氯联苯和多环芳烃化合物等毒性有机物。

2.4 污泥的矿物组分

污泥含有一定量的 Fe、Al、K、Si、P 等金属或非金属元素，另外通过 X 射线衍射分析仪也能够检测样品的矿物晶相结构，如图 2-6 所示。

污泥中矿物质主要成分为石英（SiO_2），其次是磷，主要以磷酸铝（$AlPO_4$）

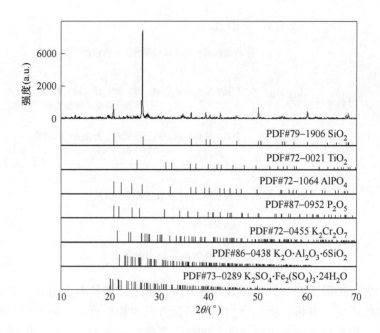

图 2-6 干污泥 XRD 矿物质分布

和五氧化二磷（P_2O_5）等形式存在。此外，污泥还含有少量的二氧化钛（TiO_2）、硫酸铁 [$Fe_2(SO_4)_3$]、钾长石（$K_2O \cdot Al_2O_3 \cdot 6SiO_2$）等化合物。$SiO_2$、$TiO_2$、钾长石等矿物质主要来源于土壤，磷主要来源于生活污水中含磷洗涤剂，铁、钙、铝等氧化物及盐类主要来源于净水剂的添加。污泥所含的无机矿物质 [如 SiO_2、$AlPO_4$、$Fe_2(SO_4)_3$ 等] 根据溶解性可分为水溶性无机质与非水溶性无机质。水溶性无机矿物质主要包括可溶于水的 K、Ca 等的氧化物和盐类，以及 Al、Fe 等的氧化物和碱式磷酸盐；非水溶解性无机矿物质主要包括以 SiO_2 为主要成分的无机砂质等物质。

2.5 污泥中的总磷、总钾和重金属

2.5.1 总磷

我国市政污泥中磷的总含量范围为 7.10～27.60 g/kg，平均值为（17.32 ± 5.13）g/kg，不同地区污泥中磷含量差异较大。污泥来源广泛、成分多样，导致磷的形态分布亦较为复杂，污泥中的磷主要与其他无机元素结合（钾、镁、铝、铁、锰、钙、硫等）形成了正磷酸盐、偏磷酸盐和其他复杂化合物等。

根据修正的 Bowman-Cole 方法可将有机磷分为三类：活性有机磷，由核酸、磷糖类和磷脂化合物组成；中活性有机磷，由磷酸镁、磷酸钙化合物组成；稳性有机磷，由植酸铝、植酸铁等化合物以及含磷的螯合物组成。

欧盟委员会标准测试方法（SMT 法）把磷分为总磷（TP）、有机磷（OP）、无机磷（IP）、非磷灰石磷（NAIP）和磷灰石磷（AP）。其中，总磷（TP）为污泥中全部磷的总和。根据 SMT 法：TP = OP + IP。OP 是以有机物形式存在的磷，可通过有机质矿化作用以及生物代谢的方式释放到水里；IP 是以无机化合物形式存在的磷，根据 SMT 法：IP = NAIP + AP；NAIP 主要是以 Fe/Al、Mn 氧化物及其氢氧化物形式存在的磷酸盐，它的生物可利用性较低，农作物对其吸收性较差；AP 主要是以 Ca、Mg 形式结合的磷酸盐，具有较强的生物可利用性，是磷肥生产的最佳工业原料。污泥中的磷主要是 IP，占总磷的 75%，而在 IP 中 NAIP 占 80%。

2.5.2 总钾

污泥中总钾含量通常为 8.77 ~ 12.20 g/kg，可分为速效钾和非速效钾两类，其中速效钾是指土壤中易被作物吸收利用的钾素，又包括可溶性钾及可交换性钾。中国部分城市的市政污泥中磷、钾含量见表 2-12。

表 2-12 中国部分城市市政污泥中磷、钾含量 （g/kg）

城　市	总　磷	总　钾
北京	7.1 5.2 12.6 6.9	7.0 6.0 7.0 12.5
苏州	13.0 6.9	4.4 5.7
合肥	12.0 7.0	— —
昆明	51.3 16.0 46.1	9.0 10.5 4.3
太原	4.7 10.4 10.6 12.5 2.2	3.4 4.9 3.5 4.3 6.1
桂林	21.1	8.5

续表2-12

城　市	总　磷	总　钾
常州	6.6 17.8	4.8 3.2
杭州	11.5	7.4
无锡	10.5	5.8
广州	4.9	7.4
佛山	18.4	10.3
深圳	12.2	12.4
沈阳	15.1	8.2
天津	14.0	9.1
香港	34.0	—
西安	34.0	—
平均值±标准差	14.3±11.6	6.9±2.7

2.5.3　重金属

城市污水经多级净化处理后，污水中50%以上重金属沉积转移到污泥中，这导致污泥中含有一定量的重金属，如Cu、Pb、Zn、Ni、Hg、Cd等，具有难降解、毒性大等特点，一直是污泥再利用的限制性因素。市政污泥中所含重金属具有潜在危害，主要表现为重金属无法被微生物降解，进入污泥的重金属可能会被生物摄取再通过食物链富集到较高级生物体内，人摄取后中毒且不易被发现和预防；重金属进入污泥以后较难治理或修复，需要长达百年甚至更长时间才能恢复正常。

在污泥中重金属赋存形态的检测方面，1979年Tessier等人提出一种连续化学提取分析方法，将污泥中的重金属划分为五种形态，即可交换态、碳酸盐结合态、铁锰氧化物结合态、有机物结合态以及残渣态，但该方法具有缺乏统一的研究尺度、缺乏可靠性和可比性等缺点。1987年，欧洲共同体标准物质局在此基础上提出了一种三步连续提取法（BCR法），该方法将重金属划分为酸溶态（F1）、可还原态（F2）和可氧化态（F3）三种形态。1993年，URE等人提出了一种四步连续提取的BCR法，在三步提取法的基础上增加了对残渣态（F4）的提取，可以用来检验各个提取阶段的提取质量，具有较高的准确性。

不同城市污泥中重金属含量存在着较大区别，国内市政污泥中重金属含量见表2-13。

表 2-13　国内市政污泥中重金属含量（按干污泥计）　　　（mg/kg）

污水处理厂名称	重金属含量					
	Zn	Cu	As	Cd	Cr	Ni
太原市杨家堡污水处理厂	831	174	9.7	0.95	145	26.2
唐山市丰润区污水处理厂	323	152	16.3	0.56	26.1	63.2
唐山市西郊污水处理厂	482	134	36.4	1.35	56.3	23.9
桂林市污水处理厂	506	154	37	0.9	594	98
济南市水质净化二厂	600.08	102.85	6.36	1.78	166.85	73.13
上海市曹杨污水处理厂	147	146	15	5.6	70	42.9
天津市纪庄子污水处理厂	1095	336	10	3	565	200

我国在《农用污泥污染物控制标准》（GB 4284—2018）、《危险废物填埋污染控制标准》（GB 18598—2019）和《危险废物焚烧污染控制标准》（GB 18484—2020）中对重金属的控制限值做了规定，见表 2-14。同一领域不同地方对同一种重金属的标准限值规定也大不相同，目前仍缺乏统一的衡量标准。

表 2-14　重金属污染控制标准限值　　　　　　（mg/kg）

序号	控制项目	控制标准限值			
		GB 4284—2018		GB 18598—2019	GB 18484—2020
		A 级	B 级		
1	总镉	<3	<15	0.6	0.05
2	总汞	<3	<15	0.12	0.05
3	总铅	<300	<1000	1.2	0.5
4	总铬	<500	<1000	15	0.5
5	六价铬	—	—	6	—
6	总砷	<30	<75	1.2	0.5
7	总镍	<100	<200	2	2.0
8	总锌	<1200	<3000	120	—
9	总铜	<500	<1500	120	2.0

污泥中重金属的稳定或去除方法主要包括螯合法、化学洗涤法、电动修复法、生物浸出法等。

（1）螯合法是向污泥中加入螯合剂，利用其对重金属强的螯合作用实现重金属的稳定化。螯合剂包括无机酸、有机酸以及无机化学品等，其中以多元有机酸效果最好。螯合法的处理工艺简单，处理效率高，但药剂价格昂贵，处理成本较高。因此，应寻找更高效、廉价且环保的螯合剂。单一的螯合剂通常无法达到处理要求，还需要辅助其他技术联合处理，提高重金属的去除率。

（2）化学洗涤法是利用清洗剂对污泥中重金属进行洗涤，利用洗涤剂的氧化还原、酸溶解和离子交换等作用使重金属形成可溶的离子或者络合物溶出。该方法具有效率高、操作简单、耗能低、成本低等特点。该方法作为一种资源化处理方法备受关注，并已广泛应用。

（3）电动修复法（EK）是通过外加电场，在直流电的驱动下，通过电迁移、电泳和电渗析三种方式使重金属向两个电极区运动，富集在电极区，从而进行分离或集中处理的过程。

（4）生物浸出法是利用微生物自身的新陈代谢，将污泥中的重金属变为不稳定态，从固相转入液相中，通过污泥脱水去除。

单用一种处理技术无法提高污泥中重金属的去除率，应选用多技术联合处理的方式，可使得重金属的去除效果更好。

参 考 文 献

[1] 王涛. 我国城镇污泥营养成分与重金属含量分析 [J]. 中国环保产业，2015，4：42-45.

[2] 中华人民共和国住房和城乡建设部，中华人民共和国国家发展和改革委员会. 城镇污水处理厂污泥处理处置技术指南（试行）[EB/OL]. 2011.

[3] Pierzynski G M. Methods of phosphorus analysis for soils, sediments, residuals, and waters [J]. North Carolina State University, 2000, 102: 54-59.

[4] 滕文超. 污泥流化床焚烧过程中磷的富集机理 [D]. 沈阳：沈阳航空航天大学，2016.

[5] 于彩虹，李秀文. 城市垃圾和污泥混合堆肥对作物产量和品质的影响 [J]. 农业环境科学学报，1996. 6：264-265.

[6] Sada E, Kumazawa H, Yamanaka Y, et al. Kinetics of absorption of sulfur dioxide and nitric oxide in aqueous mixed solutions of sodium chlorite and sodium hydroxide [J]. Journal of Chemical Engineering of Japan, 1978, 11 (4): 276-282.

[7] Pourrnohammadbagher A, Jamshidi E, Ale-Ebrahim H. Study on simultaneous removal of NO_x and SO_2 with $NaClO_2$ in a novel swirl wet system [J]. Industrial & Engineering Chemistry Research, 2011, 5 (13): 8278-8284.

[8] Tessier A, Campbell P G C, Bisson M. Sequential extraction procedure for the speciation of particulate trace metals [J]. Analytical Chemistry, 1979, 51 (7): 844-851.

[9] Sarapulova Angelina, Dampilova Bayarma V, Bar damova Irina, et al. Heavy metals mobility associated with the molybdenum mining-concentration complex in the Buryatia Republic, Russia [J]. Environmental Science and Pollution Research, 2017, 24 (12): 11101.

[10] Ure A M, Quevauviller P H, Muntau H, et al. Speciation of heavy metals in soils and sediments. an account of the improvement and harmonization of extraction techniques undertaken under the auspices of the BCR of the commission of the European communities [J]. International Journal of Environmental Analytical Chemistry, 1993, 51 (1/4): 135-151.

[11] GB 4284—2018, 农用污泥污染物控制标准 [S].

[12] GB 18598—2019，危险废物填埋污染控制标准［S］.

[13] GB 18484—2020，危险废物焚烧污染控制标准［S］.

[14] Yu Ming，Zhang Jian，Tian Yu. Change of heavy metal speciation，mobility，bioavailability，and ecological risk during potassium ferrate treatment of waste-activated sludge［J］. Environmental Science and Pollution Research，2018，25（14）：13569-13578.

[15] 赵瑞玉，宋永辉，孙重. 活性水洗-溶剂萃取组合处理含油污泥［J］. 中国石油大学学报：自然科学版，2021，45（5）：169-175.

[16] Yan Demei，Guo Zhaohui，Xiao Xiyuan，et al. Cleanup of arsenic，cadmium，and lead in the soil from a smelting site using N，N-bis（carboxymethyl）-L-glutamic acid combined with ascorbic acid：a lab-scale experiment［J］. Journal of Environmental Management，2021（296）：113174.

[17] 李琦，纵瑞耘. 含油固废处理技术的研究进展［J］. 山东化工，2021，50（15）：84，101.

[18] 赵鹏，肖保华. 电动修复技术去除土壤重金属污染研究进展［J］. 地球与环境，2022，50（5）：776-786.

[19] 李海妃，钟裕健. 生物浸出污泥重金属研究进展［J］. 广东化工，2017，44（12）：157-158，162.

3　宏观尺度下的污泥干化与热解特性

污泥热解是在无氧或缺氧条件下，将污泥加热到一定温度，经过热裂解使污泥转化为热解油、热解气和热解碳的过程。然而，污水处理厂产生的剩余污泥含水率达到80%以上，热解前需要对其进行干化处理（常用热干化法）。此外，污泥组分十分复杂，其热解特性一方面受热解终温、升温速率、载气氛围等宏观反应参数的影响，另一方面由于污泥自身组分的复杂性、异质性以及热解过程多组分协同特性，使得污泥热解过程有机组分转化及其结构演变行为极为复杂。热重分析仪是一种利用热重法检测物质温度-质量变化关系的分析仪器，据此能够从宏观尺度初步分析污泥热解过程中有机物的热裂解机理。

3.1　污泥热干化特性

3.1.1　干化过程的基本特征

低温热风干化是近年污泥干化预处理常用的技术之一，采用污泥低温热风干化系统如图3-1所示，可较好地理解该过程水分逸出行为和物料物理特性变化规律。该系统利用热空气对污泥进行干燥，系统主要由热风装置、污泥干燥单元、

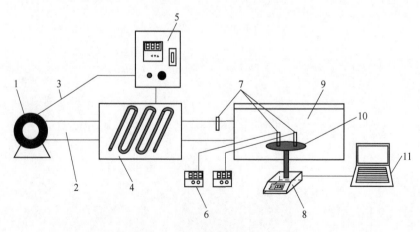

图 3-1　污泥低温热风干化系统

1—变频风机；2—风管；3—信号线；4—加热单元；5—控制箱；6—温度显示仪；
7—Pt100 热电偶；8—电子天平；9—干燥箱；10—托盘；11—计算机

控制箱和数据采集系统等组成。将污泥制备成圆饼状放入干燥箱内，通过温度控制箱设定干燥所需的温度，并调节风机至目标转速。利用温度传感器和质量数据记录软件实时记录数据，待污泥样品质量不再变化时，保存实验数据并关闭加热系统和风机。

为了进行污泥低温热风干化仿真模拟分析，通常将污泥看成圆柱体模型，采用当量半径 R_e 和体积比 V_d 来表征热风干化过程污泥物理尺寸的变化规律，并引用参数体积比 V_d 来表示污泥干燥过程的体积变化规律。为了求出不同干燥时刻污泥的体积，可先求出污泥的表面积与初始表面积之比，根据面积收缩比值即可求出污泥的平均厚度，最终得到不同时刻污泥的体积。当量半径和体积比的表达式如下：

$$R_e = \sqrt{\frac{S}{\pi}} \tag{3-1}$$

$$V_d = \frac{V_t}{V_0} \tag{3-2}$$

式中 R_e——当量半径，m；

S——污泥表面的径向面积，m^2；

V_d——体积比；

V_t——t 时刻污泥体积，m^3；

V_0——初始时刻污泥体积，m^3。

为了保证实验具有对比性，排除初始条件的影响，引用如下参数表示污泥干化过程体积变化规律。

（1）湿分比（MR）：

$$MR = \frac{M_t - M_e}{M_0 - M_e} \tag{3-3}$$

式中 M_t——污泥样品在干燥过程中 t 时刻的干基含水量，kg/kg；

M_e——污泥样品平衡时刻的干基含水量，kg/kg；

M_0——污泥样品初始时刻的干基含水量，kg/kg。

由于 M_e 相比较 M_t 和 M_0 小很多，所以可忽略，因此式（3-3）可以简化为：

$$MR = \frac{M_t}{M_0} \tag{3-4}$$

（2）干基含水量（M）：

$$M = \frac{m_w}{m_d} \tag{3-5}$$

式中 M——干基含水量，kg/kg；

m_w——湿污泥中的水分，g；

m_d——湿污泥中绝对干燥污泥的质量，g。

（3）湿分迁移速率（DR）：

$$DR = \frac{\mathrm{d}MR}{\mathrm{d}t} \tag{3-6}$$

（4）平均温度（T_a）：

$$T_a = \frac{T_s + T_b}{2} \tag{3-7}$$

式中　T_s——污泥样品表层温度，℃；

　　　　T_b——污泥样品底层温度，℃。

3.1.2　热风温度和流速对水分逸出的影响

热空气的温度和流速是影响污泥干化的重要因素。干燥箱入口空气温度越高，热空气与污泥之间传热越剧烈，污泥内部传热传质驱动力就越大，污泥被完全干燥所需时间就越短，如图3-2～图3-4所示。此外，干燥空气温度越高，污泥表面水分活度越大，同一湿分比对应的干燥速率也越大。在污泥干燥后期，由于污泥自身特性的限制，热风温度对湿分迁移速率的影响程度逐渐减弱。

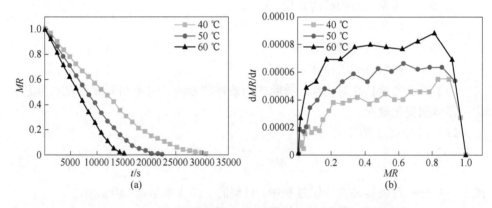

图3-2　4 m/s 风速和不同温度下湿分比及湿分迁移速率的变化

(a) 湿分比；(b) 湿分迁移速率

污泥薄层水分迁移速率大致经历增速段、恒速段和降速段三个明显阶段。增速段为污泥表面自由水的逸出。在此阶段，常温条件下污泥与热空气有较大的温差，污泥吸热且温度上升较快，因此污泥中水分由于吸热而汽化逸出的量随着温度升高而加快。随着干燥过程推进，污泥与空气的温差不断减小，污泥升温速率逐渐减小，温度增长趋势变得非常缓慢，热空气向污泥传递的热量也趋于稳定，吸收的热量一部分用于污泥温度的增加，一部分用于水分的汽化，用于水分汽化这部分热量趋于稳定。随着污泥自由水的蒸发，其含量越来越少，间隙水开始蒸发，而间隙水与污泥结合较紧密，汽化需要吸收更多的热量，此时蒸发速率较慢

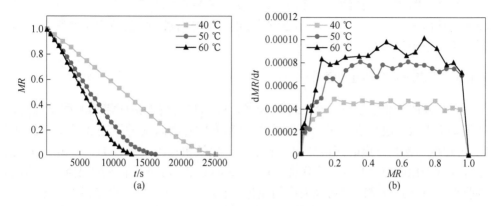

图 3-3 5 m/s 风速和不同温度下湿分比及湿分迁移速率的变化
(a) 湿分比；(b) 湿分迁移速率

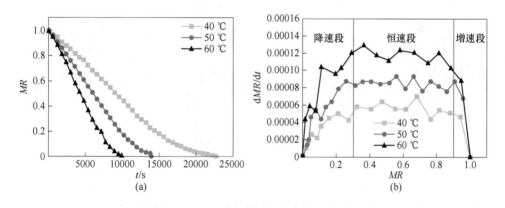

图 3-4 6 m/s 风速、不同温度下湿分比及湿分迁移速率的变化
(a) 湿分比；(b) 湿分迁移速率

即进入第一降速段，此阶段蒸发水分主要是间隙水。当污泥间隙水蒸发完全，污泥表面吸附水和内部结合水开始蒸发，而污泥失去表面吸附水分的阻力大于失去间隙水的阻力，此时，污泥中水分蒸发速度再次降低，即进入第二降速段。

　　干燥速率随着风速的增加而增大，这是由于较大的热风速度会使污泥流动边界层变薄，从而加强污泥表面与热空气之间的传热，减小水蒸气向热空气中扩散的阻力，因此污泥中水分蒸发更快，达到干燥完全所需的时间缩短。热空气流速越大，同一湿分比对应的湿分迁移速率也越大。热风速度越大，雷诺数就越大，气流在污泥表面的扰动加剧，对流换热系数也会随之增大传给污泥的热量增多，污泥内部水分吸收热量而导致蒸发量增加，进而提升干化速率。

　　随着干燥过程的进行，湿分比越来越小，热空气温度和速度对湿分迁移速率影响程度不断减小。在污泥干燥后期，污泥内部结合水的蒸发受干燥条件的影响较弱，外部因素已不再是影响污泥干燥过程的主要因素，污泥本身含水特性成为影响污泥干燥效率的主要因素。

3.1.3　厚度对水分逸出的影响

在相同的干化温度下，污泥厚度越薄，内部到达热平衡所需的时间就越短，如图3-5所示。值得注意的是，污泥厚度和干燥所需时间并不是正相关。虽然5 mm 厚的污泥是干燥时间最短的，但是其干化效率却不是最高的，而 10 mm 是三种厚度干化效率最高的。当污泥厚度为 15 mm 时，污泥在干燥过程会发生明显的收缩现象，并且伴随着污泥表面的硬化、裂缝等状况产生。由于污泥较厚，表面硬化现象会直接阻止水分的散失，导致内部水分很难蒸发出来，因此厚度为 15 mm 的污泥比厚度为 10 mm 的污泥容易结块，干燥更难进行。

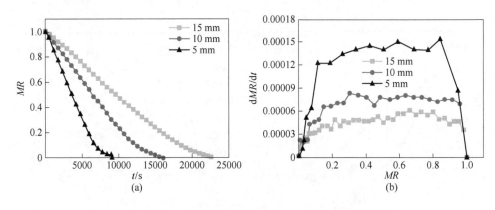

图 3-5　50 ℃、不同厚度下湿分比及湿分迁移速率的变化

(a) 湿分比；(b) 湿分迁移速率

3.1.4　干化过程污泥内部温度变化

随着污泥干燥进程的推进，其内部平均温度呈现出先迅速增加，随后缓慢增加，最后趋于平衡的趋势，如图3-6所示。在同一时刻，污泥内部平均温度随着干燥空气温度的增加而增加。污泥内部平均温度的变化规律大致分为四个阶段（见图3-7），用 A、B、C、D 区域表示。在 A 区域内，污泥平均温度快速增加，这是由于污泥初始温度为室内常温，与热空气温度的差值很大，对流换热量增大，污泥温度上升得较快，此区域中水分蒸发的温度大于污泥的温度，热空气向污泥传热主要用于污泥温度的升高；在 B 区域内，污泥内部平均温度和水分汽化的温度基本一致，此时传质程度增加并占据主导地位，即热空气向污泥表面传递的热量主要被污泥中水分吸收，使其到达汽化温度变成气相逸出污泥，由于污泥

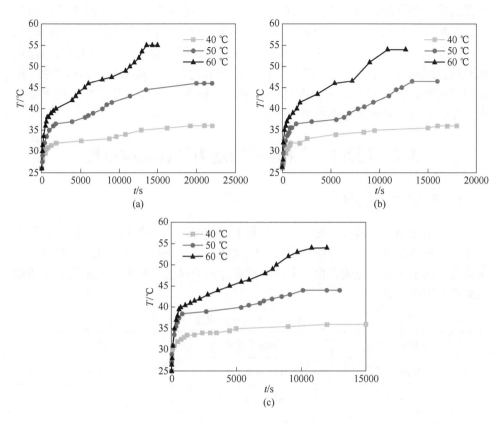

图 3-6 不同热风温度下污泥平均温度随时间的变化

（a）风速 4 m/s；（b）风速 5 m/s；（c）风速 6 m/s

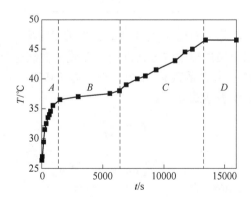

图 3-7 50 ℃、5 m/s 风速污泥薄层内部温度变化

吸收热量很少，所以污泥的平均温度在此区域内增速缓慢但仍缓慢上升，此阶段

主要对应于污泥的恒速干燥段；在 C 区域内，污泥主要位于干燥过程的降速阶段，此时污泥失水形式主要为表面吸附水，而表面吸附水与污泥结合非常紧密，不易蒸发，此阶段水分蒸发缓慢，热空气传入污泥的热量基本用于污泥自身温度的升高，因此污泥平均温度上升较快；在 D 区域内，污泥失水过程基本结束，污泥与热空气达到热平衡，污泥内部平均温度保持平稳不再上升，失水速率非常慢，主要失去的是污泥内部的结合水。

3.2　污泥热干化过程的动力学和收缩特性

3.2.1　污泥干化模型分析

污泥干化动力学模型研究有助于分析干燥过程理论，进而深度解析实际干燥过程的传热传质现象，并且在一定范围内能够预测污泥的干燥过程。污泥薄层干燥模型可用于干燥工况的优化、干燥系统设计及干燥过程传质现象预测。常用的污泥干燥模型见表3-1。

表3-1　薄层干燥模型

模型名称	模型表达式	创始人
Page	$MR = \exp(-kt^n)$	Page
Lewis	$MR = \exp(-kt)$	Bruce
Henderson and Pabis	$MR = a \cdot \exp(-kt)$	Henderson
Modified Page	$MR = \exp(-kt)^n$	White, et al.
Logarithmic	$MR = \exp(-kt)$	Togrul

为选出最符合污泥热风对流干燥的模型，在 ORIGIN 9.1 软件中，使用非线性回归技术，对污泥干燥过程中湿分比随时间变化的曲线进行拟合，确定待定参数。采用决定系数 R^2、卡方系数 χ^2 和均方根误差 $RMSE$ 来评价不同模型与实验结果的拟合情况，数学表达式如下：

$$R^2 = \frac{SSR}{SST} \tag{3-8}$$

$$RMSE = \sqrt{\frac{\sum_i^n (MR_{\exp,i} - MR_{\mathrm{pre},i})^2}{N}} \tag{3-9}$$

$$\chi^2 = \frac{\sum_i^n (MR_{\exp,i} - MR_{\mathrm{pre},i})^2}{N - n} \tag{3-10}$$

式中 $MR_{exp,i}$——第 i 个实验数据获得的水分比；

$MR_{pre,i}$——第 i 个实验数据对应水分比的拟合数值；

N，n——实验数据个数和常数个数；

SSR——预测数据与实验数据均值之差的平方和；

SST——原始数据和均值之差的平方和。

决定系数用来表征数据拟合的程度，当决定系数越接近 1，卡方系数和均方根误差越小，表明拟合效果越好以及模型适用性越强。

五种干燥模型的拟合结果显示，Modified Page 模型的拟合度最高，如图 3-8 所示。以干燥温度 40 ℃为例，其决定系数为 0.99，卡方系数为 0.0011，$RMSE$ 为 0.034；在 50 ℃，决定系数为 0.993，卡方系数为 7.456×10^{-4}，$RMSE$ 为 0.026；在 60 ℃时，决定系数为 0.991，卡方系数为 9.713×10^{-4}，$RMSE$ 为 0.027。各模型的拟合参数见表 3-2 ~ 表 3-6。

表 3-2 4 m/s 风速下 10 mm 厚污泥薄层干燥模型的拟合参数

$T/℃$	模 型	k	a	n	c	R^2	χ^2	$RMSE$
40	Lewis	7.602×10^{-5}				0.949	0.0054	0.072
40	Henderson and Pabis	8.472×10^{-5}	1.11			0.963	0.0039	0.06
40	Page	1.038×10^{-6}		1.44		0.994	5.7×10^{-4}	0.023
40	Modified Page	7.316×10^{-5}		1.52		0.995	5.1×10^{-4}	0.021
40	Logarithmic	4.37×10^{-5}	1.459		-0.4	0.994	5.8×10^{-4}	0.022
50	Lewis	1.067×10^{-4}				0.944	0.0064	0.078
50	Henderson and Pabis	1.184×10^{-4}	1.116			0.957	0.0049	0.066
50	Page	1.068×10^{-6}		1.49		0.994	6.1×10^{-4}	0.022
50	Modified Page	7.368×10^{-5}		1.72		0.988	0.0012	0.033
50	Logarithmic	5.995×10^{-5}	1.477		-0.4	0.992	8.4×10^{-4}	0.026
60	Lewis	1.363×10^{-5}				0.935	0.0076	0.084
60	Henderson and Pabis	1.503×10^{-4}	1.103			0.945	0.0064	0.074
60	Page	1.335×10^{-6}		1.51		0.99	0.0011	0.031
60	Modified Page	9.299×10^{-5}		1.71		0.993	7.7×10^{-4}	0.026
60	Logarithmic	4.914×10^{-5}	2.011		-0.9	0.996	3.9×10^{-4}	0.017

表 3-3　5 m/s 风速下 10 mm 厚污泥薄层干燥模型的拟合参数

$T/℃$	模　型	k	a	n	c	R^2	χ^2	$RMSE$
40	Lewis	7.472×10^{-5}				0.916	0.0090	0.093
40	Henderson and Pabis	8.442×10^{-5}	1.123			0.934	0.0071	0.081
40	Page	3.338×10^{-7}		1.56		0.986	0.0014	0.036
40	Modified Page	7.400×10^{-5}		1.71		0.988	0.0012	0.034
40	Logarithmic	1.374×10^{-5}	3.649		-2.6	0.996	3.4×10^{-4}	0.016
50	Lewis	1.317×10^{-4}				0.932	0.0073	0.084
50	Henderson and Pabis	1.482×10^{-4}	1.125			0.949	0.0055	0.071
50	Page	1.076×10^{-6}		1.53		0.992	8.4×10^{-4}	0.028
50	Modified Page	1.281×10^{-4}		1.62		0.993	7.4×10^{-4}	0.026
50	Logarithmic	5.444×10^{-5}	1.851		-0.8	0.994	5.7×10^{-4}	0.022
60	Lewis	1.592×10^{-4}				0.918	0.0095	0.095
60	Henderson and Pabis	1.812×10^{-4}	1.139			0.938	0.0071	0.08
60	Page	6.416×10^{-7}		1.62		0.991	9.7×10^{-4}	0.029
60	Modified Page	1.544×10^{-4}		1.74		0.992	8.2×10^{-4}	0.027
60	Logarithmic	5.447×10^{-5}	1.851		-1.1	0.993	7.9×10^{-4}	0.025

表 3-4　6 m/s 风速下 10 mm 厚污泥薄层干燥模型的拟合参数

$T/℃$	模　型	k	a	n	c	R^2	χ^2	$RMSE$
40	Lewis	9.403×10^{-5}				0.927	0.0079	0.087
40	Henderson and Pabis	1.072×10^{-4}	1.139			0.948	0.0056	0.073
40	Page	4.558×10^{-7}		1.57		0.993	6.8×10^{-4}	0.025
40	Modified Page	9.144×10^{-5}		1.67		0.994	5.6×10^{-4}	0.023
40	Logarithmic	4.085×10^{-5}	1.815		-0.7	0.992	8.2×10^{-4}	0.027
50	Lewis	1.399×10^{-4}				0.929	0.0076	0.085
50	Henderson and Pabis	1.578×10^{-4}	1.123			0.946	0.0057	0.072
50	Page	1.037×10^{-6}		1.54		0.991	9.2×10^{-4}	0.028
50	Modified Page	1.373×10^{-4}		1.64		0.992	8.2×10^{-4}	0.026
50	Logarithmic	4.578×10^{-5}	2.228		-1.1	0.996	3.9×10^{-4}	0.017
60	Lewis	1.987×10^{-4}				0.923	0.0088	0.091
60	Henderson and Pabis	2.245×10^{-4}	1.128			0.941	0.0068	0.077
60	Page	1.019×10^{-6}		1.61		0.992	8.3×10^{-4}	0.026
60	Modified Page	1.943×10^{-4}		1.70		0.993	7.3×10^{-4}	0.024
60	Logarithmic	6.393×10^{-5}	2.279		-1.2	0.994	5.6×10^{-4}	0.021

表 3-5 5 m/s 风速下 5 mm 厚度污泥薄层干燥模型的拟合参数

$T/℃$	模 型	k	a	n	c	R^2	χ^2	$RMSE$
40	Lewis	1.646×10^{-4}				0.936	0.0067	0.08
40	Henderson and Pabis	1.821×10^{-4}	1.103			0.948	0.0054	0.07
40	Page	2.298×10^{-6}		1.48		0.988	0.0012	0.033
40	Modified Page	1.606×10^{-4}		1.57		0.989	0.0011	0.031
40	Logarithmic	5.810×10^{-5}	2.036		-1.1	0.995	4.5×10^{-4}	0.019
50	Lewis	2.393×10^{-4}				0.931	0.0083	0.088
50	Henderson and Pabis	2.681×10^{-4}	1.126			0.946	0.0065	0.075
50	Page	1.504×10^{-6}		1.60		0.994	7.1×10^{-4}	0.024
50	Modified Page	2.290×10^{-4}		1.68		0.994	6.2×10^{-4}	0.023
50	Logarithmic	1.128×10^{-4}	1.687		-0.6	0.991	0.0011	0.029
60	Lewis	2.981×10^{-4}				0.941	0.0069	0.079
60	Henderson and Pabis	3.265×10^{-4}	1.097			0.949	0.0059	0.071
60	Page	4.088×10^{-6}		1.52		0.992	8.8×10^{-4}	0.026
60	Modified Page	2.884×10^{-4}		1.58		0.993	8.2×10^{-4}	0.026
60	Logarithmic	1.227×10^{-4}	1.815		-0.7	0.995	5.1×10^{-4}	0.019

表 3-6 5 m/s 风速下 15 mm 厚度污泥薄层干燥模型的拟合参数

$T/℃$	模 型	k	a	n	c	R^2	χ^2	$RMSE$
40	Lewis	5.712×10^{-5}				0.931	0.0076	0.085
40	Henderson and Pabis	6.512×10^{-5}	1.139			0.951	0.0053	0.07
40	Page	2.719×10^{-7}		1.54		0.994	6.1×10^{-4}	0.023
40	Modified Page	5.541×10^{-5}		1.65		0.995	4.7×10^{-4}	0.02
40	Logarithmic	2.682×10^{-5}	1.717		-0.6	0.993	6.9×10^{-4}	0.024
50	Lewis	8.653×10^{-5}				0.930	0.0071	0.083
50	Henderson and Pabis	9.867×10^{-5}	1.133			0.951	0.005	0.068
50	Page	6.097×10^{-7}		1.52		0.992	8.1×10^{-4}	0.027
50	Modified Page	8.546×10^{-5}		1.61		0.992	7.2×10^{-4}	0.025
50	Logarithmic	2.913×10^{-5}	2.207		-1.1	0.997	2.1×10^{-4}	0.013
60	Lewis	1.083×10^{-4}				0.932	0.0073	0.084
60	Henderson and Pabis	1.232×10^{-4}	1.137			0.952	0.0051	0.069
60	Page	8.005×10^{-7}		1.53		0.993	7.4×10^{-4}	0.026
60	Modified Page	1.053×10^{-4}		1.62		0.994	6.4×10^{-4}	0.024
60	Logarithmic	4.682×10^{-5}	1.814		-0.7	0.996	4.2×10^{-4}	0.019

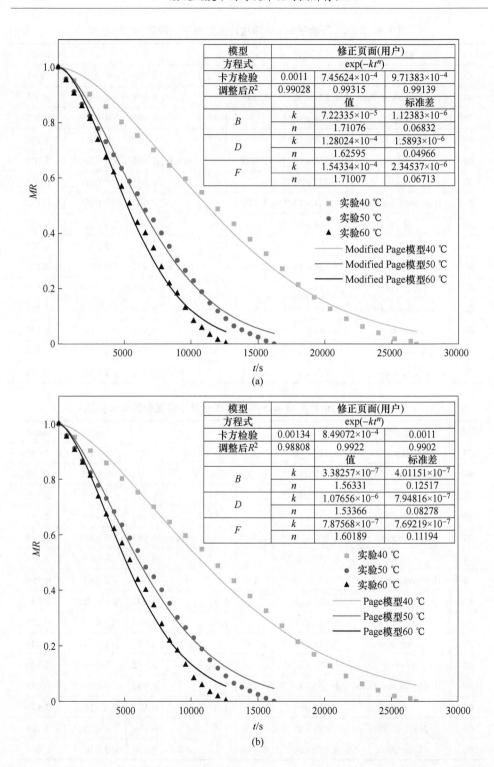

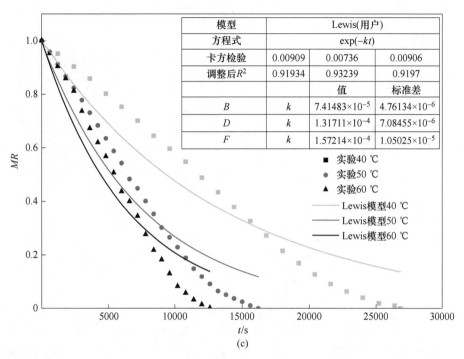

模型	Lewis(用户)		
方程式	exp(−kt)		
卡方检验	0.00909	0.00736	0.00906
调整后R^2	0.91934	0.93239	0.9197
		值	标准差
B	k	$7.41483×10^{-5}$	$4.76134×10^{-6}$
D	k	$1.31711×10^{-4}$	$7.08455×10^{-6}$
F	k	$1.57214×10^{-4}$	$1.05025×10^{-5}$

(c)

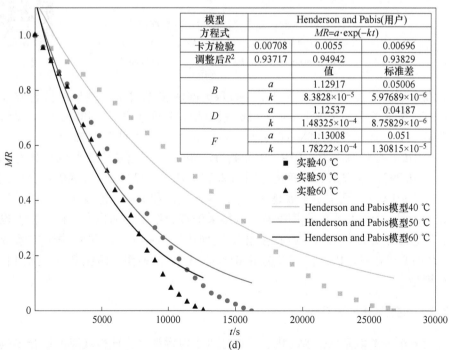

模型	Henderson and Pabis(用户)		
方程式	$MR=a·exp(−kt)$		
卡方检验	0.00708	0.0055	0.00696
调整后R^2	0.93717	0.94942	0.93829
		值	标准差
B	a	1.12917	0.05006
	k	$8.3828×10^{-5}$	$5.97689×10^{-6}$
D	a	1.12537	0.04187
	k	$1.48325×10^{-4}$	$8.75829×10^{-6}$
F	a	1.13008	0.051
	k	$1.78222×10^{-4}$	$1.30815×10^{-5}$

(d)

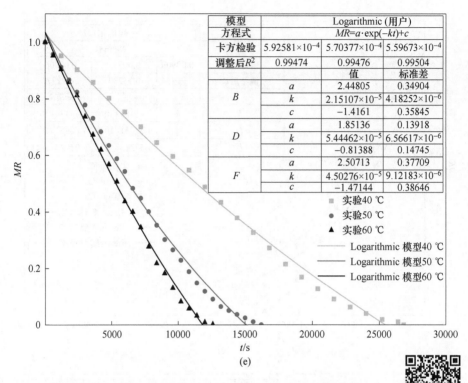

模型	Logarithmic (用户)		
方程式	$MR=a\cdot\exp(-kt)+c$		
卡方检验	5.92581×10^{-4}	5.70377×10^{-4}	5.59673×10^{-4}
调整后R^2	0.99474	0.99476	0.99504
		值	标准差
B	a	2.44805	0.34904
	k	2.15107×10^{-5}	4.18252×10^{-6}
	c	−1.4161	0.35845
D	a	1.85136	0.13918
	k	5.44462×10^{-5}	6.56617×10^{-6}
	c	−0.81388	0.14745
F	a	2.50713	0.37709
	k	4.50276×10^{-5}	9.12183×10^{-6}
	c	−1.47144	0.38646

实验40 ℃
实验50 ℃
实验60 ℃

Logarithmic 模型40 ℃
Logarithmic 模型50 ℃
Logarithmic 模型60 ℃

图 3-8　不同污泥干燥模型与实验数据拟合结果
（a）Modified Page 模型；（b）Page 模型；（c）Lewis 模型；
（d）Henderson and Pabis 模型；（e）Logarithmic 模型

彩图

在所研究的污泥干燥工况下，Modified Page 模型对实验结果的拟合效果最好。其余的实验干燥工况下 Logarithmic 模型拟合程度较高。Modified Page 模型决定系数的变化范围为 0.988 ~ 0.995，卡方系数变化区间为 4.73×10^{-4} ~ 12×10^{-4}，RMSE 变化范围为 0.019 ~ 0.034；Logarithmic 模型决定系数的变化范围为 0.991 ~ 0.997，卡方系数的变化范围为 2.13×10^{-4} ~ 11×10^{-4}，RMSE 变化范围为 0.013 ~ 0.029。而决定系数越接近 1，卡方系数和 RMSE 值越小，说明模型越稳定。可见，Modified Page 模型对实验结果的拟合结果更加稳定，拟合程度也较高，又鉴于卡方系数和 RMSE 的变化范围均小于 Logarithmic 模型中卡方系数和 RMSE 的变化范围。因此，可以选用 Modified Page 模型作为污泥薄层干燥过程的预测模型。

3.2.2　有效湿分扩散系数

有效湿分扩散系数是所有内在及外在因素对污泥水分迁移规律的综合影响量化值，该值可以根据 Fick 第二定律的柱状推导公式（3-11）进行计算获得，如下：

$$\ln MR = -\frac{\pi^2 D_{eff}}{L^2}t + \ln\frac{8}{\pi^2} \tag{3-11}$$

式中 D_{eff}——有效湿分扩散系数，m^2/s；

$\quad\quad MR$——湿分比，%；

$\quad\quad t$——时间，s；

$\quad\quad D_{eff}$——有效湿分扩散系数，m^2/s：

$\quad\quad L$——污泥的厚度，m。

根据 $\ln MR$-t 的关系直线获得斜率，即可求出有效湿分扩散系数。

Arrhenius 方程可有效地表示有效湿分扩散系数与干燥温度两者的联系，表达式如下：

$$D_{eff} = D_0\exp\left[-\frac{E_a}{R(T+273.15)}\right] \tag{3-12}$$

式中 D_0——扩散因子，m^2/s；

$\quad\quad E_a$——表观活化能，kJ/mol；

$\quad\quad T$——干燥空气温度，℃；

$\quad\quad R$——气体常数，$kJ/(mol \cdot K)$。

对式（3-12）两边取对数，推导出式（3-13）：

$$\ln D_{eff} = \ln D_0 - \frac{E_a}{R(T+273.15)} \tag{3-13}$$

通过计算得到各工况下的有效湿分扩散系数，做出 $\ln D_{eff}$-$1/T$ 的关系曲线，对照式（3-13）和关系曲线图，读出斜率的值，计算得到污泥活化能，通过截距的大小可求得扩散因子。

基于热风温度 50 ℃、风速 5 m/s、污泥厚度为 5 mm 干燥工况的实验数据，采用式（3-12）计算得到污泥干燥过程第一阶段和第二阶段 $\ln MR$-t 的拟合关系式，如图 3-9 所示。此时的第一阶段包含着污泥干燥过程的增速段和部分恒速段，第二阶段包含着干燥过程的部分恒速段和降速段。可以看出第一阶段和第二阶段的有效湿分扩散系数分别为 0.565×10^{-9} m^2/s 和 1.86×10^{-9} m^2/s。同样的方法可以求出 10 mm、5 mm 污泥厚度和 5 m/s 风速下不同热风干燥工况下的有效湿分扩散系数，见表 3-7 ~ 表 3-9。

污泥干燥过程中水分析出的增速段和恒速段前期的有效湿分扩散系数的变化范围为 3.73×10^{-10} ~ 2.91×10^{-9} m^2/s；水分析出的恒速段后期和降速段的有效湿分扩散系数为 1.26×10^{-9} ~ 1.49×10^{-8} m^2/s。随着温度的增加、风速的升高、厚度的增加，有效湿分扩散系数均呈现逐渐增大的趋势，并且 3 个工况变量对有效湿分扩散系数影响大小为：厚度 > 温度 > 风速。

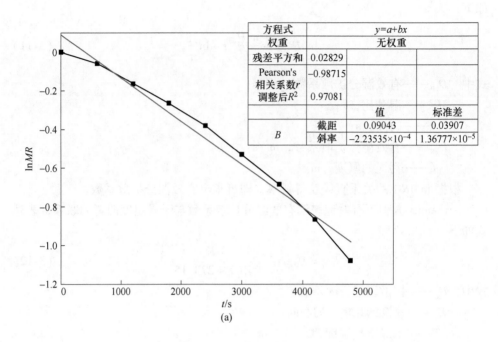

方程式		$y=a+bx$	
权重		无权重	
残差平方和	0.02829		
Pearson's 相关系数 r	−0.98715		
调整后 R^2	0.97081		
		值	标准差
B	截距	0.09043	0.03907
	斜率	$-2.23535×10^{-4}$	$1.36777×10^{-5}$

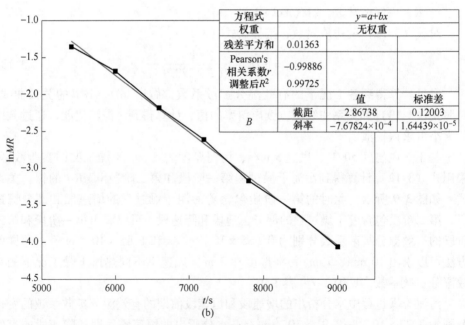

方程式		$y=a+bx$	
权重		无权重	
残差平方和	0.01363		
Pearson's 相关系数 r	−0.99886		
调整后 R^2	0.99725		
		值	标准差
B	截距	2.86738	0.12003
	斜率	$-7.67824×10^{-4}$	$1.64439×10^{-5}$

图 3-9　典型干燥工况下 lnMR-t 的拟合曲线

（50 ℃风温、5 m/s 风速、5 mm 厚度）

（a）第一阶段；（b）第二阶段

表 3-7 不同热风干燥工况下 10 mm 厚污泥有效湿分扩散系数

$u/\mathrm{m \cdot s^{-1}}$	$T/℃$	第一阶段		第二阶段	
		$D_{\mathrm{eff}}/\mathrm{m^2 \cdot s^{-1}}$	R^2	$D_{\mathrm{eff}}/\mathrm{m^2 \cdot s^{-1}}$	R^2
4	40	7.79×10^{-10}	0.97001	2.23×10^{-9}	0.973
	50	8.87×10^{-10}	0.98332	3.25×10^{-9}	0.941
	60	1.17×10^{-9}	0.9834	4.85×10^{-9}	0.932
5	40	6.52×10^{-10}	0.979	2.53×10^{-9}	0.957
	50	1.22×10^{-9}	0.975	4.56×10^{-9}	0.969
	60	1.49×10^{-9}	0.973	6.55×10^{-9}	0.958
6	40	9.05×10^{-10}	0.964	3.12×10^{-9}	0.976
	50	1.18×10^{-9}	0.984	4.18×10^{-9}	0.969
	60	1.74×10^{-9}	0.976	6.65×10^{-9}	0.959

表 3-8 不同热风干燥工况下 5 mm 厚污泥有效湿分扩散系数

$T/℃$	$u/\mathrm{m \cdot s^{-1}}$	第一阶段		第二阶段	
		$D_{\mathrm{eff}}/\mathrm{m^2 \cdot s^{-1}}$	R^2	$D_{\mathrm{eff}}/\mathrm{m^2 \cdot s^{-1}}$	R^2
40	4	4.13×10^{-10}	0.967	1.64×10^{-9}	0.952
	5	3.73×10^{-10}	0.973	1.26×10^{-9}	0.983
	6	4.34×10^{-10}	0.975	2.06×10^{-9}	0.942
50	4	4.75×10^{-10}	0.975	2.23×10^{-9}	0.929
	5	5.65×10^{-10}	0.962	1.86×10^{-9}	0.991
	6	6.87×10^{-10}	0.961	2.53×10^{-9}	0.981
60	4	7.28×10^{-10}	0.957	3.25×10^{-9}	0.932
	5	7.71×10^{-10}	0.967	3.05×10^{-9}	0.981
	6	9.65×10^{-10}	0.961	3.56×10^{-9}	0.972

表 3-9 在 5 m/s 风速时不同热风干燥工况下污泥有效湿分扩散系数

$T/℃$	L/mm	第一阶段		第二阶段	
		$D_{\mathrm{eff}}/\mathrm{m^2 \cdot s^{-1}}$	R^2	$D_{\mathrm{eff}}/\mathrm{m^2 \cdot s^{-1}}$	R^2
40	5	3.73×10^{-10}	0.973	1.26×10^{-9}	0.983
	10	6.52×10^{-10}	0.979	2.53×10^{-9}	0.957
	15	1.38×10^{-9}	0.965	5.07×10^{-9}	0.975
50	5	5.65×10^{-10}	0.962	1.86×10^{-9}	0.991
	10	1.22×10^{-9}	0.975	4.36×10^{-9}	0.969
	15	2.31×10^{-9}	0.959	1.13×10^{-8}	0.949

$T/℃$	L/mm	第一阶段		第二阶段	
		$D_{eff}/m^2 \cdot s^{-1}$	R^2	$D_{eff}/m^2 \cdot s^{-1}$	R^2
60	5	7.71×10^{-10}	0.967	3.05×10^{-9}	0.981
	10	1.49×10^{-9}	0.973	6.55×10^{-9}	0.958
	15	2.91×10^{-9}	0.958	1.49×10^{-8}	0.935

在相同的工况下，污泥干燥过程中水分析出的增速段和恒速段前期的有效湿分扩散系数均小于恒速段后期和降速段，后者的平均有效湿分扩散系数约是前者的4.5倍。污泥在水分析出恒速段后期和降速段的单位时间、单位面积水分散失量大于增速段和恒速段前期，主要因为有效湿分扩散系数受温度、风速、含湿量、密度、孔隙率、厚度和孔结构分布的影响，随着干燥过程的进行，污泥孔隙率、厚度和孔结构发生了变化进而引起了有效湿分扩散系数的改变。

3.2.3　污泥干化的表观活化能

表观活化能是一种化学概念，把污泥的干燥过程看作一种化学反应，在干燥过程中，普通分子吸收能量成为活化分子，使普通分子成为活化分子所吸收的能量称为活化能。根据前面所提到的有效湿分扩散系数的计算方法，拟合两个阶段的$\ln D_{eff}$与$1/T$的关系曲线（见图3-10），并根据拟合的斜率和截距分别求出污泥在该干燥工况下的表观活化能和扩散因子。

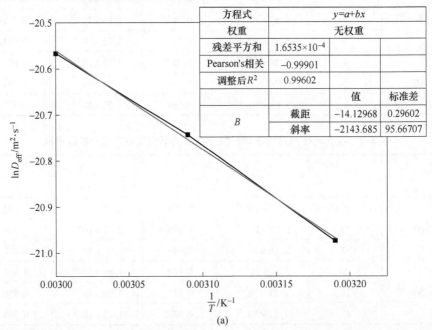

(a)

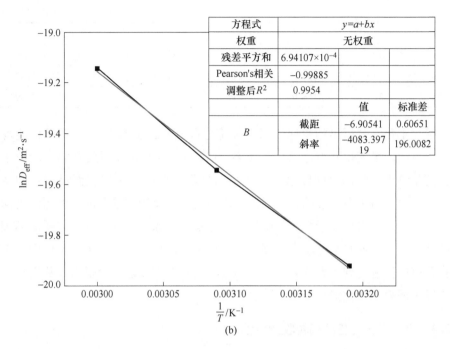

方程式	$y=a+bx$		
权重	无权重		
残差平方和	$6.94107×10^{-4}$		
Pearson's相关	−0.99885		
调整后R^2	0.9954		
		值	标准差
B	截距	−6.90541	0.60651
	斜率	−4083.397 19	196.0082

图 3-10 风速 4 m/s、污泥 $\ln D_{eff}$ 与 $1/T$ 的拟合关系

(a) 第一阶段；(b) 第二阶段

污泥在该干燥工况下水分析出的增速段和恒速段前期的表观活化能和扩散因子分别为 17.8 kJ/mol 和 $8.12×10^{-4}$ m²/s，水分析出的恒速段后期和降速段的表观活化能和扩散因子分别为 33.9 kJ/mol 和 $1.05×10^{-3}$ m²/s。同时，也对其他工况污泥干燥过程的表观活化能和扩散因子进行了计算，结果见表 3-10 和表 3-11。

表 3-10　10 mm 厚污泥表观活化能和扩散因子

风速 /m·s⁻¹	第 一 阶 段			第 二 阶 段		
	E_a/kJ·mol⁻¹	D_0/m²·s⁻¹	R^2	E_a/kJ·mol⁻¹	D_0/m²·s⁻¹	R^2
4	17.8	$8.12×10^{-4}$	0.996	33.9	$1.05×10^{-3}$	0.995
5	32.2	$7.31×10^{-4}$	0.968	34.5	0.024	0.977
6	29.4	$5.36×10^{-5}$	0.961	33.2	$9.85×10^{-4}$	0.956

表 3-11　5 m/s 风速污泥表观活化能和扩散因子

厚度/mm	第 一 阶 段			第 二 阶 段		
	E_a/kJ·mol⁻¹	D_0/m²·s⁻¹	R^2	E_a/kJ·mol⁻¹	D_0/m²·s⁻¹	R^2
5	25.4	$1.79×10^{-5}$	0.998	26.5	$3.98×10^{-5}$	0.995

厚度/mm	第 一 阶 段			第 二 阶 段		
	$E_a/kJ \cdot mol^{-1}$	$D_0/m^2 \cdot s^{-1}$	R^2	$E_a/kJ \cdot mol^{-1}$	$D_0/m^2 \cdot s^{-1}$	R^2
10	39.6	3.15×10^{-3}	0.978	41.8	0.031	0.996
15	37.5	4.77×10^{-4}	0.941	47.2	0.4	0.997

污泥干化水分析出的恒速段后期和降速段（第二阶段）的表观活化能均大于水分析出的增速段和恒速段前期（第一阶段），这是由于污泥在第一阶段主要失去的是自由水和部分间隙水，而在第二阶段主要失去污泥表面吸附水和结合水，自由水不与污泥直接结合，因此作用力较弱，比较容易分离，而污泥表面吸附水和内部结合水存在于污泥的微生物细胞膜中，除去这部分水分需要破坏细胞中的结合力，使这些水分蒸发需要大量的热量，活化能较大；第二阶段中，水蒸气在孔道中传输受到较大的阻力，水蒸气蒸发需要克服这部分阻力，从而导致第一阶段污泥表观活化能小于第二阶段。

3.2.4　污泥干化过程的颗粒收缩特性

通过干燥过程中污泥的表观图像来说明其干燥收缩特性。污泥的表观图像［见图 3-11(a)］经过灰度化后变为单一颜色的灰度图像［见图 3-11(b)］，但是污泥表面周围部分灰度化程度不明显，进而影响计算污泥表面积，因此需要对灰度化后的图像进行二值化处理，把污泥表面区域与其他区域用 0 或 255 灰度值进行分割，清晰地显现出污泥表观图像，如图 3-11(c)所示。但二值图像周围出现很多的噪点，噪点的存在影响了污泥中像素点的数量统计，因此要进一步对二值化后的图像进行消噪处理，图 3-11(d)是消噪后的二值图像。对污泥图像进行一系列处理后，得到了清晰的二值图像，如图 3-11(e) ~ (h)所示。

污泥在干燥 120 min 后发生了明显的收缩现象，这是因为在 120 min 之前，污泥表面自由水逸出的同时，内部水分迁移到污泥表面补充水分，因此在这个阶段污泥表观图像未发生太大变化。在 120 ~ 240 min，污泥吸热而蒸发的水分为部分自由水和间隙水，此部分水分蒸发造成污泥的空隙需要污泥收缩来填补，而污泥的固相骨架比较潮湿，很容易变形。在 240 min 至干燥完成时，由于污泥蒸发的水分主要为表面吸附水和内部结合水，此部分水分较难失去，所以污泥的收缩现象不明显，体积基本未发生改变。

将表观图像经 MATLAB R2014a 软件处理后，获得污泥不同干燥阶段的表面积，进而根据式 (3-1) 和式 (3-2) 计算出不同时刻下污泥的当量半径、平均厚

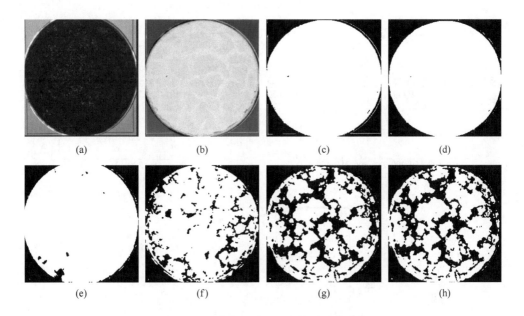

图 3-11 干燥过程中污泥的表观图像变化

（a）剪切图像；（b）灰度图像；（c）二值图像；（d）消噪后的二值图像；

（e）120 min；（f）180 min；（g）240 min；（h）270 min

度及体积比。在整个干燥过程中污泥样品的当量半径由 50 mm 降至约 38.6 mm（见图 3-12），平均厚度从 10 mm 降至约 7.7 mm，各尺寸大约减少到原始尺寸的 77.2%，体积比由 1 减少到 0.46，整个曲线近似呈线性关系。

在污泥干燥的前中期，自由水更容易逸出，此时水分散失的量由体积收缩来补偿，而在干燥后期污泥的固相骨架从黏稠状态变成颗粒状态，此阶段主要失去污泥表面吸附水，由于吸附水失去较困难，所以此阶段收缩变形程度比前中期小，收缩幅度即为补偿污泥中水分散失的体积。

在污泥干化的整个过程中，污泥的当量半径分别减少到原始尺寸的 76% 和 79%，不同温度下污泥收缩尺寸的变化规律基本一致，且尺寸随时间的变化曲线和湿分比随时间的变化曲线大致相同，充分表明了污泥收缩现象与污泥中水分含量变化是紧密联系的，收缩现象是水分散失的直接表现。

3.2.5 污泥收缩对有效湿分扩散系数的影响

在热风对流干燥过程中，随着水分的扩散与蒸发，污泥会出现体积变小、内部收缩、固体骨架间孔隙和孔的结构变化等现象。在整个干燥过程中，如考虑污泥有规则的收缩现象，其有效湿分扩散系数值比未考虑污泥收缩现象时有效湿分

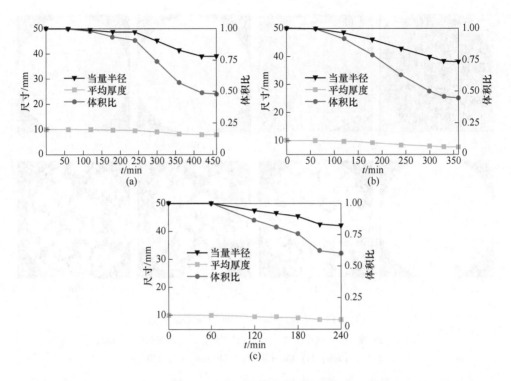

图 3-12   在 4 m/s 风速时不同温度下污泥当量半径、平均厚度、体积比随时间的变化
(a) 40 ℃；(b) 50 ℃；(c) 60 ℃

扩散系数值更小，见表 3-12。在热风温度为 40 ℃时，当考虑干燥过程污泥的有规则收缩现象时，污泥干燥水分析出增速段和恒速段前期（第一阶段）和水分析出恒速段后期和降速段（第二阶段）的有效湿分扩散系数比未考虑收缩时分别减少 7.1% 和 29.5%。在热风温度 50 ℃时，第一阶段和第二阶段有效湿分扩散系数分别减少了 5.5% 和 28%。可见收缩现象对污泥水分析出恒速段后期和降速段的湿分扩散系数有较大的影响，而对水分析出增速段和恒速段前期的影响很小，这是由于在干燥前期污泥平均收缩幅度较干燥中后期小。虽然污泥干燥水分析出增速段和恒速段前期的平均湿分迁移速率大于水分析出恒速段后期和降速段的平均速率，但前者主要失去污泥中的自由水和间隙水，而污泥内部的水分会向污泥的表面迁移用于补偿污泥表面水分的散失，因此污泥的表观图像呈现出的收缩程度并不大。而在水分析出恒速段后期和降速段主要以失去污泥吸附水为主，此时失水产生的空隙只能以污泥收缩来补偿，因此污泥会产生裂缝并且会伴有收缩现象。

表 3-12　10 mm 厚污泥不同工况下有效湿分扩散系数

$u/\mathrm{m} \cdot \mathrm{s}^{-1}$	$T/℃$	第一阶段		第二阶段	
		$D_{eff}/\mathrm{m}^2 \cdot \mathrm{s}^{-1}$	R^2	$D_{eff}/\mathrm{m}^2 \cdot \mathrm{s}^{-1}$	R^2
4	40	7.24×10^{-10}	0.971	1.57×10^{-9}	0.972
	50	8.41×10^{-10}	0.983	2.34×10^{-9}	0.943
	60	1.12×10^{-9}	0.983	3.75×10^{-9}	0.935
5	40	6.24×10^{-10}	0.979	1.93×10^{-9}	0.957
	50	1.17×10^{-9}	0.975	3.42×10^{-9}	0.969
	60	1.45×10^{-9}	0.973	4.86×10^{-9}	0.958
6	40	8.83×10^{-10}	0.964	2.29×10^{-9}	0.976
	50	1.13×10^{-9}	0.984	3.08×10^{-9}	0.969
	60	1.72×10^{-9}	0.976	5.13×10^{-9}	0.959

3.3　污泥热解过程的热重特性

　　热重分析（thermal gravimetric analysis，TGA）是在程序控制温度下借助热天平以获得物质的质量变化与温度变化之间关系的一种技术。通常在恒定的升温速率下进行，是研究热化学反应动力学的重要手段之一，具有试样用量少、耗时短并能在测量温度范围内研究原料受热发生反应的全过程等优势。污泥热重分析可以获得一定升温速率下的热重曲线（TG 曲线），在 TG 曲线基础上对时间或温度进行一次微分，可进一步得到微商热重曲线（DTG 曲线），反映试样质量变化率与温度的关系。

3.3.1　温度影响

　　根据 TG 和 DTG 曲线（见图 3-13），将污泥热解过程分为脱水、挥发分析出和残焦形成三个阶段。脱水阶段主要发生在室温至 160 ℃时，失重率较小，约为 5.14%，主要是污泥内部的结合水蒸发引起的。在 180 ~ 520 ℃时为脱挥发分阶段，失重率约为 46.25%，说明污泥中有机组分主要在该阶段大量裂解逸出。研究发现，污泥挥发分析出最大速率所对应的温度为 300 ℃左右，在此温度下污泥有机质的热裂解反应最为活跃。由于污泥的有机组分和化学特性复杂，有机结构体高度不均匀，不同组分在不同温度区间热解逸出，而有机组分热解区间存在相互重叠现象，这可以从 DTG 曲线上中的峰肩看出。

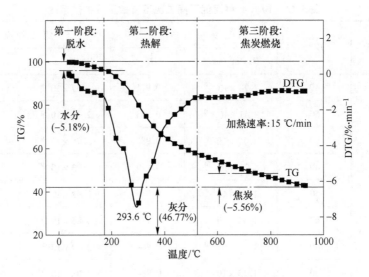

图 3-13　污泥热解 TG 和 DTG 曲线图

　　随着热解温度进一步升高至 750 ℃，TG 曲线值持续下降，该阶段被认为是污泥残焦进一步降解导致的，反应主要集中于污泥内部，且 DTG 曲线中出现较小失重峰，说明形成的残焦较为稳定并含有少量的挥发分。热解温度升高至终温 850 ℃，该阶段失重率约为 7.42%，该阶段的失重可能是由污泥中的无机矿物盐和难热解的物质等的高温热分解造成的。

3.3.2　升温速率影响

　　升温速率是影响污泥热解特性的重要参数之一。不同升温速率下污泥热解过程的 TG 与 DTG 曲线的变化趋势大致相同，如图 3-14 所示。高温热裂解后得到的固体残焦质量随着升温速率的增加呈现缓慢上升趋势，且在高升温速率下，固体残焦质量的变化趋于平稳，这说明低升温速率有利于污泥挥发分的析出，对热裂解焦炭的产生有一定的抑制作用。这主要是由于低升温速率延长了污泥样品在高温区的停留时间，促进了污泥的脱水、热裂解和碳化反应，导致固体产率降低。

　　不同升温速率下，污泥脱挥发分阶段的热解特性参数见表 3-13。随着升温速率的增加，污泥中挥发析出的初始温度（T_i）、最大失重速率峰温（T_{p2}）和挥发分完全析出的温度（T_f）分别从 168.64 ℃升至 175.24 ℃、266.85 ℃升至 321.63 ℃和 542.42 ℃升至 584.65 ℃。由此可见，在促进污泥颗粒表面的热传递方面较低的升温速率表现出更好的效果，而较高的升温速率会减缓污泥热裂解过程的进行。

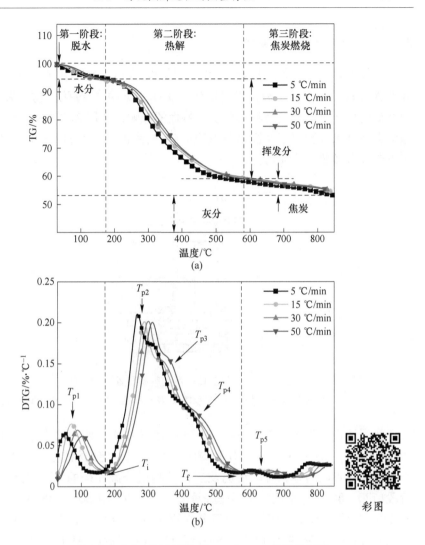

图 3-14　不同升温速率下污泥热解的 TG 和 DTG 曲线分析图

（a）TG 曲线；（b）DTG 曲线

表 3-13　污泥脱挥发分阶段的热解特性参数

$\beta/℃ \cdot min^{-1}$	$T_i/℃$	$T_{p2}/℃$	$T_f/℃$	$DTG_{max}/\% \cdot ℃^{-1}$	$DTG_m/\%$	$M_r/\%$
5	168.64	266.85	542.42	0.21	86.47	53.23
15	170.25	288.33	558.73	0.20	84.42	54.65
30	173.58	299.65	570.26	0.20	83.99	55.26
50	175.24	321.63	584.65	0.20	81.69	55.32

注：β 为升温速率；T_i、T_{p2} 和 T_f 分别为热解第二阶段开始、峰值和结束时温度；DTG_{max} 为最大失重速率；DTG_m 为最大失重速率峰值对应的样品量；M_r 为最终剩余样品质量比。

3.3.3 污泥内在矿物质影响

污泥所含的主要无机组分为 SiO_2、$AlPO_4$ 和 $Fe_2(SO_4)_3$ 等，同时也含有少量硫酸铁 [$Fe_2(SO_4)_3$]、钾长石（$K_2O \cdot Al_2O_3 \cdot 6SiO_2$）等化合物。为了探究这些内在矿物质无机组分对污泥热解反应特性的影响，利用27%的盐酸和9%的氢氟酸混合溶液来洗脱原污泥样以制取脱矿物质污泥，并通过图3-15 水浴磁力搅拌装置制取各类脱矿物质污泥。

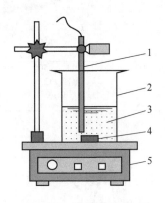

图 3-15　污泥脱矿装置

1—热电偶；2—烧杯；3—污泥酸溶液；4—磁力搅拌转子；5—磁力搅拌器

污泥原样（SS）、脱矿污泥（DSS）和三种矿物组分添加样（DSS + SiO_2、DSS + $AlPO_4$、SS + TiO_2）的 TG 和 DTG 曲线具有一定的相似性，如图 3-16 所示。与污泥原样不同的是，脱矿污泥及三种矿物组分添加样的 DTG 曲线在脱挥发分阶段(170~550 ℃)出现三个显著失重峰，分别发生在 300~400 ℃、300~350 ℃和 250~320 ℃温度区间。五种污泥失重率（质量分数）分别为 52.45%（SS）、49.28%（DSS）、56.98%（DSS + SiO_2）、55.64%（DSS + $AlPO_4$）和 53.46%（SS + TiO_2）。与脱矿污泥（DSS）相比，污泥固有的矿物质无机化合物会促进有机组分的热裂解。

DTG 曲线中不同阶段失重的对应温度列于表 3-14。添加 TiO_2 的污泥样品具有较低的 T_a，表示 TiO_2 可能促进污水污泥的初始分解。随着热解的进行，三种矿物组分添加样的第二阶段最终温度 T_b 基本相同，但低于污泥样品，这表明污泥固有矿物质具有缩短有机物分解时间的作用。需要注意的是，与脱矿污泥样品相比，添加 $AlPO_4$ 和 SiO_2 后最大失重速率有不同程度的降低。在第三阶段，SS 和 DSS + $AlPO_4$ 样品显示出不同的温度峰值，而 DSS、DSS + SiO_2 与 DSS + TiO_2 未观察到明显温度峰值，这意味着 $AlPO_4$ 的某些热化学反应可能在更高的温度下发生。

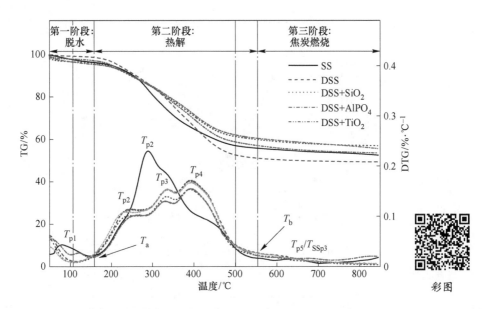

图 3-16 五种不同样品的热重特性分析

表 3-14 五个污泥样品的特征参数

样品名称	第一阶段	第二阶段					第三阶段		M_r/%	DTG_{max} /%·℃$^{-1}$
	T_{p1}/℃	T_a/℃	T_{p2}/℃	T_{p3}/℃	T_{p4}/℃	T_b/℃	T_{p5}、T_{SSp3}/℃			
SS	83	170	285			550	630	52.448	0.228
DSS		123	237	337	397			49.279	0.154
DSS + SiO$_2$		136	237	334	397			56.979	0.139
DSS + AlPO$_4$	123	147	237	334	392	500	650	55.637	0.131
DSS + TiO$_2$		115	230	337	397			53.464	0.134

注：T_{p1}为热解第一阶段最大失重速率对应的温度；T_a、T_{p2}、T_{p3}、T_{p4}和T_b分别为热解第二阶段开始、各失重速率峰值和结束时对应的温度；T_{p5}为脱灰污泥与矿物质添加污泥在第三阶段最大失重率对应的温度；T_{SSp3}为污泥在第三阶段最大失重率对应的温度；M_r为最终剩余样品质量比；DTG_{max}为最大失重速率。

3.3.4 氧浓度影响

　　污泥低氧炭化和无氧热解行为存在着明显的区别，如图 3-17 所示。污泥低氧碳化过程也分为三个阶段：脱水（低于 160 ℃）、易挥发分析出（160~380 ℃），

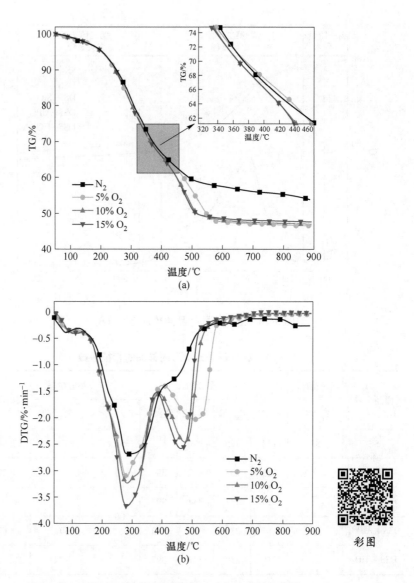

图 3-17　不同氧浓度下污泥的 TG(a) 与 DTG(b) 曲线

彩图

以及难挥发分析出与固定碳燃烧（380~600 ℃）。第二阶段的失重率在 30% 左右，主要为污泥中脂肪、蛋白质、聚合芳烃、糖类和碳水化合物等化学键断裂以及基团转化生成可燃性合成气体，并伴有可凝挥发分析出；第三个阶段的失重率为 20% 左右，被认为是不饱和烃和芳香族类环稠化结焦过程。此外，碳化反应结束时，无氧和低氧氛围下的失重率差值约为 6.9%，近似等于污泥中固定碳的含量（6.08%），这说明在低氧氛围下会促使污泥中固定碳燃烧。

DTG 数据也表明在易挥发分析出阶段，随着氧浓度的增加，DTG 曲线上的峰值温度维持在 282 ℃左右，最大失重率从 2.68%/min 增加到 3.66%/min，这说明氧气加剧了挥发分的热化学反应，进而使得挥发分的析出量增加。通过局部放大 TG 曲线发现，在 355～455 ℃时，N_2 氛围下物料失重量比 5%O_2 氛围时更大，比 10%O_2 和 15%O_2 氛围时失重量更小，这可能是由于当氧气浓度较低时，少量挥发性气体在颗粒表面缓慢燃烧，阻碍了挥发分的逸出。在热解第三阶段，N_2 氛围下污泥只有难挥发分的析出，没有固定碳的燃烧。同时，随着氧浓度的增加，第三阶段最大失重率由 2.03%/min 增加到 2.57%/min，并且对应的峰值温度由 514.79 ℃降低到 465.27 ℃，说明低氧浓度越高，难挥发分析出越快、固定碳燃烧越剧烈。

污泥低氧碳化的第二、三阶段的特征参数见表 3-15。随着氧浓度的增加，第二阶段的终温由 404.52 ℃下降至 380.93 ℃，反应区间明显缩小，这说明低氧碳化可促进污泥中的易挥发分析出。第三阶段失重量的增量随着氧浓度而减少，这与污泥富氧燃烧时挥发分燃烧阶段的变化规律基本一致，可认为是氧浓度对促进污泥难挥发分的分解作用存在上限。

表 3-15　不同氧浓度下污泥碳化过程中的特征参数

氛围	T_a/℃	T_p/℃	DTG_{max}/%·min^{-1}	T_b/℃	T_3/℃	DTG_3/%·min^{-1}	M_r/%
N_2	165.25	284.78	2.68	585.56			53.94
5%O_2	162.41	281.99	3.24	404.52	514.79	2.03	46.57
10%O_2	160.65	282.36	3.31	388.68	478.72	2.45	47.03
15%O_2	163.38	282.83	3.66	380.93	465.27	2.57	47.67

注：T_a、T_p、T_b 和 T_3 分别为第二阶段开始、峰值、第二阶段结束时和第三阶段对应的峰值温度；DTG_{max} 为最大失重速率；DTG_3 为第三阶段的最大失重率；M_r 为最终剩余样品质量比。

3.3.5　低氧下污泥与生物质共热解特性

向污泥中添加适量生物质进行共热解有益于提升热解产物品质、降低能耗及控制环境污染风险。使用不同掺混比的杨木屑（5%～20%）与污泥混合，其共热解 TG 曲线基本上位于两单一样品的失重曲线之间，如图 3-18 所示。在 200 ℃以前不同掺混比下的失重量基本相同，说明污泥与杨木屑共热解对水分的蒸发无影响。在 300 ℃以后，不同掺混比混合样的失重曲线与污泥原样的失重曲线发生明显的分离，这是因为杨木屑的添加可能增加了污泥中纤维素和半纤维素含量，使得该温度区间更多的挥发分析出。

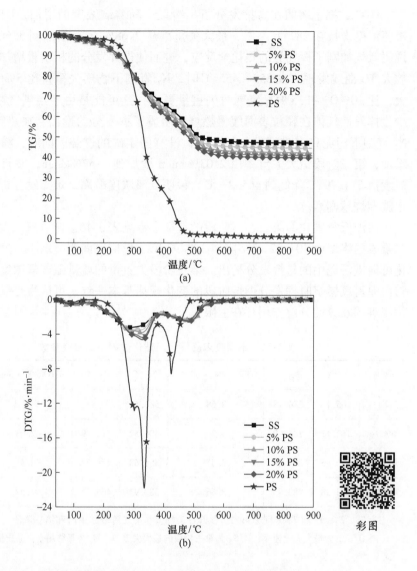

图 3-18 不同掺混比杨木屑与污泥混合样的 TG（a）与 DTG（b）曲线

污泥与杨木屑低氧共碳化过程中特征参数见表 3-16。随着杨木屑掺混比的增加，最大失重率由 3.31%/min 增加到 4.62%/min，对应的峰值温度由 282.36 ℃ 增加到 329.34 ℃，这是由于杨木屑中纤维素含量较高，导致混合样挥发分析出量增加、峰值温度向高温区移动。在第三阶段，不同杨木屑掺混比的最大失重率和对应的峰值温度与原污泥的基本相同，说明添加杨木屑的量小于 20% 时，对污泥低氧热解过程中难挥发分析出和固定碳燃烧无影响。

表 3-16　不同掺混比杨木屑（PS）与污泥（SS）的共热解特征参数（10%O_2）

样品	T_a/℃	T_p/℃	DTG$_{max}$/% · min^{-1}	T_b/℃	T_3/℃	DTG$_3$/% · min^{-1}	M_r/%
SS	160.65	282.36	3.31	388.68	478.72	2.45	47.03
5%PS	160.61	293.46	3.47	387.82	478.12	2.46	44.53
10%PS	160.96	324.97	3.79	387.01	476.65	2.39	42.23
15%PS	161.12	328.19	4.36	384.05	477.26	2.52	40.79
20%PS	161.24	329.34	4.62	387.36	479.14	2.47	39.72
PS	196.33	335.24	21.77	380.27	424.24	8.58	0.88

注：T_a、T_p 和 T_b 分别为污泥热解第二阶段起始、峰值和结束时温度；T_3 为污泥热解第三阶段对应的峰值温度；DTG$_{max}$为最大失重速率；DTG$_3$ 为第三阶段最大失重速率；M_r 为最终剩余样品质量比。

引入 $Y_{混合}$ 来评估混合样低氧热解过程中污泥与杨木屑之间的相互作用规律，其定义式为：

$$Y_{混合} = xY_{污泥} + (1 - x)Y_{杨木屑} \qquad (3-14)$$

式中　x，$(1-x)$——污泥和杨木屑在混合样中所占质量分数；

　　　$Y_{污泥}$，$Y_{杨木屑}$——某个温度下污泥和杨木屑的 TG 或 DTG 值；

　　　　　　　$Y_{混合}$——物料间 TG 或 DTG 数值的线性叠加后获得的理论值，即 $Y_{混合}$ 是假设两物料间不存在相互作用得到的参数。

通过比较混合样 TG 和 DTG 的实验值与理论值，以确定不同物料间相互作用规律，即当混合样的 TG 和 DTG 曲线的理论值高于实验值，两者热解过程中表现为相互促进；反之，则表现为相互抑制。

除了掺混 5%PS 共热解时 TG 与 DTG 曲线的实验值和理论值重合，其他掺混比下实验值与理论值存在着较大的区别（见图 3-19），这说明添加 5%PS 对脱挥发分和固态产物的生成无作用或者作用很小。在热解温度升至 270 ℃后，其他三种掺混样的 TG 曲线实验值大于理论值，并且两者的差值随着掺混比的增加而增大，这表明混合样中杨木屑与污泥的相互作用表现为对脱挥发分的抑制作用，而且抑制作用随着掺混比的增加而加强。从 DTG 曲线图可以看出，在热解的第三阶段，实验值的最大失重率比理论值小，峰值温度右移，温度区间变宽，说明杨木屑的添加对难挥发分的析出和固定碳的稳定燃烧起促进作用。然而，在500 ~ 600 ℃时，发现实验值的失重率比理论值大，这说明在此温度区间内掺混杨木屑对固态产物的生成起抑制作用。

在低氧碳化反应的整个过程中（600 ℃后），15%PS 和 20%PS 的 TG 实验值明显高于理论值，说明在低氧碳化的整个过程中，15%PS 和 20%PS 掺混比抑制了低氧热解的进行，这与王玉杰等人研究的添加杨木屑促进无氧热解反应进行的结果相反，也证实了氧浓度会对热解反应的行为产生影响。

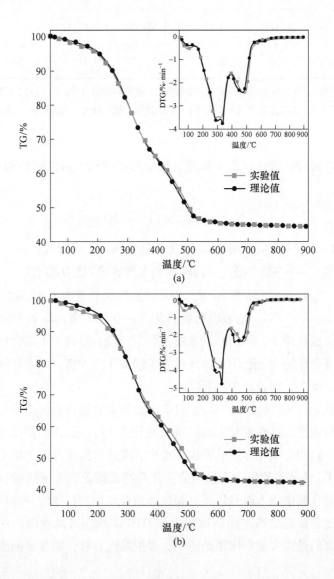

(a)

(b)

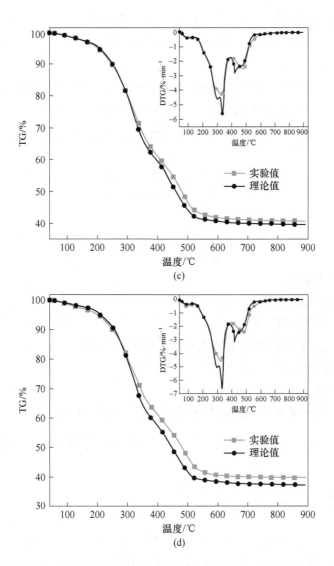

图 3-19 不同掺混比下污泥（SS）与杨木屑（PS）混合样 TG-DTG 曲线实验值及理论值

(a) 5%PS；(b) 10%PS；(c) 15%PS；(d) 20%PS

3.4 污泥热解反应表观动力学特性

3.4.1 热反应动力学分析方法

研究热反应动力学特性的方法有很多种，但从数学角度来看主要分为模型拟合法和无模型等转化率法两种。与模型拟合法相比，无模型等转化率法避免了由于假设模型函数的不同可能带来的误差，从而获得较为准确的表观活化能 E 值；同时无模型等转化率法还可以通过比较不同转化率 α 下的 E 值来核实反应机理在整个过程中的一致性。

在热反应热动力学分析时，为了获得准确的反应表观活化能的变化规律，常运用无模型等转化率法中的 Kissinger-Akahira-Sunose（KAS）方法和 Flyn-Wall-Ozawa（FWO）方法计算污泥热解过程的表观活化能，其计算方法如下。

（1）KAS 方法：

$$\ln \frac{\beta}{T^2} = \ln \frac{AR}{Eg(\alpha)} - \frac{E}{RT} \tag{3-15}$$

（2）FWO 方法：

$$\ln\beta = \ln \frac{AE}{g(\alpha)R} - 5.331 - 1.052 \frac{E}{RT} \tag{3-16}$$

式中　α——转化率；

β——升温速率，℃/min；

T——绝对温度，K；

R——通用气体常数，8.314×10^{-3} kJ/(mol·K)；

A——指前因子，min^{-1}；

E——反应活化能，kJ/mol；

$g(\alpha)$——转化率常数，$g(\alpha)$ 为机理函数 $f(\alpha)$ 的积分形式。

在 KAS 方法和 FWO 方法中，E 可以分别由 $\ln \frac{\beta}{T^2}$ 和 $\ln\beta$ 对 $\frac{1}{T}$ 的直线斜率来确定。

3.4.2　污泥热解过程的动力学特性

基于 4 个升温速率 $\beta = 5$ ℃/min、15 ℃/min、25 ℃/min 和 35 ℃/min，根据 KAS 方法和 FWO 方法描述的方程，对不同氧浓度下污泥热解反应过程的第二阶段与第三阶段进行热动力学分析。污泥热动力学的拟合曲线具有较强的线性关系（见图 3-20），说明其斜率可以用来评估表观活化能的变化规律。

表 3-17 为由 KAS 和 FWO 两种方法计算的不同氧浓度下和不同热转化率下污泥热解反应的 E 值和线性拟合度相关系数 R^2。所有转化率下的 R^2 值均大于或接近 0.95，说明 KAS 和 FWO 模型适用于污泥热解过程。此外，在易挥发分析出阶段（$\alpha = 0.1 \sim 0.6$）和难挥发分与固定碳燃烧阶段（$\alpha = 0.6 \sim 0.9$），由 KAS 和 FWO 两种方法计算所得的 E 值非常接近，结果偏差小于 5%，这表明上述两种方法获得的计算结果具有一定可靠性。

　　由于污泥组分十分复杂，不同反应温度导致热解过程挥发分析出与反应性能不同，导致不同转化率下的热解表观活化能具有较大差异性。同时，在相同转化率下，氧浓度不同时活化能也不同，这进一步说明了氧浓度影响污泥碳化的热分解行为。

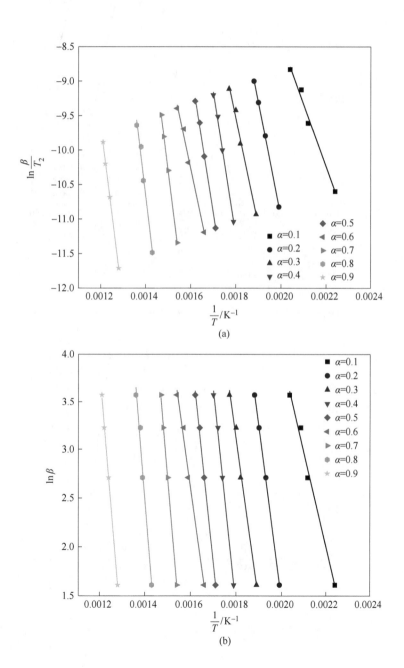

(a)

(b)

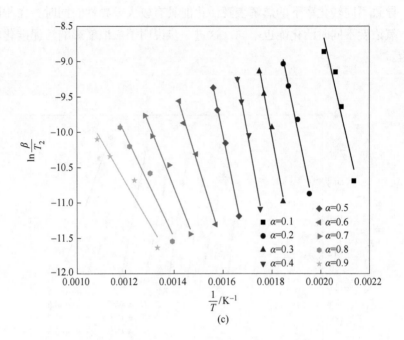

(c)

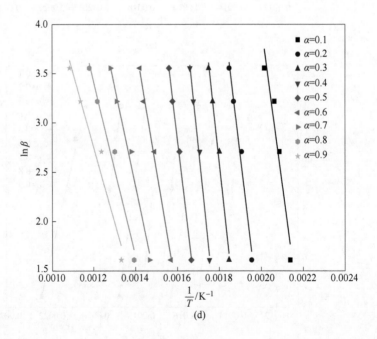

(d)

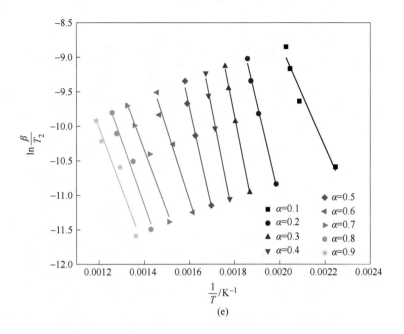

(e)

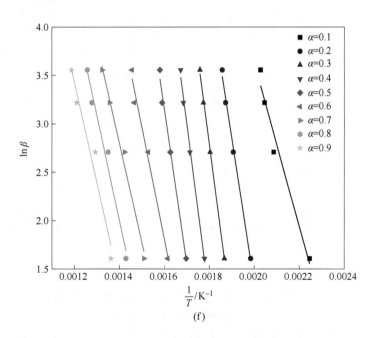

(f)

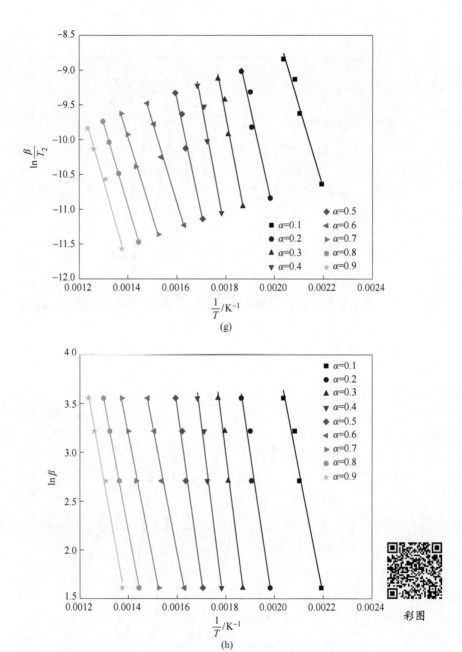

图 3-20　根据 KAS 方法和 FWO 方法拟合的不同氧浓度下
污泥热反应动力学曲线

（a）N_2（KAS）；（b）N_2（FWO）；（c）5% O_2（KAS）；（d）5% O_2（FWO）；（e）10% O_2（KAS）；
（f）10% O_2（FWO）；（g）15% O_2（KAS）；（h）15% O_2（FWO）

表 3-17　由 KAS 方法和 FWO 方法计算所得的不同氧浓度下污泥热解的 E 和 R^2 值

气体氛围	α	KAS 方法			FWO 方法		
		拟合函数	E /kJ·mol^{-1}	R^2	拟合函数	E /kJ·mol^{-1}	R^2
N$_2$	0.1	$y = -9038.9x + 9.64$	75.149	0.9865	$y = -9946.5x + 23.88$	78.61	0.9887
	0.2	$y = -16646x + 22.31$	138.39	0.9995	$y = -17726x + 36.90$	140.09	0.9996
	0.3	$y = -15524x + 18.41$	129.07	0.9902	$y = -16601x + 32.99$	131.2	0.991
	0.4	$y = -20775x + 26.16$	172.72	0.997	$y = -21987x + 40.98$	173.76	0.9974
	0.5	$y = -20796x + 24.44$	172.90	0.9971	$y = -21987x + 39.22$	173.76	0.9974
	0.6	$y = -15356x + 14.30$	127.67	0.9894	$y = -16601x + 29.17$	131.2	0.991
	0.7	$y = -26182x + 28.98$	220.39	0.9992	$y = -27454x + 43.89$	216.97	0.9991
	0.8	$y = -27177x + 27.40$	217.68	0.9828	$y = -28643x + 42.59$	226.37	0.9835
	0.9	$y = -25812x + 21.32$	214.60	0.9992	$y = -27454x + 36.75$	216.97	0.9991
	平均		163.17			165.44	
5%O$_2$	0.1	$y = -15127x + 21.80$	125.77	0.9301	$y = -16090x + 36.16$	127.16	0.9379
	0.2	$y = -16950x + 22.33$	140.92	0.9808	$y = -18003x + 36.86$	142.28	0.983
	0.3	$y = -18870x + 23.92$	156.89	0.9877	$y = -19982x + 38.56$	157.92	0.9891
	0.4	$y = -19704x + 23.49$	163.82	0.9936	$y = -20875x + 38.24$	164.96	0.9944
	0.5	$y = -17203x + 17.49$	143.03	0.997	$y = -18442x + 32.35$	145.75	0.9974
	0.6	$y = -11456x + 6.70$	95.245	0.9929	$y = -12793x + 21.72$	101.10	0.9944
	0.7	$y = -8769.2x + 1.49$	72.907	0.9815	$y = -10225x + 16.68$	80.809	0.9868
	0.8	$y = -7297.4x + 1.27$	60.671	0.9641	$y = -8854.2x + 14.05$	69.975	0.9764
	0.9	$y = -5921.6x + 3.594$	49.232	0.9327	$y = -7581.5x + 11.86$	59.917	0.9599
	平均		112.05			116.65	
10%O$_2$	0.1	$y = -7492.9x + 6.19$	62.296	0.9621	$y = -8427.2x + 20.48$	66.601	0.9694
	0.2	$y = -13994x + 16.91$	116.35	0.9954	$y = -15034x + 31.42$	118.82	0.9959
	0.3	$y = -16493x + 19.84$	137.12	0.9983	$y = -17595x + 34.46$	139.05	0.9985
	0.4	$y = -16658x + 18.56$	138.49	0.9944	$y = -17816x + 33.28$	140.8	0.9951
	0.5	$y = -14705x + 13.80$	122.26	0.9907	$y = -15925x + 28.62$	125.86	0.992
	0.6	$y = -10235x + 5.30$	85.094	0.9807	$y = -11538x + 20.27$	91.185	0.9849
	0.7	$y = -8871.1x + 2.07$	73.754	0.9814	$y = -10284x + 17.20$	81.275	0.9866
	0.8	$y = -9336.8x + 1.93$	77.626	0.9715	$y = -10827x + 17.16$	85.566	0.9791
	0.9	$y = -8841.4x + 0.59$	73.507	0.9434	$y = -10413x + 15.93$	82.294	0.9593
	平均		98.50			103.49	

气体氛围	α	KAS 方法			FWO 方法		
		拟合函数	E/kJ·mol^{-1}	R^2	拟合函数	E/kJ·mol^{-1}	R^2
15%O$_2$	0.1	$y = -11911x + 15.50$	99.028	0.9753	$y = -12856x + 29.82$	101.6	0.9788
	0.2	$y = -15607x + 20.11$	129.76	0.9532	$y = -16646x + 34.62$	131.55	0.9587
	0.3	$y = -18455x + 23.56$	153.43	0.9826	$y = -19553x + 38.18$	154.53	0.9845
	0.4	$y = -18969x + 22.77$	157.71	0.9815	$y = -20122x + 37.48$	159.03	0.9835
	0.5	$y = -16551x + 17.07$	137.61	0.983	$y = -17761x + 31.88$	140.37	0.9852
	0.6	$y = -11590x + 7.64$	96.359	0.9941	$y = -12874x + 22.57$	101.74	0.9951
	0.7	$y = -11515x + 6.17$	95.736	0.9966	$y = -12892x + 21.24$	101.89	0.9972
	0.8	$y = -11913x + 5.74$	99.045	0.9996	$y = -13370x + 20.92$	105.66	0.9998
	0.9	$y = -12195x + 5.27$	101.39	0.9888	$y = -13727x + 20.55$	108.49	0.9914
	平均		118.90			122.76	

　　用 KAS 方法和 FWO 方法计算的表观活化能分布曲线的变化规律基本相同,如图 3-21 所示。在易挥发分析出阶段 ($\alpha = 0.1 \sim 0.6$),表观活化能 E 随着转化率 α 的增加呈现先上升后下降的趋势。在 $\alpha = 0.1 \sim 0.4$ 阶段,表观活化能 E 处于上升状态,可以认为此阶段是污泥中易挥发有机物分解除臭的过程,随着其含量的降低,活化能逐渐升高;在 $\alpha = 0.4 \sim 0.6$ 阶段,低氧热解所需的表观活化能持续下降,此区域刚好对应纤维素的热分解区间 (300 ~ 375 ℃),表明此时污泥中纤维素进行着热分解,其反应所需的最小能量随着温度升高而逐渐降低,因此该区域活化能随着转化率增加而逐渐降低。在 $\alpha = 0.1 \sim 0.6$ 阶段,表观活化能的变化规律与氧浓度无关,但相同转化率下对应的表观活化能数值与氧浓度有关,说明氧浓度不影响易挥发分析出阶段污泥内部有机物的反应机理,但是会改变内部反应进行所需的能量,进而影响反应的进程。在相同的转化率下,10%O$_2$ 氛围时表观活化能最小,表明该条件有利于污泥热解过程挥发分的析出。

　　在难挥发分析出和固定碳燃烧阶段 ($\alpha = 0.6 \sim 0.9$),不同氧浓度下表观活化能与转化率的变化规律明显不同,随着转化率的增加,在 N$_2$ 氛围下表观活化能呈现先上升后稍微下降的趋势,在 5%O$_2$ 氛围下表观活化能呈现持续下降的趋势,在 10%O$_2$ 氛围下表观活化能先增加后减少,在 15%O$_2$ 氛围下表观活化能一直增加,这表明此阶段 O$_2$ 参与了污泥内部有机物的化学反应,改变了难挥发分析出及固定碳燃烧的反应机理。

　　随着热反应氛围中氧浓度的增加,污泥热解过程的平均活化能呈现先降低后上升的趋势 (见图 3-22),10%O$_2$ 氛围下活化能最小。然而,在污泥富氧燃烧过

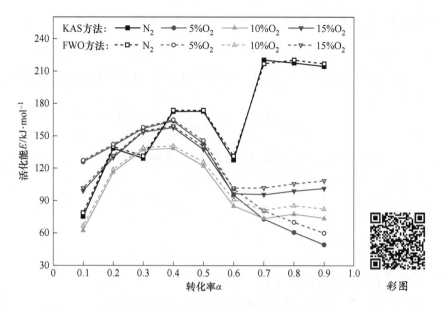

图 3-21 不同转化率下污泥碳化过程的活化能分布图

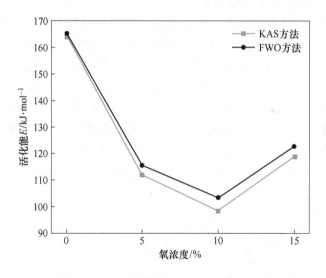

图 3-22 不同低氧浓度下污泥热解（碳化）的平均活化能分布

程中，活化能随着氧浓度的增加而增加，这正反映了污泥热解与污泥富氧燃烧的差异性。污泥热解/燃烧过程中释放的热量会导致焦炭表面温度增加更快，使得焦炭结构改变，进而使得灰渣颗粒变大、灰分含量增加。因此，可认为 $10\%O_2$ 氛围是影响焦炭结构变化的临界点，也是控氧热解反应理论耗能的最低点。

3.4.3　污泥内在矿物组分对反应热动力学的影响

采用一级反应模型的 Coats-Redfern 方法对添加 SiO_2、$AlPO_4$ 和 TiO_2 后的污泥样品的热解第二阶段进行反应动力学分析。Coats-Redfern 方法的近似表达式如下：

$$\ln \frac{-\ln(1-\alpha)}{T^2} = \ln\left[\frac{AR}{\beta E}\left(1 - \frac{2RT}{E}\right)\right] - \frac{E}{RT} \tag{3-17}$$

对于大多数温度区以及热解的反应活化能 $E \gg 2RT$，$(1 - 2RT/E) \approx 1$，因此可以忽略不计，式（3-17）可以简化为：

$$\ln \frac{-\ln(1-\alpha)}{T^2} = \ln\frac{AR}{\beta E} - \frac{E}{R} \times \frac{1}{T} \tag{3-18}$$

式中　α——转化率；

　　　β——升温速率，℃/min；

　　　T——绝对温度，K；

　　　R——通用气体常数，8.314×10^{-3} kJ/(mol·K)；

　　　A——指前因子（或称指数前因子），min^{-1}；

　　　E——反应活化能，kJ/mol。

污泥原样、酸洗脱灰样及添加矿物组分污泥样的热解第二阶段的 R^2（拟合优度）均大于 0.9，如图 3-23 所示，表明拟合效果较好，将各拟合直线的截距及斜率代入式（3-18）中，计算得到三类污泥样品的反应活化能 E 及指前因子 A，并由此确定了第二阶段污泥热解反应的动力学方程，见表 3-18。

酸洗脱灰污泥反应所需的活化能明显低于污泥原样，反映出污泥固有的矿物组分在热解过程中对有机物的热裂解综合表现为抑制作用。SiO_2 和 $AlPO_4$ 按照污泥中原有组分含量大小加入酸洗脱灰污泥中，热解反应所需的活化能分别为 28.38 kJ/mol、30.32 kJ/mol，均大于脱灰污泥直接热解所需要的活化能 27.93 kJ/mol，

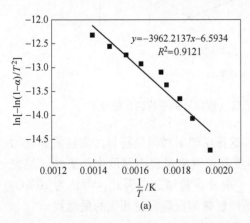
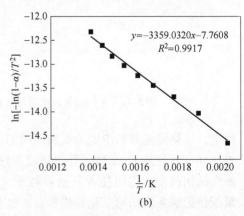

(a)　　　　　　　　　　　　　　　　　(b)

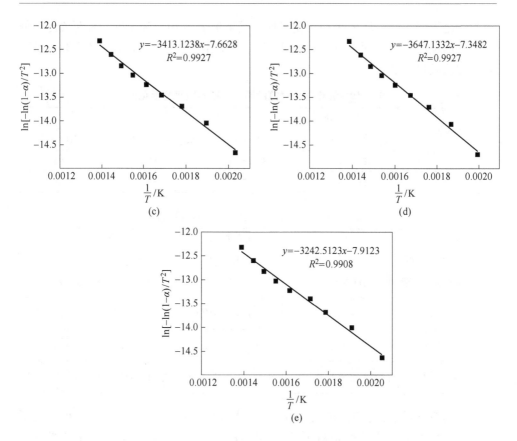

图 3-23 五种污泥热解的动力学方程线性拟合曲线

(a) SS；(b) DSS；(c) DSS + SiO$_2$；(d) DSS + AlPO$_4$；(e) DSS + TiO$_2$

而加入 TiO$_2$ 降低了脱灰污泥直接热解所需要的活化能，这与加入金属氧化物后热重分析结果相符合。

表 3-18 第二阶段热解反应动力学计算参数

样品名称	$E/\text{kJ} \cdot \text{mol}^{-1}$	$\ln A$	R^2	动 力 学 方 程
SS	32.94	16.49	0.9121	$d\alpha/dt = 1.45 \times 10^7 \exp(3961.99/T)(1-\alpha)$
DSS	27.93	17.50	0.9917	$d\alpha/dt = 3.98 \times 10^7 \exp(3359.39/T)(1-\alpha)$
DSS + SiO$_2$	28.38	17.41	0.9927	$d\alpha/dt = 3.64 \times 10^7 \exp(3413.52/T)(1-\alpha)$
DSS + AlPO$_4$	30.32	17.16	0.9927	$d\alpha/dt = 2.83 \times 10^7 \exp(3646.86/T)(1-\alpha)$
DSS + TiO$_2$	26.96	17.61	0.9908	$d\alpha/dt = 4.45 \times 10^7 \exp(3242.72/T)(1-\alpha)$

3.4.4 低氧热解动力学反应模型

无模型法的热动力学结果表明，污泥低氧热解的第二、三阶段的活化能变化规律完全不同，两阶段的平均活化能计算结果见表3-19。为了进一步明确污泥低氧热解的反应机理，采用污泥热化学反应中常用的五种机理函数（见表3-20）对污泥低氧热解的第二、三阶段进行拟合计算。

表 3-19　无模型法计算的第二、三阶段平均活化能

氧浓度	第 二 阶 段		第 三 阶 段	
	E_{KAS}/kJ·mol^{-1}	E_{FWO}/kJ·mol^{-1}	E_{KAS}/kJ·mol^{-1}	E_{FWO}/kJ·mol^{-1}
5%	137.61	139.86	69.51	77.95
10%	110.26	113.72	77.50	85.08

表 3-20　污泥热化学反应常用的机理函数

函数名称	机 理	积分形式 $G(\alpha)$	微分形式 $f(\alpha)$
Mample 单行法则	随机核化 ($n=1$)	$-\ln(1-\alpha)$	$1-\alpha$
Avrami-Erofeev 方程	随机核化 ($n=3$)	$[-\ln(1-\alpha)]^3$	$\frac{1}{3}(1-\alpha)[-\ln(1-\alpha)]^{-2}$
Jander 方程	三维扩散	$[1-(1-\alpha)^{1/3}]^2$	$\frac{3}{2}(1-\alpha)^{2/3}[1-(1-\alpha)^{1/3}]$
G-B 方程	三维扩散	$1-\frac{2}{3}\alpha-(1-\alpha)^{2/3}$	$\frac{3}{2}[(1-\alpha)^{-1/3}-1]^2$
Z-L-T 方程	三维扩散	$[(1-\alpha)^{-1/3}-1]^2$	$\frac{3}{2}(1-\alpha)^{4/3}[(1-\alpha)^{-1/3}-1]^{-1}$

不同机理函数拟合的相关系数 R^2 基本上都大于0.9（见表3-21），说明运用以上五种模型拟合的结果相对可靠。不同反应阶段的升温速率对活化能影响不同：在第二阶段，随着升温速率增加，活化能逐渐增大；在第三阶段，随着升温速率的增加，活化能逐渐减小。这主要是因为在挥发分析出阶段，升温速率越快，内部温度分布越不均匀，导致反应进行困难；在难挥发分析出和固定碳燃烧阶段，内部温度已经均匀分布，升温速率越快，相同转化率下的温度越高，污泥内部反应更容易进行。

不同机理函数下的平均活化能相差较大，表明机理函数的选取会造成活化能计算的误差。低氧热解第二阶段的活化能高于第三阶段的活化能，这与无模型法计算的结果一致。在污泥低氧热解反应的第二、三阶段，五种机理函数中，$n=3$模型所计算的5%O$_2$和10%O$_2$氛围下活化能均与同阶段下无模型法得到的结果最接近，这说明在污泥低氧热解的第二、三阶段，最适反应模型均为 $n=3$ 模型。

3.4.5　控氧工况下污泥与生物质共热解动力学分析

基于3.4.4节的分析，采用最适污泥低氧热解机理函数 Avrami-Erofeev 方程（$n=3$）拟合计算污泥与杨木屑共热解的反应动力学参数，不同 SS-PS 掺混比下拟合曲线的线性相关系数 R^2 均大于0.96（见图3-24），说明拟合的线性程度非

表3-21 根据五种热动力模型计算所得的污泥低氧碳化动力学参数

氧浓度	反应阶段	β/℃·min⁻¹	n=1 E/kJ·mol⁻¹	n=1 $\bar{E}$/kJ·mol⁻¹	n=1 R^2	n=3 E/kJ·mol⁻¹	n=3 $\bar{E}$/kJ·mol⁻¹	n=3 R^2	Jander方程(3D) E/kJ·mol⁻¹	Jander方程(3D) $\bar{E}$/kJ·mol⁻¹	Jander方程(3D) R^2	G-B方程 E/kJ·mol⁻¹	G-B方程 $\bar{E}$/kJ·mol⁻¹	G-B方程 R^2	Z-L-T方程 E/kJ·mol⁻¹	Z-L-T方程 $\bar{E}$/kJ·mol⁻¹	Z-L-T方程 R^2
5%O₂	二	5	24.79	24.74	0.997	91.935	92.40	0.9984	55.033	55.19	0.997	52.864	52.98	0.9958	61.836	62.09	0.9988
		15	24.168		0.9923	90.409		0.9959	53.976		0.9928	51.818		0.9908	60.744		0.9971
		25	24.06		0.992	90.689		0.9956	54.054		0.993	51.89		0.9912	60.84		0.9964
		35	25.929		0.9851	96.554		0.9913	57.682		0.9865	55.363		0.9837	64.957		0.993
	三	5	17.296	12.16	0.9464	73.72	60.29	0.97	34.289	26.67	0.9801	27.545	20.93	0.9891	58.654	47.42	0.9516
		15	14.078		0.9092	65.733		0.9547	29.697		0.9651	23.556		0.9778	51.857		0.9309
		25	9.598		0.8988	53.456		0.9596	22.837		0.9694	17.611		0.9823	41.706		0.9355
		35	7.655		0.9198	48.246		0.9739	19.855		0.983	14.991		0.9924	37.443		0.9535
10%O₂	二	5	20.189	24.27	0.9859	77.429	90.58	0.9891	46.047	54.14	0.991	44.247	52.01	0.9925	51.687	60.84	0.9856
		15	25.301		0.9981	93.713		0.9994	56.115		0.998	53.906		0.9968	63.044		0.9998
		25	25.485		0.9939	94.59		0.9971	56.595		0.9945	54.353		0.9928	63.628		0.9978
		35	26.088		0.9927	96.596		0.9962	57.817		0.9931	55.52		0.9911	65.019		0.9973
	三	5	17.592	15.03	0.9674	74.464	68.11	0.9821	34.644	31.03	0.9897	27.807	24.70	0.9946	59.382	53.92	0.968
		15	16.829		0.9291	72.902		0.9611	33.751		0.9713	27.068		0.9818	57.882		0.9404
		25	13.548		0.9196	64.444		0.9632	28.899		0.9726	22.828		0.9838	50.825		0.9413
		35	12.17		0.8636	60.645		0.9382	26.854		0.9444	21.106		0.957	47.588		0.911

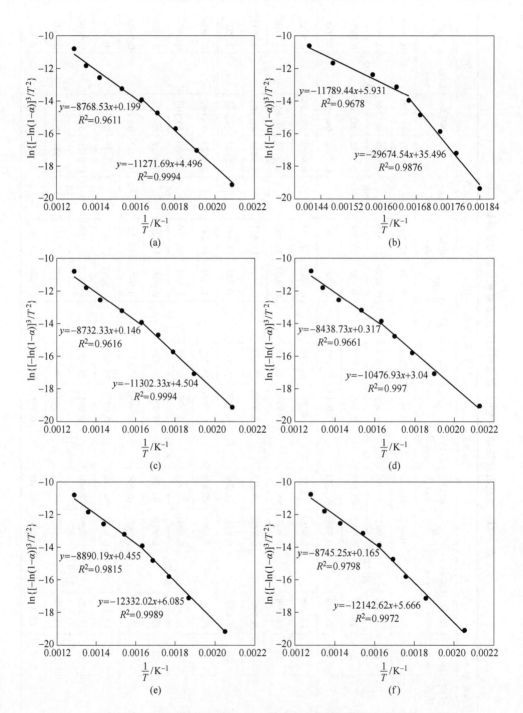

图 3-24　不同掺混比下 SS-PS 混合样低氧热解的动力学曲线

（a）SS；（b）PS；（c）5% PS；（d）10% PS；（e）15% PS；（f）20% PS

常高，运用该模型计算反应的动力学参数可靠。拟合计算结果见表3-22。

表3-22 不同掺混比下SS-PS混合样低氧热解的热动力学参数

样品	第 二 阶 段			第 三 阶 段			E_m
	$E/kJ \cdot mol^{-1}$	A/min^{-1}	R	$E/kJ \cdot mol^{-1}$	A/min^{-1}	R	$/kJ \cdot mol^{-1}$
SS	93.71	1.52×10^7	0.9994	72.90	1.60×10^5	0.9611	83.31
PS	246.71	1.16×10^{21}	0.9876	98.02	6.66×10^7	0.9678	172.37
5%PS	93.97	1.53×10^7	0.9994	72.60	1.52×10^5	0.9616	83.29
10%PS	87.11	3.29×10^6	0.997	70.16	1.74×10^5	0.9661	78.64
15%PS	102.53	8.12×10^7	0.9989	73.91	2.10×10^5	0.9815	88.22
20%PS	100.95	5.26×10^7	0.9972	72.71	1.55×10^5	0.9798	86.83

在反应的第二阶段，表观活化能由原始污泥的93.71 kJ/mol增加至20%PS掺混下的100.95 kJ/mol，频率因子由1.52×10^7 min^{-1}增加至5.26×10^7 min^{-1}，频率因子的变化增量大于活化能的变化增量，这表明随着PS的添加污泥内部活化分子的有效碰撞概率增大，热解反应更加剧烈。在第三阶段，SS和20%PS共热解的表观活化能分别为72.90 kJ/mol和72.71 kJ/mol，对应的频率因子分别为1.60×10^5 min^{-1}和1.55×10^5 min^{-1}，变化较小，这再次说明PS掺混量小于20%时，对挥发分析出和固定碳燃烧阶段无显著影响。

参 考 文 献

[1] 张绪坤，王高敏，温祥东. 基于图像处理的过热蒸汽与热风干燥污泥收缩特性分析 [J]. 农业工程学报，2016，32（19）：241-248.

[2] 刘磊. 生活污泥热风对流干燥特性研究 [D]. 昆明：昆明理工大学，2015.

[3] Kucuk H, Midilli A, Kilic A, et al. A review on thin-layer drying-curve equations [J]. Drying Technology, 2014, 32（7）：757-773.

[4] Arabhosseini A, Huisman W, Boxtel A V, et al. Modeling of thin layer drying of tarragon (Artemisia dracunculus L.) [J]. Industrial Crops & Products, 2009, 29（1）：53-59.

[5] Akpinar E K, Bicer Y, Yildiz C. Thin layer drying of red pepper [J]. Journal of Food Engineering, 2003, 59（1）：99-104.

[6] Janjai S, Precoppe M, Lamlert N, et al. Thin-layer drying of litchi (Litchi chinensis Sonn.) [J]. Food & Bioproducts Processing, 2011, 89（3）：194-201.

[7] Pánek P, Kostura B, Čepeláková I, et al. Pyrolysis of oil sludge with calcium-containing additive [J]. Journal of Analytical & Applied Pyrolysis, 2014, 108：274-283.

[8] Mishra R K, Mohanty K. Pyrolysis kinetics and thermal behavior of waste sawdust biomass using thermogravimetric analysis [J]. Bioresource Technology, 2017, 251：63-74.

[9] 闫志成. 污水污泥热解特性与工艺研究 [D]. 哈尔滨：哈尔滨工业大学，2014.

［10］　Wang Q, Xu H, Liu H, et al. Co-combustion performance of oil shale semi-coke with corn stalk ［J］. Energy Procedia, 2012, 17: 861-868.

［11］　Aboulkas A, Harfi K E, Bouadili A E. Pyrolysis of olive residue/low density polyethylene mixture: part I thermogravimetric kinetics ［J］. Journal of Fuel Chemistry and Technology, 2008, 36 (6): 672-678.

［12］　Lin B C, Huang Q X, Chi Y. Co-pyrolysis of oily sludge and rice husk for improving pyrolysis oil quality ［J］. Fuel Processing Technology, 2018, 177: 275-282.

［13］　Gai C, Dong Y, Zhang T. The kinetic analysis of the pyrolysis of agricultural residue under non-isothermal conditions ［J］. Bioresource Technology, 2013, 127: 298-305.

［14］　Wang M, Zhao R, Qing S, et al. Study on combustion characteristics of young lignite in mixed O_2/CO_2 atmosphere ［J］. Applied Thermal Engineering, 2017, 110: 1240-1246.

［15］　Werther J, Ogada T M. Sewage sludge combustion ［J］. Progress in Energy & Combustion Science, 1999, 25 (1): 55-116.

［16］　毕三宝. O_2/CO_2 气氛下污泥混煤燃烧特性及常规污染物排放特性研究 ［D］. 济南: 山东大学, 2018.

［17］　王玉杰, 丁毅飞, 张欢, 等. 污泥与木屑共热解特性研究 ［J］. 可再生能源, 2019, 37 (1): 26-30.

4 微观尺度下的污泥热解机制

污泥中典型的有机成分包括蛋白质、纤维素、木质素、脂质，同时还含有少量的有机酸、醇、醛等成分。在污泥热解过程中，有机物的有机结构（如苯环、酚羟基、醇羟基、烯基等）会随加热过程的变化而发生各类热化学反应，生成小分子气体如 H_2、CH_4、CO 和 CO_2，以及大分子有机物（焦油），如烯烃、酸、醛、醇、酚、含氮杂环和腈类等。本章基于热重-红外光谱联用技术（TG-FTIR）和热裂解-气相色谱/质谱联用技术（Py-GC/MS）等，探究了污泥中含碳和含氧基团的热转化趋势，提出了污泥热解过程中含碳和含氧化学基团的可能反应转化途径；并根据污泥热解过程中三相产物中的特性，给出了污泥热解过程中碳的迁移规律。

4.1 污泥中典型有机组分的热解反应类型

污泥中有机组分热解反应类型见表4-1，其中，编号（1）~（3）为一次热解主要反应，是污泥的有机组分直接进行的热分解反应；编号（4）~（9）为二次热解主要反应，是污泥热化学分解过程中热裂解分子自行反应或分子间可能进行的交互反应。

表 4-1　污泥热解过程中有机物热解反应类型

编号	反应类型	反应机理
（1）	自由基生成反应	污泥有机质中—CH_2—CH_2—、—O—等不稳定结构受热容易分解成较为活泼的自由基，进而生成新的产物
（2）	脂肪侧链断裂反应	脂肪侧链不稳定，受热后容易断裂，生成小分子脂肪烃，如 C_3H_8、C_2H_6、CH_4 等
（3）	含氧官能团分解反应	含氧官能团—OH、—$C\!=\!O$、—COOH、—OCH_3 与含氧杂环受热会发生分解或与 H_2O 等发生反应生成 CO_2 和 CO 等气体物质
（4）	裂解反应	短链脂肪烃及脂肪侧链在高温条件下可以进一步裂解生成单质碳、更小分子的脂肪烃和其他气体产物，如：$C_2H_4 \rightarrow CH_4 + C$，$CH_4 \rightarrow C + 2H_2$
（5）	脱氢反应	饱和环烷烃可以通过脱氢反应生成芳香环化合物，同时生成 H_2，如：⬡ → ⬡ + H_2

编号	反应类型	反 应 机 理
(6)	加氢反应	芳香环上的官能团—OH、—CH_3 与 H_2 反应生成 H_2O 和 CH_4，如：H_3C—⟨苯环⟩ + H_2 → ⟨苯环⟩ + CH_4，HO—⟨苯环⟩ + H_2 → ⟨苯环⟩ + H_2O
(7)	缩合反应	芳香环与脂肪烃之间进行的反应，如：⟨苯环⟩ + C_4H_6 → ⟨萘环⟩ + $2H_2$
(8)	桥键断裂反应	有机物中的桥键断裂，如：—CH_2— + —O— → $CO + H_2$，—CH_2— + H_2O → $CO + 2H_2$
(9)	缩聚反应	该过程中完成多聚芳环稠环化，芳香侧链不断脱落分解，进一步缩聚，形成高芳香化碳，甚至形成石墨化碳的微晶结构

4.2　污泥含碳和含氧基团的热演变机制

污泥中有机结构在热解过程会发生明显的变化，对主要有机结构——含碳、含氧官能团的研究不仅为解析污泥热解机理提供了基础理论，还对污泥资源转化利用具有重要的指导意义。

4.2.1　气相产物联用分析

污泥热裂解过程主要化学基团及热解气体产物相关峰值的 TG-FTIR 3D 光谱图（见图 4-1）数据见表 4-2。在 90 ℃左右，3500 ~ 3800 cm^{-1} 和 1300 ~ 1600 cm^{-1} 处的吸收带是内在水分析出形成。污泥主要热解过程发生在 200 ~ 550 ℃内，据 237 ℃、334 ℃和 392 ℃特定失重峰值下的 FTIR 光谱（见图 4-2）显示，由于不饱和脂肪酸的热解，在 3200 ~ 3600 cm^{-1} 处的峰被指定为非缔合—OH，而 3012 cm^{-1} 处出现的吸收带是由 CH_4 生成引起的，且在 392 ℃下含量较高。热解反应初始阶段并无明显 CH_4 生成，表明 CH_4 主要为二次热解产物。2940 cm^{-1} 附近出现的吸收峰归属于甲基（—CH_3）和亚甲基（—CH_2）基团中 C—C，表明热解释放少量的脂肪烃。在 1650 ~ 1900 cm^{-1} 波段出现的吸收峰归属于羰基（C=O）基团，其来源可能是污泥中的醛、酮、羧酸等化合物的裂解和重组。在 1540 ~ 1600 cm^{-1} 范围内存在着多个吸收峰，此为苯环的特征性骨架 C=C 振动吸收峰，表示污泥中存在着多种形式的苯类化合物。在 1175 cm^{-1} 附近出现的吸收峰主要是 C—O 基团伸缩振动的结果，而 1030 cm^{-1} 附近出现的强吸收峰是酚、醇、醚、酯中的 C—O、C—O—C 伸缩振动吸收峰重叠的结果。在 665 cm^{-1} 附近出现的低强度吸收带归因于 C—H 的面内弯曲振动。

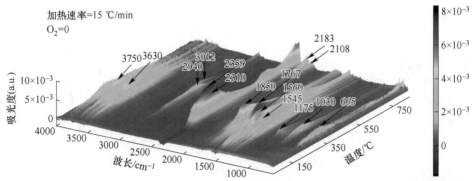

加热速率=15 ℃/min
O₂=0

图 4-1 热解过程中（15 ℃/min）污泥的 TG-FTIR 3D 光谱图

彩图

表 4-2 污泥主要化学基团及热解气体产物归属

波长范围/cm⁻¹	气相产物/基团	振动类型
3682 ~ 4000	C—H	弯曲振动
3500 ~ 3800，1300 ~ 1600	H₂O	伸缩振动
3200 ~ 3600	—OH	伸缩振动
2850 ~ 3015	C—C（—CH₃，—CH₂），CH₄（烷烃）	反对称/对称伸缩振动
2250 ~ 2400	CO₂	伸缩振动
2100 ~ 2200	CO	伸缩振动
1650 ~ 1900	C=O	伸缩振动
1540 ~ 1600	C=C（芳环）	伸缩振动
1430 ~ 1470	C—O—CH₃	伸缩振动
1200 ~ 1300	Ar—OH	伸缩振动
1060 ~ 1275	C—O	伸缩振动
1000 ~ 1200	R—OH	伸缩振动
665	C—H	弯曲振动

在 550 ~ 765 ℃ 升温阶段主要是污泥无定形焦炭形成过程，随着热解温度的升高，含氧基团的吸收峰明显减弱，热解反应由气固多相剧烈反应转为以固相内部转化为主。同时，污泥热解过程中形成了其他小分子气体化合物。例如，在 2250 ~ 2400 cm⁻¹ 和 2100 ~ 2200 cm⁻¹ 范围内出现的吸收峰表明 CO_2 和 CO 的存在。需要注意的是，一些双原子分子气体（如 H_2、O_2 和 N_2），因没有偶极矩变化而无法被 FTIR 检测到。

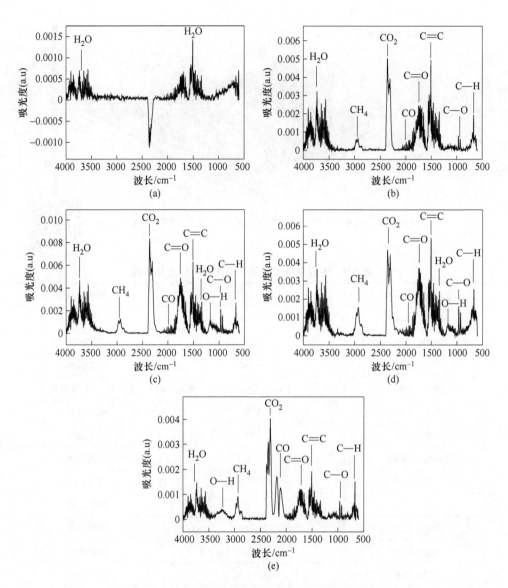

图 4-2　不同热解温度下干燥污泥 FTIR 的光谱图

(a) 92 ℃；(b) 237 ℃；(c) 334 ℃；(d) 392 ℃；(e) 765 ℃

　　含碳、含氧化学基团及气体产物的吸光度随温度的变化规律（见图 4-3）反映了污泥热解过程中碳、氧元素的迁移转化特性。热解产物中—OH 化合物主要在 85～450 ℃温度范围内生成。在热解初始阶段，—OH 主要来源于污泥内的结晶水释放。在 288 ℃时，—OH 光谱强度达到峰值，且峰宽较宽，这归因于含氧基团的分解及含有羟基和酚羟基等基团的生成。—C_6H_5 基团主要存在于苯及苯的衍生物中，其形成主要发生在两个阶段：67～500 ℃和762～850 ℃。第一阶段在340 ℃达到最高光谱强度，主要是污泥原有芳香烃的挥发及含有侧链的芳香烃断裂，致使—C_6H_5基团含量增加。在第二阶段（762～850 ℃），—C_6H_5基团吸收带的光谱强度随温度呈上升趋势，这可能是高温热解过程中多环芳烃和氢化芳烃的缩聚反应造成的，同时污泥内有机大分子（纤维素、木质素等）发生热裂解生成含—C_6H_5基团的化合物。

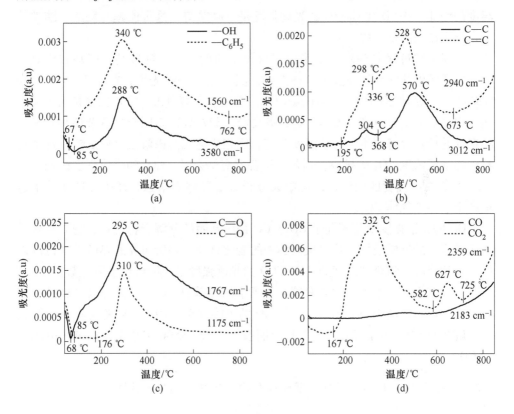

图4-3　污泥热解过程含碳和含氧化学基团的释放规律
（a）—OH 和—C_6H_5；（b）C—C 和 C＝C；（c）C—O 和 C＝O；（d）CO 和 CO_2

C—C 和 C＝C 主要存在于脂肪族和烷键结构的—CH_3、—CH_2基团中，前者主要在195～336 ℃和336～700 ℃两个阶段生成，对应的峰值分别发生在304 ℃和570 ℃，归因于高温热解过程芳香族化合物的裂解重组；后者具有不饱和 C＝C 键在195～368 ℃和368～673 ℃两个温度范围分别存在两个吸收峰，峰温为298 ℃和528 ℃。在673～850 ℃温度区间内，C＝C 键的光谱强度有缓慢上升的趋势，这可能与高温下脂肪烃分子的脱氢环化及进一步的芳构化反应有关。

C—O 和 C＝O 基团的光谱强度随温度变化特征较为相似，在 30 ~ 850 ℃ 内具有单一吸收峰，且 C—O 基团峰值出现在 295 ℃，C＝O 基团峰值出现在 310 ℃，两基团吸收峰出现的温度较为接近。也有研究表明，这两个基团来自污泥中的纤维素、半纤维素和木质素的热解产物，C—O 和 C＝O 基团的相似规律可能由于两者含有大量不同官能团的同类有机化合物，即 C＝O 可能与含羧基、酯基化合物有关，同时这两类化合物也包含 C—O。在 310 ℃ 后，随着污泥热解温度的增加，C—O 和 C＝O 的光谱强度呈下降趋势，这可能是与羧酸、酯类等化合物生成量降低有关。

污泥热解过程中 CO_2 主要来源于含氧基团的热解，如羧基、羰基和含氧杂环，它是污泥热解前期主要的气体产物，具有较高的吸光度，在 167 ~ 582 ℃ 和 582 ~ 725 ℃ 温度区间内有明显的吸收峰。第一吸收峰（332 ℃）主要是由于较低热稳定性的羧基分解产生 CO_2，第二吸收峰（627 ℃）归因于含氧杂环和较高热稳定性的羧基分解产生。随着温度升高，固相焦化成为该阶段主要反应，这个过程伴随着低浓度 CO_2 的排放，当焦化聚合反应结束时，CO_2 的吸收强度减弱。在 725 ~ 850 ℃ 的温度区间内，污泥中大分子芳香环缩聚增强，经历开环和重组过程产生小分子气体 CO_2。

CO 的光谱强度变化不同于 CO_2，CO 是醚基团的分解产物之一，它源于木质素亚基连接的醚桥或挥发物二次裂解中的醚化合物。在所研究的热解温度范围内（30 ~ 850 ℃），随热解温度的升高，CO 的光谱强度呈持续缓慢上升趋势。CO 的生成来源较多，纤维素、木质素等大分子中的羟基以 CO 的形式分解；此外，羰基、氧杂环和短链脂肪酸等基团也是 CO 的可能来源。例如，羰基是在 400 ℃ 以上分解产生 CO，氧杂环在 700 ℃ 以上断裂形成 CO，800 ℃ 以上由酚基团分解产生 CO。

4.2.2 基于 Py-GC/MS 分析主要含碳和含氧化学基团分布特性

污泥气相产物主要在 200 ℃ 以后开始生成，在 750 ℃ 之前，污泥中挥发分基本裂解完成，在 750 ~ 850 ℃ 温度范围内，气相产物内部发生热化学交叉反应及裂解重整反应。采用裂解仪-色质联用分析仪（Py-GC/MS）分析了不同温度下污泥热解产物中有机化合物的特性，其产物总离子色谱如图 4-4 所示。气相产物中有机组分种类繁多，在 350 ℃ 以上检测其典型离子色谱图均超过 100 个峰，且受温度影响明显。

TIC 的峰值信息所鉴定出的热解化合物见表 4-3。可被检测到的有机化合物浓度高于 GC/MS 的检测限，识别化合物是通过 NIST 数据库对比后鉴定得出的。本分析中选择的可被识别化合物是指定其峰面积较大的化合物（匹配度大于 70%，峰面积百分比大于 0.1%）。

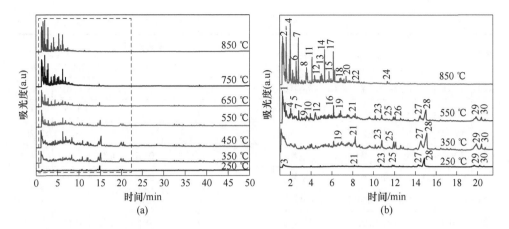

图 4-4　污泥热解气相产物的总离子色谱图

（a）热解气相产物总离子色谱图；（b）热解气相产物鉴定色谱图

表 4-3　不同温度下 TIC 色谱图的详细分析结果

编号	时间 /min	化 合 物	分子式	峰面积/%						
				250 ℃	350 ℃	450 ℃	550 ℃	650 ℃	750 ℃	850 ℃
1	1.595	异戊醛	$C_5H_{10}O$					2.51		
2	1.634	苯	C_6H_6						4.48	6.48
3	1.644	DL-2-氨基丙醇	C_3H_9NO	3.28						
4	2.047	甲苯	C_7H_8				1.3	2.46	4.33	5.9
5	2.103	1-辛烯	C_8H_{16}					1.17		
6	2.449	糠醇	$C_5H_6O_2$			0.7	0.99			
7	2.586	乙基苯	C_8H_{10}					1.27	1.62	1.46
8	2.639	对二甲苯	C_8H_{10}					0.77		
9	2.747	1-壬烯	C_9H_{18}				0.25	0.62	0.47	
10	2.791	苯乙烯	C_8H_8			0.48	1.36	2.16	2.19	3.26
11	2.864	环辛四烯	C_8H_8			0.87				
12	3.547	正癸烯	$C_{10}H_{20}$					1.53		
13	3.908	β-甲基苯乙烯	C_9H_{10}					0.41	1.02	0.75
14	3.942	右旋萜二烯	$C_{10}H_{16}$				0.66			
15	4.108	茚	C_9H_8							1.69
16	4.181	邻甲酚	C_7H_8O						0.76	0.54
17	4.43	4-甲基苯酚	C_7H_8O			2.24	2.4	1.99	3.38	2.36
18	4.996	2-甲基茚	$C_{10}H_{10}$						1.07	0.88
19	5.050	1-甲基茚	$C_{10}H_{10}$						1.2	

编号	时间/min	化合物	分子式	峰面积/%						
				250 ℃	350 ℃	450 ℃	550 ℃	650 ℃	750 ℃	850 ℃
20	5.226	1-十二烯	$C_{12}H_{24}$						0.61	
21	5.309	萘	$C_{10}H_8$						1.75	3.11
22	5.992	1-甲基萘	$C_{11}H_{10}$							2.29
23	5.996	1-十三烯	$C_{13}H_{26}$				0.37	0.73		
24	6.289	2-甲基萘	$C_{11}H_{10}$						1.07	
25	6.562	2,5-二羟基甲苯	$C_7H_8O_2$				0.65			
26	6.709	1-十四烯	$C_{14}H_{28}$				0.5	1.25	0.57	
27	6.758	联苯	$C_{12}H_{10}$						0.58	0.66
28	7.192	2,3-二甲基萘	$C_{12}H_{12}$							0.39
29	7.265	3-烯丙基-6-甲氧基苯酚	$C_{10}H_{12}O_2$		0.45	1.04	0.77			
30	7.363	苊	$C_{12}H_8$							0.8
31	7.489	十五烯	$C_{15}H_{30}$				0.5	0.69	0.51	
32	8.163	月桂酸	$C_{12}H_{24}O$	1.53	2.4	3.55	1.78	1.2		
33	8.622	芴	$C_{13}H_{10}$							1.84
34	8.812	13-碳烯醛	$C_{14}H_{26}O$				0.31			
35	10.685	肉豆蔻酸	$C_{14}H_{28}O_2$	2.15	1.9	1.45	1.96	0.54		
36	11.315	菲	$C_{14}H_{10}$						0.28	0.49
37	11.486	蒽	$C_{14}H_{10}$							0.13
38	11.778	正十五酸	$C_{15}H_{30}O_2$	3.57	2.18	1.38	1.53	0.58		
39	14.482	棕榈油酸	$C_{16}H_{30}O_2$	9.27	3.04	0.13	2.26	0.86		
40	14.852	棕榈酸	$C_{16}H_{32}O_2$	25.02	4.78	4.24	3.03	1.86	0.47	
41	17.282	荧蒽	$C_{16}H_{10}$							0.2
42	19.542	油酸	$C_{18}H_{34}O_2$	7.45	2.1		1.72	0.61		
43	19.971	顺-6-十八碳烯酸	$C_{18}H_{34}O_2$			2.13	0.34			
44	20.22	硬脂酸	$C_{18}H_{36}O_2$	3.57	0.85	0.84	0.6	0.51		
45	24.48	2-辛基环丙烷辛醛	$C_{19}H_{36}O$		0.13	0.11				
46	33.902	胆甾-3,5-二烯	$C_{27}H_{44}$		0.28	0.19	0.33	0.18		
47	38.458	胆甾烷-3-醇	$C_{27}H_{48}O$	4.28						
48	38.488	胆甾烷醇	$C_{27}H_{48}O$		0.66	0.29	0.35	0.21		
49	39.537	胆固醇	$C_{27}H_{46}O$	1.79		0.2	0.23			
50	43.109	豆甾烷醇	$C_{29}H_{52}O$		0.24	0.1	0.18			

污泥热解气相产物主要由大分子的脂肪族、芳香族、含氧化合物及杂环化合物等成分组成，其中大部分有机化合物含有两种或两种以上化学基团。将不同热解温度下生成的气相产物中有机组分按其所含的主要化学基团分为 6 类，即烯烃、芳香烃、醇、醛、酚和羧酸类化合物，如图 4-5 所示。在中低温（小于 550 ℃）下，污泥热解产物中含碳和含氧化学基团主要为羧基（O—C＝O）；在高温（550～850 ℃）下，苯环（—C_6H_5）、酚羟基（Ar—OH）分别成为含碳和含氧化学基团的主要组成成分。在 250～350 ℃ 的升温过程中，含碳和含氧化学基团的总峰面积百分比下降均超过 30%，主要表现为低温不稳定羧基受热大量分解产生 CO_2。随热解温度进一步升高，含碳化学基团总峰面积百分比先缓慢下降之后呈上升趋势，但含氧化学基团总峰面积百分比却呈现持续下降趋势，且在 350～850 ℃ 的热解温度范围内下降超过 25%，这可能是高温促进含氧基团的热解行为。

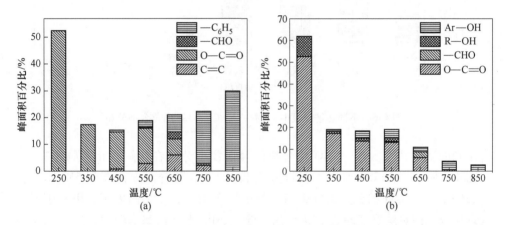

图 4-5 污泥不同热解温度下含碳、含氧化学基团分布

(a) 含碳基团；(b) 含氧基团

O—C＝O 是污泥有机结构体中主要含碳、含氧化学基团，图 4-6 为其热解演变特性。在污泥热解初期（小于 350 ℃），产物中含 O—C＝O 化合物的峰面积百分比高达 53.20%，之后随热解温度升高，含 O—C＝O 化合物峰面积百分比逐渐降低，在 750 ℃ 以后基本消失。在热解过程中，含 O—C＝O 化合物的演变趋势主要是由于污泥自身有机结构体（纤维素和半纤维素）低温热解产生大量高级一元脂肪酸，以棕榈酸和棕榈油酸为主。在较高温度下，羧酸结构遭到破坏，氢键断裂，稳定性降低，开始断裂分解，析出大量 CO_2，且随着热解温度的持续升高羧酸化合物的脱氧、脱水、脱羧及脱羰反应加剧，导致热解气相产物中羧酸的分解速率大于生成速率，其含量大幅降低。

—CHO 与 O—C＝O 都含有 C＝O，但两种基团化合物在污泥热解过程中具

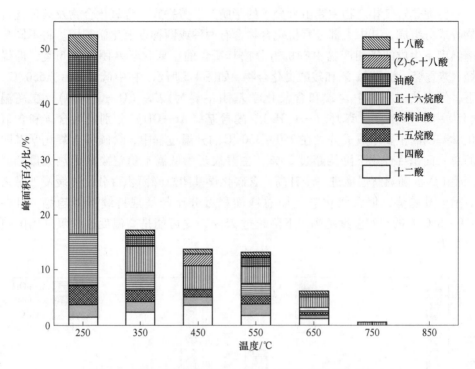

图 4-6　不同热解温度时产物中 O—C═O 基团化合物分布

有不同的演变特性。含—CHO 化合物的峰面积百分比在热解气相产物中较低，如图 4-7 所示。在 550 ℃以下其百分比低于 1%，随着温度升高到 650 ℃，含—CHO 化合物峰面积百分比由 0.31%增加至 2.51%，主要归因于三甲基丁醛的大量生成。当热解温度超过 650 ℃后，含—CHO 化合物基本消失，这可能是由于醇类化合物在高温下被氧化生成醛基化合物，热解温度进一步升高，—CHO 发生羟醛缩合反应或氧化反应等，所以含—CHO 化合物峰面积百分比呈现先增后减趋势。

羟基（—OH）是典型的含氧基团，污泥热解产物中含有的羟基主要分为醇羟基（R—OH）和酚羟基（Ar—OH）。在低温下（小于 350 ℃），含 R—OH 的 DL-2-氨基丙醇、胆甾烷-3-醇和胆固醇大量受热分解，热解产物中含 R—OH 化合物峰面积百分比急剧下降，如图 4-8 所示。而在 350~550 ℃温度范围内，由于污泥中的蛋白质、纤维素和脂肪类化合物发生热裂解生成含—OH 的醇类化合物，例如糠醇、胆甾醇、豆甾醇等，含 R—OH 化合物峰面积百分比缓慢上升。550 ℃以后含 R—OH 化合物峰面积百分比呈现下降趋势，650 ℃以后基本无法检测到，这归因于含 R—OH 的有机化合物受热大量分解所致。总之，污泥热解气相产物中含 R—OH 有机物主要是糠醇和甾醇类化合物，在高温下，由于甾醇类化合物

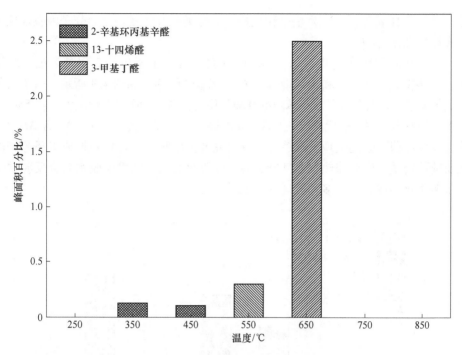

图4-7 不同热解温度下产物中—CHO基团化合物分布

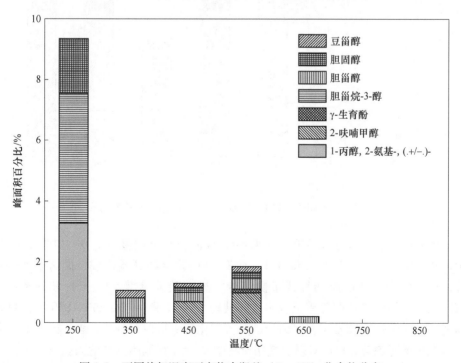

图4-8 不同热解温度下产物中羟基（R—OH）化合物分布

分子中的 α-H 较为活泼，发生氧化反应生成醛类化合物或是发生分子内脱水反应生成烯烃类化合物。

污泥热解气相产物中含 Ar—OH 的酚类化合物主要包括 2-甲基苯酚、对甲酚、2-甲基-1,4-苯二醇和 3-烯丙基-1-6-甲氧基苯酚等，如图 4-9 所示。由于酚的羟基氧原子的未共用电子对与苯环的共轭作用使得 Ar—OH 具有稳定性，在 550 ℃ 以下不易发生裂解或取代反应。当热解温度进一步提高（大于 550 ℃），含 Ar—OH 化合物峰面积百分比呈现下降趋势，有研究者指出酚类化合物是形成多环芳烃的主要前体物质，因此当热解温度升高后，酚类化合物可能发生脱水缩合反应并进一步芳香化形成大分子多环芳烃。

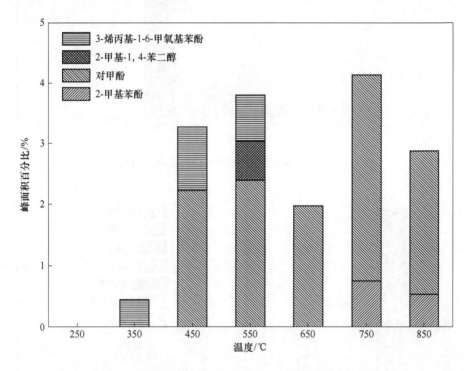

图 4-9　不同热解温度下产物中 Ar—OH 基团化合物分布

低温热解过程（小于 350 ℃）C＝C 峰面积百分比基本为 0，如图 4-10 所示。在中温工况下（350～550 ℃），含 C＝C 化合物开始生成，同时呈增长趋势，这主要是长链的脂肪烃或带侧链芳香烃中碳碳单键（C—C）和碳氢单键（C—H）通过断链或脱氢等反应生成非共轭 C＝C 键。但在 650～850 ℃温度范围内，由于烯烃能够发生多次缩合或是芳香化反应形成芳香烃，含 C＝C 化合物峰面积呈下降趋势，850 ℃以后气相产物中 C＝C 官能团基本消失。

在低温工况下（小于 350 ℃），含—C_6H_5 的化合物峰面积基本为 0，如图 4-11

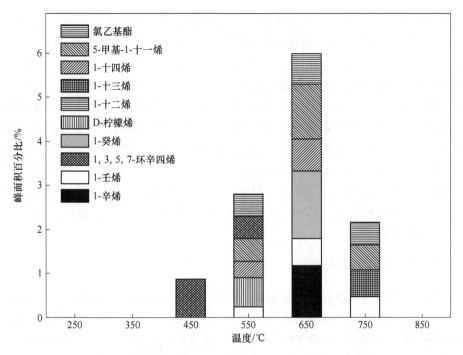

图4-10　不同热解温度下热解产物中 C═C 基团化合物分布

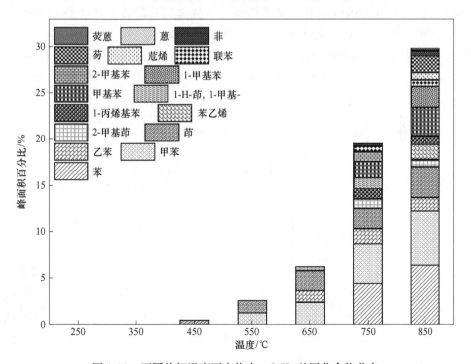

图4-11　不同热解温度下产物中—C₆H₅基团化合物分布

所示。在 350~550 ℃时，污泥中纤维素、半纤维素、木质素等大分子受热裂解产生含—C_6H_5 的化合物。随着热解温度升高至 850 ℃，其峰面积百分比显著增加，在总检测物质中—C_6H_5 化合物的含量由 3.59% 升至 35.72%。一方面是污泥原有芳香烃随热解温度升高挥发出来，另一方面是热解前期小分子烷烃及烯烃通过重组环化形成。但在 650~850 ℃温度范围内，含 C=C 化合物的峰面积呈下降趋势，在 850 ℃以后气相产物中含 C=C 化合物基本消失，这主要是由于随热解温度升高，烯烃可能发生多次缩合或是芳香化反应形成芳香烃。另外，当温度达到 850 ℃时，气相产物中出现了萘（3.11%）、苊（0.80%）、芴（1.84%）、菲（0.49%）、蒽（0.13%）、荧蒽（0.20%）等大分子多环芳烃，这说明在高温下更有利于 C=C、—C_6H_5 通过缩合反应和芳香化反应进一步生成大分子多环芳烃。

4.2.3　残焦表面化学特性分析

从污泥热解残焦表面红外光谱图（见图 4-12）可以看出：随着温度从 250 ℃升高到 850 ℃，污泥热解残焦表面 3692 cm^{-1} 和 3368 cm^{-1} 处的 O—H 键、2860~3000 cm^{-1} 处的脂肪族 C—H 键、1648 cm^{-1} 处的 C=C 键、1450~1640 cm^{-1} 处的苯环、1445 cm^{-1} 处的—CH_3 和—CH_2 中的 C—H 键振动峰值逐渐减弱。在 350~550 ℃内，O—H 基的峰变宽，说明污泥在中低温裂解阶段存在着 O—H 键的断裂与消失。550 ℃以后，脂肪族 C—H 键基本完全消失，这主要是脂肪族的 C—H 键的活化能较低，随着热解温度升高而发生分解；—CH_3 和—CH_2 中的 C—H 键，以及芳香族芳核 C=C 伸缩振动一直存在；而在 550 ℃之后，C=O 和 C—O—C 的

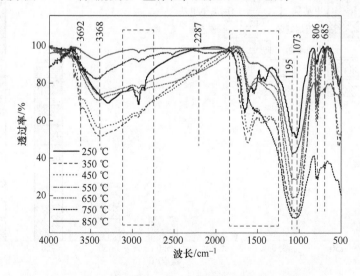

彩图

图 4-12　不同热解温度下污泥残焦表面红外光谱图

伸缩振动才出现。

在 820～1240 cm^{-1} 范围的吸收峰归属于酚、醇、醚、酯中的 C—O 及—O—的伸缩振动与无机矿物质化合物及芳香类 C—H 振动吸收的共同作用结果。在 710～820 cm^{-1} 为芳香类 C—H。在中低温工况下（小于 550 ℃），残焦富氢参数随着脂肪结构的裂解而逐渐减小。在高温工况下（550～850 ℃），残焦中 C—C 键和 C—H 键进一步断裂，无定形污泥残焦基本形成，残焦红外光谱图中特征峰数量大为减少。在 3423 cm^{-1} 附近的 O—H 键振动峰强度随温度升高而升高，考虑到在 550 ℃ 以上脂肪族的羟基已基本分解，此时的 O—H 键振动峰应主要来源于苯环上的羟基。在 1545 cm^{-1} 附近的振动峰属于苯环，随着温度的升高而逐渐减弱。在 865 cm^{-1} 附近的峰为芳香族的 C—H 键面外弯曲，在 650～750 ℃ 时出现较大峰值，随着温度升高而逐渐减弱，这与残焦体中芳核结构的裂解反应、芳构化和缩合反应有关。这些反应过程加速芳环开裂，不同化学基团在反应过程中经历先消失再重新生成直至最后消失的过程，基团总数逐渐减少，高温过程致使热演化程度降低。

4.3　污泥中典型有机结构体的热解反应路径

污泥中大多数有机组分的热裂解始于 200 ℃：小分子碳水化合物主要在 200～300 ℃ 下分解；大多数纤维素和木质素在 300～350 ℃ 的温度范围内热解；蛋白质和脂质在 200～600 ℃ 的较宽温度范围内发生热裂解。由于热解温度范围重叠，可能发生不同化合物之间的交联反应，这使得热解机理更加复杂。污泥中无机物主要包括二氧化硅、重碳酸盐、碳酸盐、硫酸盐和硝酸盐等。因此，污泥的热解可以看作是在重金属离子与氧化物的催化作用下，木质素、蛋白质、脂类等有机质与重碳酸盐、碳酸盐、硫酸盐等无机物热解过程中的综合体现。

基于前期研究工作和前人报道获得的结果，提出了污泥热解过程含碳和含氧化学基团的可能反应路线的转化途径，并对相关反应路径做了补充说明，如图 4-13 所示。在低温阶段（200～350 ℃），大分子蛋白质断裂肽键以形成含有氨基链的小分子，包括脂族胺、环胺和芳族胺。木质素和纤维素分子主要通过破坏 C—O—C 和 C—C 键形成单体，其中木质素主要形成三种醇单体，包括对香豆素、松柏醇和芥子醇。脂质主要是热解形成含羟基的甘油、胆固醇和含有 O—C＝O 的链烷酸。在较高温度（350～850 ℃）下，含有氨基链的小分子上的酸性位点可促进氨基酸的裂解，形成烯烃和 NH$_3$，而环胺和芳香胺易于脱水、脱羧和脱氨基形成芳香族化合物。纤维素单体进一步破坏 C—O 形成短链小分子并进一步发生裂解反应，直至转化为葡萄糖。木质素单体可直接以脱氧形式形成小分子烃类化合物或通过缩合反应及芳构化反应等形成芳香族化合物。值得注意的是，热解

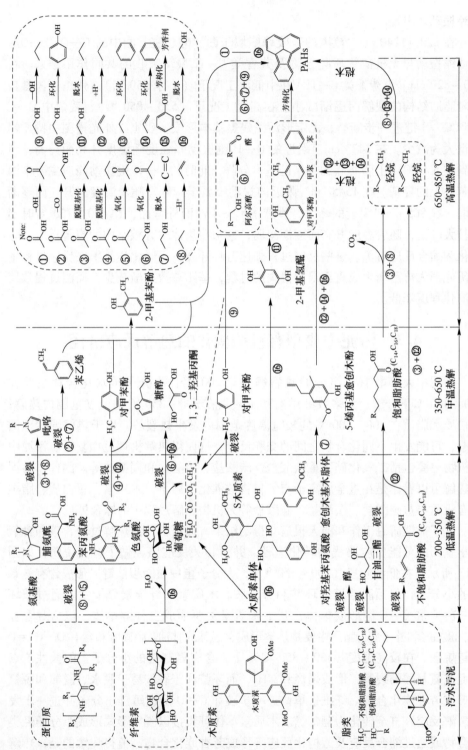

图 4-13　污泥热解过程含碳、含氧官能团可能的演变转化路径

温度在 500 ℃ 以上时，纤维素和木质素单体热解产生的液体产物中有 2~4 环多环芳烃，同时热解温度在 600 ℃ 以上时，热解产物中芳香化率可以达到 90% 以上。脂质的热解主要包含脂肪链的断裂（产生烃类小分子）、脱羧反应（产生 CO_2）、脱氢反应（产成 H_2）、脱水缩合或缩聚（产生大分子芳烃，如 PAHs）等，主要产物包括小分子烃类物质、CO、CO_2、H_2 等气态产物，直链烷烃、环烷烃、烯烃、醛、酮、羧酸等液态产物及以多环芳烃和稠环芳烃为主的稠状产物。此外，羧酸可以脱羰成醇，脱羧转化为链烷烃，同时在一定条件下可以聚合成酮和呋喃等。一些醛被脱羰转化为链烷烃，而少量烷烃可环化并进一步芳构化以形成多环芳烃。

4.4 污泥中矿物组分对化学基团热解转化的影响机制

4.4.1 内在矿物组分对含碳、含氧有机化合物的热解演变影响

污泥中有机质主要在 150 ℃ 以上开始发生热解反应，大部分热解产物是 H_2O、CO_2、酚及烃类等化合物，如图 4-14 所示。在 150 ℃ 左右，在 3400~4000 cm^{-1} 的峰值表明大多数 H_2O 和—OH 从污泥中释放出来。在 1060~1250 cm^{-1} 出现的峰值为 C—O 的对称伸展，表明存在醇类化合物。随着热解温度的升高，在 2900~3100 cm^{-1} 观察到 CH_4 的对称拉伸，这是热解过程中产生的主要气体之一。此外，在 1650~1900 cm^{-1} 和 1540~1600 cm^{-1} 波段分别观察到 C＝O 和苯类化合物。该光谱图中主要化学基团及热解气体产物相关峰值结果见表 4-4。

表 4-4 气体产物和化学基团的 FTIR 吸收波长

波长范围/cm^{-1}	峰值/cm^{-1}	振动类型	产 物
3300~3800	3750、3747、3630、3628	—OH 伸缩振动	H_2O、酚、醇
2770~3015	3020、3012、2945、2940	C—H 伸缩振动	脂肪族、CH_4
2250~2400	2365、2359、2310、2286	C＝O 对称伸缩振动	CO_2
2100~2200	2180、2108	C—O 伸缩振动	CO
1750~1900	1850、1767	C＝O 伸缩振动	酸、醛、酮
1540~1600	1560、1545、1542	C＝C 伸缩振动	芳香族
1060~1250	1175、1030	C—O 伸缩振动	酚、醇、醚
630~726	665	H_2O 摇摆振动 C—H 弯曲振动	H_2O、芳香族、碳氢化合物

在 150 ℃、250 ℃、350 ℃、450 ℃、550 ℃ 等设定热解温度下使用 FTIR 分析了温度和污泥内在矿物组分对挥发性化合物生成的影响，如图 4-15 所示。在

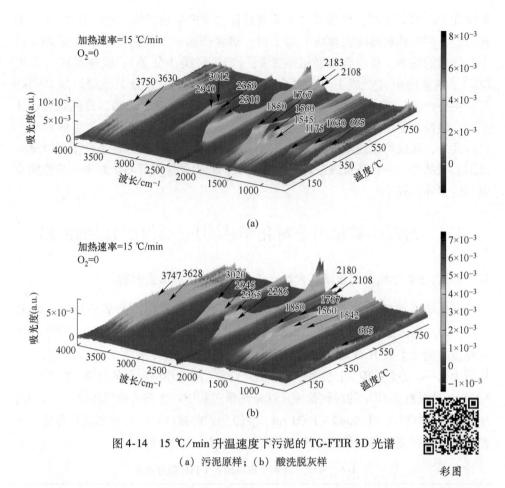

图 4-14　15 ℃/min 升温速度下污泥的 TG-FTIR 3D 光谱

(a) 污泥原样；(b) 酸洗脱灰样

彩图

150 ℃的热解温度下，脱矿污泥的红外光谱无明显吸收峰，而污泥的红外光谱观察到 3500 ~ 3700 cm^{-1} 和 1300 ~ 1800 cm^{-1} 范围内出现较宽的吸收带，但其峰强较弱，主要归因于水分的特征振动，且在该阶段无明显挥发分析出，视为污泥脱水阶段。热解温度升至 250 ℃时，污泥和脱矿污泥均在 3500 ~ 3700 cm^{-1} 和 1300 ~ 1600 cm^{-1} 范围内出现明显的吸收峰，这是由—OH 的伸缩振动引起的，表示存在 H_2O，主要来源于含氧基团的初步热解。此外，在 2250 ~ 2400 cm^{-1} 范围内出现较强吸收峰，表示热解过程产生 CO_2，在 3012 cm^{-1} 处出现较弱吸收峰，这是由 CH_4 引起的，热解反应初始阶段并无明显 CH_4 生成，表明 CH_4 主要为二次热解产物。热解温度为 350 ~ 550 ℃时，在 1650 ~ 1900 cm^{-1} 波段出现的 C═O 吸收峰强度相对稳定。在 1540 ~ 1600 cm^{-1} 范围内出现的多个苯类化合物吸收峰，随热解温度的升高呈现缓慢上升趋势。

在 150 ~ 550 ℃热解工况下，污泥的红外光谱中—OH、CO_2、CH_4、C═O 和

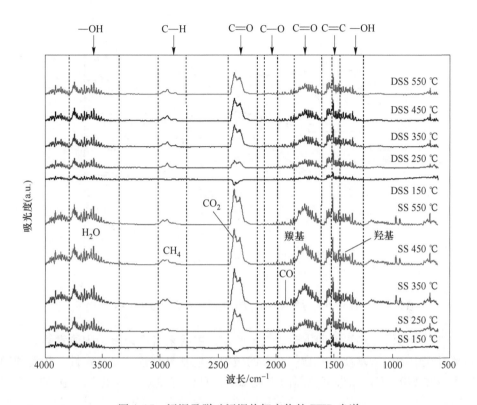

图 4-15　污泥及脱矿污泥热解产物的 FTIR 光谱

苯类化合物的特征峰强度明显高于脱矿污泥，说明污泥固有矿物组分对有机质的热裂解有重要作用，矿物质的存在提高了热解产物的产率，随着温度的升高这种影响更加明显。此外，与污泥相比，脱矿污泥在 $1060 \sim 1250~\mathrm{cm}^{-1}$ 波段无明显特征峰出现，表明在脱矿污泥中没有 Si—O 伸缩振动吸收峰。

4.4.2　脱矿预处理对污泥热解气体产物析出的影响

利用 27% 的盐酸和 9% 的氢氟酸混合溶液来洗脱原污泥样以制取脱矿污泥。基于 TG-FTIR 光谱的分析，可以发现污泥与脱矿污泥热解过程中气体小分子的析出规律存在着明显差异，如图 4-16 所示。污泥热解全过程中均有 H_2O 生成，在低温工况下，污泥热解产物中 H_2O 主要来源于污泥内部的间隙水及部分矿物质所含的结晶水释放。而脱矿污泥由于酸洗脱除所含的矿物质组分，所生成的 H_2O 主要来源于污泥内部的间隙水。随着热解温度升高，污泥和脱矿污泥的热解产物中生成水的变化规律相似，均呈现先上升后缓慢下降的趋势，污泥热解过程中生成的水在 300 ℃ 左右时达到峰值，而脱矿污泥中的水分生成相对滞后，在 360 ℃ 左右才达到峰值。

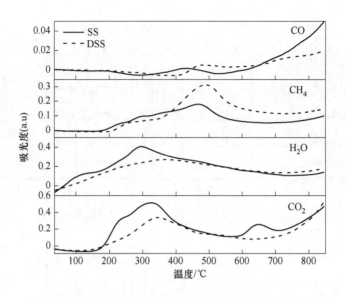

图 4-16 污泥及脱矿污泥热解释放的气态化合物

CO_2 作为污泥热解前期重要的气体产物，主要来自纤维素、木质素等大分子热解过程中的脱羧基反应及含氧杂环的破裂。羧基具有较低热稳定性，污泥和脱矿污泥在 170 ~ 550 ℃ 温度范围内生成 CO_2，且污泥热解产生的 CO_2 在 330 ℃ 左右时达到峰值，相较于脱矿污泥前移。随着热解温度从 330 ℃ 上升到 550 ℃，由于高温下聚合反应以固相为主反应导致结焦的现象，致使 CO_2 生成浓度降低。在 600 ~ 700 ℃ 温度区间内污泥产生的 CO_2 出现了第二个峰值，归因于含氧杂环和较高热稳定性的羧基分解产生，说明矿物质在较高温度下增强了脱羧基反应和羟醛缩合反应，从而促进 CO_2 的生成。此外，相比于脱矿污泥，由于固有矿物质的存在，污泥原样热解过程 CO_2 析出量有明显增多。

污泥和脱矿污泥热解气体产物中 CO 含量较低。一般来说，CO 的生成主要来源于木质素亚基连接的醚桥或生物质热裂解过程中含氧化合物的脱羰基反应。低温下热解（小于 350 ℃）CO 相对含量基本为 0，在 350 ℃ 以上，随热解温度的升高，CO 的生成量呈持续缓慢上升趋势。CO 的生成来源较多，如羰基和羧基在 400 ℃ 以上重排和裂解产生 CO，氧杂环 700 ℃ 以上断裂形成 CO，800 ℃ 以上由酚基团分解产生 CO。从析出总量来说，固有矿物质的加入使得 CO 产率增加较为明显，说明矿物质的存在增强了脱羰基的能力，且在高温热解阶段有明显促进作用。

在污泥和脱矿污泥热解过程，CH_4 主要在 150 ~ 600 ℃ 温度区间生成，其中污泥在 150 ℃ 左右开始析出 CH_4，并在 470 ℃ 附近达到峰值。而脱矿污泥析出 CH_4 的温度相对滞后，在 500 ℃ 左右出现峰值。CH_4 形成的主要来源是由于去甲基化而导致的侧基如甲氧基（—O—CH$_3$）的碎裂。与酸洗脱矿污泥相比，添加固有矿物质虽然降低了 CH$_4$ 生成温度，但在高温阶段抑制了 CH$_4$ 的生成。

4.4.3 单一矿物组分对热解产物及含碳、含氧化学基团分布影响

温度对污泥和脱矿污泥热解气相产物的形成及分布影响较为明显（见图 4-17），根据脱矿污泥及三种矿物质添加污泥热解主要气相产物的峰面积数据，可将热解产物分为含 O—C＝O 的酸类、含 C＝C 键的烯烃、含 R—OH 的醇类、含 Ar—OH 的酚类、含—CHO 的醛类及含—C$_6$H$_5$（苯环）的芳烃类。

在低温工况下（350 ℃），热解产物中含碳和含氧化学基团化合物含量非常高，均超过 50%，且添加内在矿物组分对脱矿污泥中含碳和含氧化学基团的影响具有相似性，如图 4-18 所示。添加 SiO$_2$ 对含碳、含氧基团化合物的演变与生成具有轻微抑制作用。与 DSS 相比，添加 AlPO$_4$ 和 TiO$_2$ 使得含碳、含氧基团的峰面积百分比明显提高，其中 AlPO$_4$ 的添加效果较为显著，它们的峰面积百分比

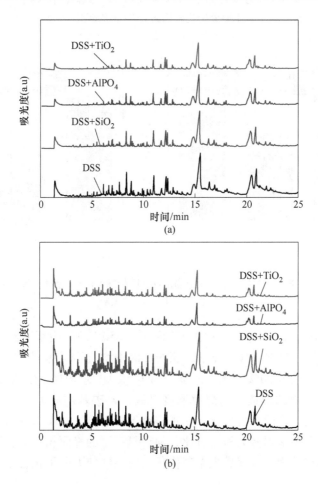

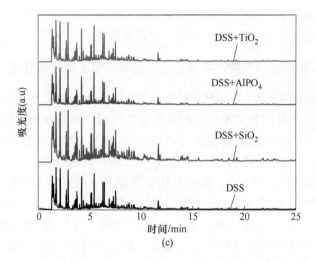

(c)

图 4-17 脱矿污泥和添加矿物质污泥的热解气相产物中
主要鉴定化合物的 GC-MS 色谱图

(a) 350 ℃；(b) 550 ℃；(c) 850 ℃

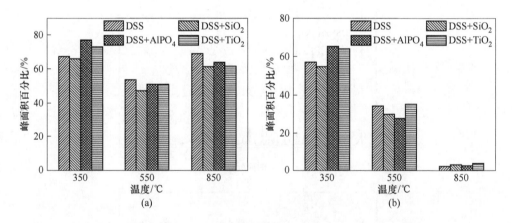

图 4-18 添加矿物成分后污泥热解过程含碳和含氧基团分布特征

(a) 含碳基团；(b) 含氧基团

分别增加 10.01% 和 9.66%。在中温工况下（550 ℃），由于不稳定羧基受热大量分解产生 CO_2，含碳、含氧化学基团的峰面积均有不同程度下降，其中含氧官能团产率下降均超过 30%。此外，添加 SiO_2 和 $AlPO_4$ 增加了脱羧所需的活化能，从而降低含氧基团的形成。随热解温度升高，含碳基团峰面积百分比呈上升趋势，但含氧基团总峰面积百分比却呈现持续下降趋势。在高温热解过程，内在矿物组分降低了含碳基团峰面积百分比，但含氧基团的峰面积百分比得到提升。这可能是由于内在矿物组分促进高温芳构化反应，致使大分子化合物缩合，脱除含氧侧链及部分含氧杂环的破裂，从而转化为少量含氧基团。总的来说，在低温条件下，污泥内在矿物组分明显促进热解过程中含碳、含氧基团的演变与形成，但是在高温条件下，表现出一定的抑制作用。

在中低温热解过程中（小于 550 ℃），脱矿污泥及三种矿物组分添加污泥热解气相产物中最大的部分是含 O—C＝O 的羧酸类及含 C＝C 烯烃类，占总峰面积的 80% 以上，如图 4-19 所示。其主要来自油脂的分解，部分来自纤维素和半纤维素的芳构化。特别需要指出的是，超过 30% 的羧酸化合物是棕榈酸和棕榈油酸，该结构通常存在于脂肪烃中。此外，羟基（R—OH、Ar—OH）和醛基（—CHO）峰面积百分比较低，而苯环（—C_6H_5）低温热解时基本为 0。在 350 ℃ 时，与脱矿污泥相比，添加 $AlPO_4$ 表现出较好的催化作用，主要促进 C—C、C—O 的断裂，从而提升 O—C＝O、C＝C、—CHO 及 R—OH 等碳氧化合物的峰面积百分比。然而，TiO_2 的添加一方面提升了 O—C＝O 的峰面积百分比，另一方面

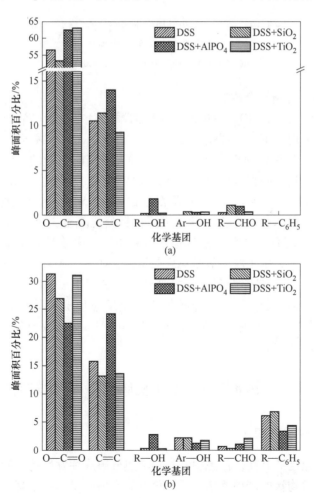

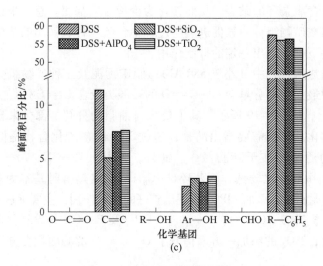

图 4-19　脱矿污泥和添加矿物污泥热解气相产物中
含碳和含氧基团的变化规律

(a) 350 ℃；(b) 550 ℃；(c) 850 ℃

却抑制了 C＝C 的断裂合成。

　　就脱矿污泥而言，SiO_2、$AlPO_4$、TiO_2 的添加对有机物热解及含碳、含氧化学基团的形成表现出不同的催化作用。其中，SiO_2、$AlPO_4$ 减弱了含有 O—C＝O 的羧酸化合物和含有 R—OH 的化合物由于温度升高时引起的脱水、脱羧和脱羰反应，从而降低其峰面积百分比。相反，添加 $AlPO_4$ 后促进了长链烷烃及芳烃的侧链断裂，从而提升 C＝C 的峰面积百分比。在 550 ℃热解工况下，$AlPO_4$ 和 TiO_2 抑制苯及其同系物的产生，具体峰面积百分比降至 3.39% 和 2.41%，降幅超过 40%。这对研究矿物组分控制有机污染物生成排放具有积极作用。随着热解温度升至 850 ℃，由于脱甲氧基化反应增强，O—C＝O、C＝C 和 R—OH 急剧减少。而 C＝C 仍有少量存在，主要是由于高温下 C—C 通过脱氢反应形成 C＝C，并进一步地发生多次缩合或是芳香化反应形成芳香烃。此外，含苯环（—C_6H_5）化合物中少量存在 PAHs，其中低环 PAHs 为重要成分，并随热解温度升高开始向高环转化。

4.5　污泥热解特性及碳迁移转化规律

4.5.1　三相产物分布规律

　　随着热解温度的升高，污泥中有机物被热分解成挥发性物质和小分子气体析出，固态产物生物炭的产率逐渐降低，焦油的产率先增加后下降，合成气的产率逐渐上升，如图 4-20 所示。污泥热解产生的焦油量在 450 ℃后呈现下降趋势，主要是由于在较低的热解温度下，污泥中有机物分解不够彻底，同时焦油的二次裂解速度小于其生成速度；而当热解温度升高到 450 ℃以上时，焦油产生量趋于平稳，但二次裂解速度加剧，进而使得焦油产率降低。

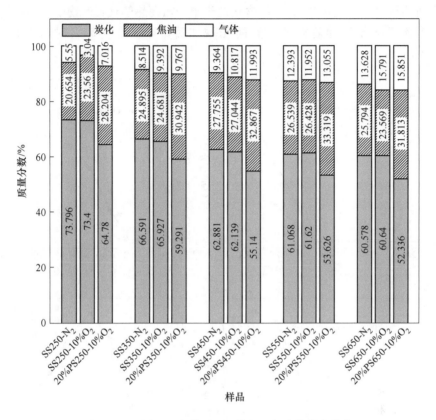

图 4-20　不同工况条件下污泥热解三相产物产率分布

污泥在 N_2 和 $10\%O_2$ 氛围下的固态产物产率相差不大，这说明低氧不会对固态产物产率造成影响。在 350 ℃以后，$10\%O_2$ 工况下的焦油产率比 N_2 工况下低，气体产量比 N_2 下高，说明此时 O_2 参与了焦油的二次裂解，促进了气体的生成。添加杨木屑类生物质增加了混合样中挥发性有机物的含量（如纤维素、半纤维素），导致添加 20%杨木屑的固态产物产率比单一污泥热解时固态产物的低。添加杨木屑明显增加了焦油产生量，但对合成气产量影响较小，这表明添加杨木屑未能促进焦油的二次裂解。

4.5.2　气体组分分析

热解气体主要来源于污泥中有机物的热分解、焦油的二次裂解、固-气反应及气体之间的相互转化。H_2 在 425 ℃开始产生［见图 4-21(a)］，此时可认为是少量的脂肪烃正在进行二次裂解；其后随着温度的升高，H_2 的产量逐渐增加，这是因为高温下饱和的环烷烃会进行脱氢反应生成芳香环化合物。O_2 的存在会加快污泥中有机物分子间的桥键断裂，从而使得 H_2 产量提高。然而，添加 20% 杨木屑共热解后，气相产物中 H_2 含量低于单一污泥热解气相产物中 H_2 含量，并且两者含量的差值随着温度的升高先增加后减小，在 575 ℃时取得最大值 9.12%。

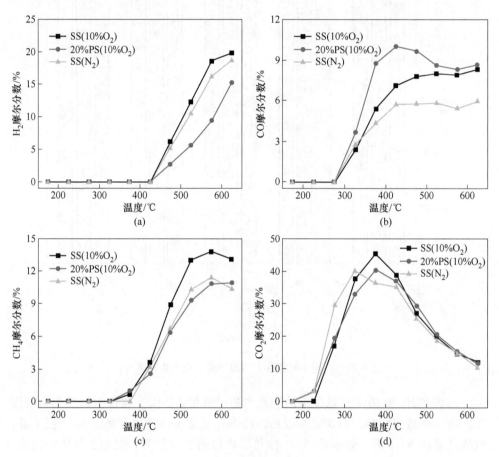

图 4-21　三种不同工况下污泥热解产气规律

CO 是在 275 ℃开始产生［见图 4-21(b)］，随着温度的升高其含量逐渐增加。低温下生成的 CO 主要来源于木质素中含氧杂环和—O—的断裂，且温度越高含氧杂环的断裂越容易；在 425 ℃左右，CO 产量趋于平稳，说明此时含氧杂环的分解达到峰值，继续升温不能进一步地促进含氧杂环的分解。在 575 ℃以后，CO 生成量趋于缓慢，这是由于此温度下单质碳还原 CO_2 和 H_2O 所致。在

340 ℃以上，10%O_2氛围下的 CO 含量比 N_2 氛围下高，这是因为 O_2 促进了含氧杂环的分解及桥键反应中—O—的断裂，与 O_2 促进 H_2 生成的原因相似。由于杨木屑中含有更多的含氧杂环，进而使得 20%PS 掺混样的 CO 含量高于单一 SS 的 CO 含量。

CH_4 在 325 ℃开始产生 [见图 4-21(c)]，随着温度的升高其含量先上升后下降，在 575 ℃达到最大值。前期少量 CH_4 的产生是由于脂肪烃侧链的断裂，随着温度的升高，污泥中有机物分解而成的脂肪烃会进行二次裂解，进而产生了大量的 CH_4。当温度达到 575 ℃时 CH_4 呈现下降趋势，这可能是由于在高温区间 CH_4 开始进行裂解反应，促进了单质碳的生成，进而使得 CO 含量增加。与 N_2 纯热解氛围相比，10%O_2 氛围下污泥热解产生 CH_4 的初始温度低且含量高，故可认为 O_2 能够促进有机物中脂肪侧链断裂以及脂肪烃的二次裂解。添加 20% 杨木屑的 CH_4 含量比单一的污泥的 CH_4 含量低，则是由于混合样中含有更少的脂肪烃侧链。

CO_2 在反应初期就开始生成 [见图 4-21(d)]，随温度升高气相产物中 CO_2 含量先增加后减少，在 375 ℃时达到最大值。反应初期的 CO_2 主要来源于蛋白质的水解，具体表现为污泥中的蛋白质分解生成多肽、二肽和氨基酸，氨基酸进一步分解生成脂肪酸、CO_2 和 NH_3，随着温度升高，污泥中有机物的脱羧基反应越来越快，使得 CO_2 含量升高。当温度达到 375 ℃时，由于原料中羧基含量减少、碳酸盐在低温下难以分解，因此 CO_2 含量逐渐降低。与 N_2 氛围下相比，10%O_2 氛围下产气中 CO_2 含量在 300 ℃较低、在 300 ℃后较高，这说明在低温下，少量 O_2 能够抑制脱羧基反应，而在 300 ℃后抑制作用解除，未反应的羧基基团继续分解。添加 20% 杨木屑时产气中 CO_2 含量比单一污泥时低，这是因为杨木屑的含氧基团主要为醚类，掺混后无法促进混合样的脱羧反应。

在热解温度达到 250 ℃时，有少量 CO 开始产生（见图 4-22），这表明污泥在进行脱羧基反应时，也会有少量的含氧杂环进行分解。CH_4 和 H_2 分别在 350 ℃和 450 ℃时开始产生，这与污泥热解过程产气规律一致。在纯 N_2 和 10%O_2 氛围下，污泥热解合成气成分存在着差异性，具体表现为在中高温工况下（不低于 450 ℃），10%O_2 参与时 CO 含量比 N_2 工况时更高，而 H_2 和 CH_4 含量更低，O_2 促进了污泥中有机物桥键和脂肪烃侧链的断裂，使得 CO、H_2 和 CH_4 含量增加，而在保温阶段少量未参与有机物反应的 O_2 与 CH_4 和 H_2 进行反应，从而使得 CO 含量相对升高。在 10%O_2 氛围下，添加 20% 杨木屑时热解合成气中 CO 含量比单独污泥热解高。

4.5.3 表面官能团分析

从不同温度下污泥热解固态产物的红外光谱（见图 4-23）可以看到，在

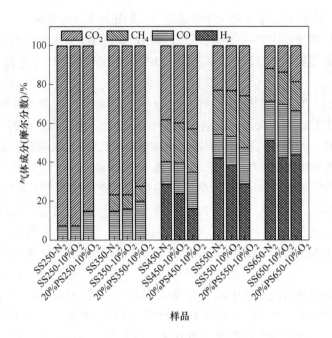

图 4-22　不同热解终温下合成气分布

$3300 \sim 3800 \ cm^{-1}$ 处为 O—H 键的伸缩振动，其振动峰值随温度的升高逐渐减小，说明污泥中酚类和醇类有机物随温度的升高逐渐分解。在 $2770 \sim 3015 \ cm^{-1}$ 和 $1408 \ cm^{-1}$ 处分别为脂肪族 C—H 键的伸缩振动和弯曲振动，其振动峰值随着温度的升高而减小，在 450 ℃ 时完全消失，这是由于污泥中有机物的脂肪烃侧链去甲基化和脱水造成的。在 $2510 \ cm^{-1}$ 处的微弱振动峰表明 S—H 键的存在，其振动峰非常小，仅在 550 ℃ 时可观察到，该振动峰在固态产物中突然出现到消失，说明热解过程中有机硫在进行着分解，具体表现为在固态产物中保留 S 的同时释放出 H 元素。在 $1655 \ cm^{-1}$ 处为 C ＝ O 键的伸缩振动，其振动峰值随温度升高而减小，表明污泥中酯、羧酸和羰基在热解过程中随温度的升高逐渐分解。直到热解终温达到 350 ℃，才能清楚地看到 $1600 \ cm^{-1}$ 处芳香结构中 C ＝ C 键的振动峰，并且高温下该振动峰值表现为轻微减弱。同时观察到在 $778 \ cm^{-1}$ 为芳香结构中 C—H 键的弯曲振动，其振动峰值在 350 ℃ 之前，随温度的增加而减少；在 350 ℃ 之后，振动峰值明显减少。总体来说，造成芳香结构中 C ＝ C 和 C—H 键变化的原因是在 350 ℃ 之前，芳香结构中与苯环直接相连的脂肪侧链断裂，固态产物中含氧官能团随之减少，进而使得 C—H$_{ar}$ 增加，固态产物中 C ＝ C$_{ar}$ 含量相对提高，峰值显现；在温度高于 350 ℃ 后，少量苯环之间会进行缩聚反应，生成芳香度更高的聚合结构。

　　在 N_2 与 10%O_2 氛围下，当温度小于 550 ℃ 时，污泥热解固态产物红外光谱图几乎相同，这说明污泥低温热解时，低浓度 O_2 对固态产物的表面官能团影响较少。当温度升至 650 ℃时，在红外波长大于 2500 cm^{-1} 处，在 10%O_2 氛围下污泥热解固态产物表面官能团 C—H 键和 O—H 键的振动峰值比 N_2 氛围下的弱，在红外波长小于 1800 cm^{-1} 处，污泥在两氛围下生成的固态产物表面官能团的振动峰值一致，这说明在高温下 O_2 能进一步地促进固态产物中残留的脂肪族有机物分解，从而使得 C—H 键和 O—H 键的振动峰值消失。

在 10%O_2 氛围下，添加 20% 杨木屑掺混样热解制备的固态产物红外光谱图中 C—H 键和 O—H 键的振动峰值明显比单一污泥热解固态产物更强，其他官能

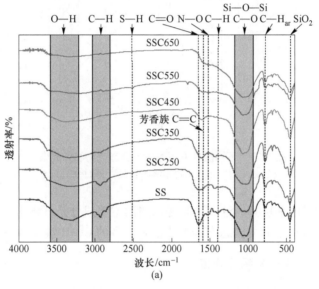

(a)

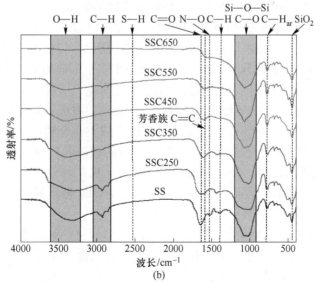

(b)

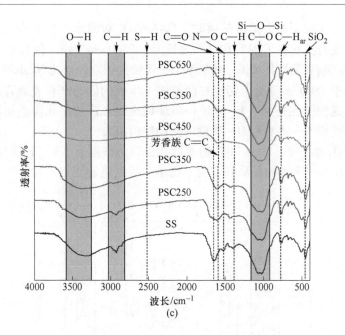

图 4-23　不同温度下污泥热解固态产物红外光谱图
(a) SSC-N$_2$；(b) SSC-10%O$_2$；(c) 20%PSC-10%O$_2$

团振动峰值未见明显区别，这主要是杨木屑的主要成分是纤维素、半纤维素和木质素，从而导致热解后的固态产物中残留有更多的 C—H 键和 O—H 键。

4.5.4　热解焦油中有机组分分布

采用 GC-MS 确定不同热解工况下热解油的化学特性，在 N$_2$ 氛围下 350 ℃时热解油中含有较多的链烃（17C 链为主），少量的环烷烃（如胆甾），同时有较多的有机酸、酰胺类和腈类化合物，如图 4-24 所示。当温度升高到 650 ℃时，焦油中 12C 链化合物含量明显增加，环烷烃中出现了不饱和键，同时含氮化合物的含量减少，并产生了更多的有机酸和芳香族化合物，这说明温度升高促进了脂肪侧链的断裂、自由基的环化和脱氢反应，使焦油中有机物朝着芳香族类化合物转换。在 650 ℃时，少量 O$_2$ 加入使得热解油中胺类化合物明显增加，同时 12C 链含量增加、有机酸含量减少，并产生了少量的硫醇和硅氧烷，这可能是由于 O$_2$ 促进脂肪侧链的断裂、含氧官能团的分解及无机矿物质的取代反应。由于杨木屑中的脂肪侧链和氮元素含量相对较少，使得 20% 杨木屑掺混后的液相焦油中含有较低含量的脂肪侧链和含氮化合物。

依据热解油中有机物的常规分类（见表 4-5），将热解油成分主要分为脂肪烃、芳香烃、含 O 有机物、含 N 有机物、含 S 有机物、含 Si 有机物及其他七大类。不同工况下污泥热解油的化学成分及含量可参见表 4-6。

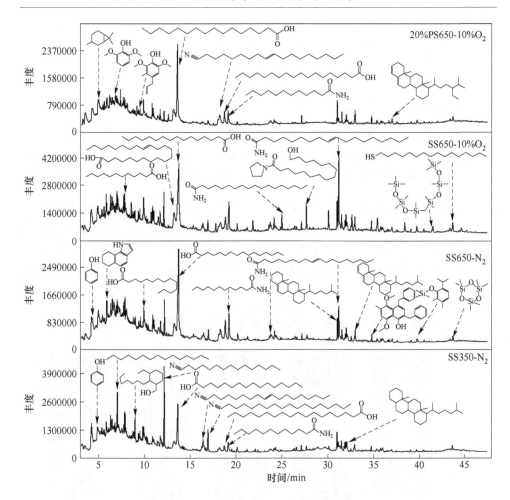

图 4-24 不同工况下污泥热解油的 TIC 图

表 4-5 热解油中有机物的常规分类方法

编号	类别	元素组成	代表性物质或官能团分布
1	脂肪烃	仅含有 C、H	饱和烃(烷烃与环烷烃)和不饱和烃(如：烯烃—C≡C—)
2	芳香烃	仅含有 C、H	有苯环的烃，如：甲苯 〈苯环〉CH₃
3	含 O 有机物	仅含有 C、H、O	醇（R—OH）、酚（〈苯环〉OH）、醚（R—C—O—C—R）、醛（R—COH）、酮（R—CO—R）、羧酸（R—COOH）、酯（R—COO—R）
4	含 N 有机物	含有 N	胺类（R—NH₂、R—CO—NH₂）、腈类（R—CN）、杂环类（吡咯〈N〉、吡啶〈N〉、噻唑〈S,N〉、恶唑〈O,N〉…）

续表 4-5

编号	类别	元素组成	代表性物质或官能团分布
5	含 S 有机物	含有 S	硫醇（—SH）、噻吩（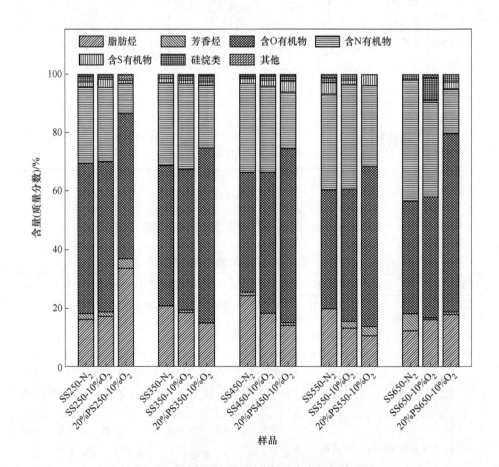）
6	含 Si 有机物	含有 Si	硅烷类
7	其他	含有其他元素	卤代烃（—Cl）、硼烷、膦等

注：由于有机物的种类十分复杂，官能团的分布存在着交叉性，因此为了分析方便，本书的焦油分类将主要依据元素组成进行划分，如：既含 O 又含 N 的有机物，本书将其归为含 N 有机物。

一般来说，脂肪烃、含 O 有机物和含 N 有机物是污泥热解油的主要组分，如图 4-25 所示。在整个热解过程热解油中芳香烃含量都较少，芳香烃最高含量是单一污泥在 N_2 氛围 650 ℃下热解得到的，大约为 5.7%。在 10% O_2 氛围下，单一污泥和 20% 杨木屑掺混后热解油中芳香烃含量都很少，这说明与苯环相连

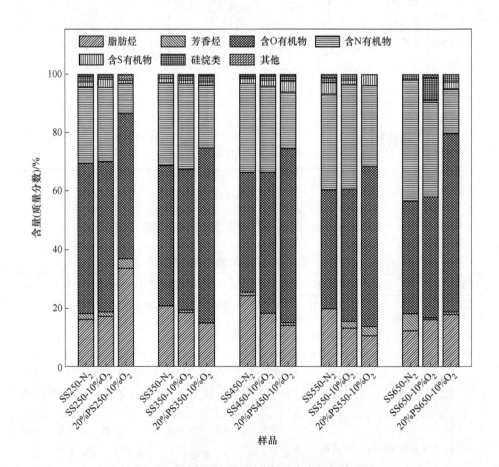

图 4-25　不同温度下污泥热解油中有机物分布图

表 4-6 不同温度下污泥热解油成分分析

峰面积百分比/%

有机物组成		SS-N₂					SS-10%O₂					20%PS-10%O₂				
		250 ℃	350 ℃	450 ℃	550 ℃	650 ℃	250 ℃	350 ℃	450 ℃	550 ℃	650 ℃	250 ℃	350 ℃	450 ℃	550 ℃	650 ℃
烃类	脂肪烃	16.078	20.753	24.276	19.585	12.391	17.334	18.672	18.304	13.176	16.303	33.678	14.959	14.150	10.648	17.987
	芳香烃	2.243		1.163	0.488	5.869	1.460	0.824	0.360	2.581	0.523	3.278		1.015	3.136	0.765
含O有机物	醇	1.420	10.612	4.629	3.009	4.057	3.365	5.161	2.184	2.157	2.418	1.545	7.650	6.530	7.217	1.564
	酚	3.833	7.778	6.085	5.809	11.709	3.893	7.428	8.708	11.961	8.092	8.583	16.689	22.447	21.286	18.959
	醚	1.664	0.473	2.223	2.529	0.570	0.794	1.781	1.940	0.972	0.887	0.681	3.848	4.634	1.933	
	醛	0.917	1.832	0.952			0.158	0.453	0.972	2.068	1.340		0.611			
	酮	1.517	8.104	3.811	3.975		2.854	1.119	5.451	2.873	5.515	5.656	2.478	2.272	0.749	
	羧酸	37.286	12.681	19.877	22.525	19.953	37.034	26.863	23.391	19.883	19.851	29.693	23.791	22.100	22.015	38.668
	酯	4.471	6.707	3.319	2.369	1.904	3.273	5.212	4.807	4.925	2.992	3.332	4.805	1.203	1.454	1.537
	合计	51.108	48.187	40.896	40.216	38.193	51.371	48.017	47.453	44.839	41.095	49.49	59.872	59.186	54.654	60.728
含N有机物	胺类	11.133	3.209	10.169	9.082	7.051	12.837	10.769	9.268	13.727	14.128	6.977	7.527	9.461	11.627	5.140
	腈类	4.006	8.952	5.553	5.996	6.571	4.762	5.151	5.743	4.258	3.432	0.513	4.972	2.166	1.463	4.881
	杂环类	11.048	15.831	14.758	17.733	27.961	7.645	13.171	14.657	18.016	14.819	2.746	8.722	7.909	14.682	5.463
	合计	26.187	27.992	30.48	32.811	41.583	25.244	29.091	29.668	36.001	32.379	10.236	21.221	19.536	27.772	15.484
含S有机物		1.762	1.616	1.748	4.001		2.674	1.238	2.052	1.303	0.714	1.254	1.136	3.555	3.291	2.297
含Si有机物		1.742		0.510	1.634	1.968	0.744	1.449	1.486	2.102	7.773		2.160	1.958	0.500	2.742
其他		0.879	1.453	0.926	1.262		1.175	0.710	0.677		1.212	2.061	0.648	0.599		

的侧链中含有 C、H 以外的其他元素，也表明少量 O_2 的加入会抑制液相油中多环芳烃生成。最大含 S 有机物含量是单一污泥在 N_2 氛围 550 ℃下热解得到的，为 4.001%，与污泥热解固态产物中 S—H 键对应的温度一样，这说明含 S 有机物将在 550 ℃时大量分解。最大硅烷类含量是单一污泥在 $10\%O_2$ 氛围 650 ℃下得到的，为 7.773%，这进一步证实了有氧氛围高温下会促进无机矿物质的取代反应。

在 N_2 和 $10\%O_2$ 两种氛围下，单一污泥热解油中脂肪烃含量为 12.4% ~ 24.48%，如图 4-26 所示。在 250 ~ 550 ℃内，N_2 氛围下热解油中脂肪烃含量比 $10\%O_2$ 氛围下热解油更高，但脂肪烃含量随温度变化规律较一致，在 450 ℃时脂肪烃含量达最大值。脂肪烃中饱和烃主要是环十二烷、十四烷、十五烷和胆甾烷；不饱和烃主要是十四碳烯、十七碳烯和胆甾烯。同时，在 N_2 氛围下热解油中饱和烃含量也比 $10\%O_2$ 氛围下高，不饱和烃含量比 $10\%O_2$ 氛围下低，这说明低氧热解氛围更有利于不饱和烃生成。在 650 ℃时，有氧氛围下的热解油中脂肪烃含量比氮气氛围下高。20% 杨木屑掺混后热解油中脂肪烃含量呈现出先下降后上升的趋势，与单一污泥热解油中脂肪烃含量变化规律完全相反。在 250 ℃时，掺混杨木屑后热解油中脂肪烃含量高达 33.7%，比同一温度下单一污泥热解油中脂肪烃含量高 16%，并以饱和烃为主，这可能是因为掺混杨木屑中半纤维素含量增加，导致液相产物中饱和烃含量大幅度增加。当温度升至 250 ℃后，掺混杨木屑后热解油中脂肪烃含量下降到 15% 左右，减少率约为 18%，这是因为随着温度的升高，自由基中其他不稳定键（如 C—O—C 键）也会同时断裂，烃中的支链被其他官能团取代，进而使得饱和脂肪烃侧链大幅度增加，饱和烃含量大幅度下降。

在 N_2 和 $10\%O_2$ 两种氛围下，污泥单独热解油中含 O 有机物的含量为 38.2% ~ 51.37%。有氧与无氧氛围下污泥单独热解后焦油中含 O 有机物含量均随着温度的升高逐渐降低。在 350 ℃以下，污泥在有氧与无氧氛围下热解油中含 O 有机物含量几乎相同；在 350 ~ 650 ℃时，有氧氛围下热解油中含 O 有机物含量比无氧氛围下高。随着温度的升高，热解油中酚类有机物含量略有上升，其他含氧有机物含量明显下降，这说明随着温度升高，含氧官能团进行热裂解反应的同时，有一部分脂肪烃侧链进行脱氢反应，使得芳香烃链（苯基）增加。在有氧氛围下，与单独污泥热解相比，掺混 20% 杨木屑后热解油中含 O 有机物含量在 250 ℃后明显增加。从化学成分上看，掺混杨木屑后热解油中酚类和醇类有机物含量明显增加，这是由于反应物中纤维素和木质素含量大幅度提高。

在有氧和无氧氛围下，污泥单独热解油中含 N 有机物含量为 25.25% ~ 41.58%。在两个氛围下污泥单独热解油中含 N 有机物含量随温度的升高逐渐增加。热解油中含氮有机物主要成分是杂环类和胺类，以及少量的腈类。随热解温度升高，杂环类有机物占比大幅度上升，胺类占比小幅度下降，腈类占比小幅度

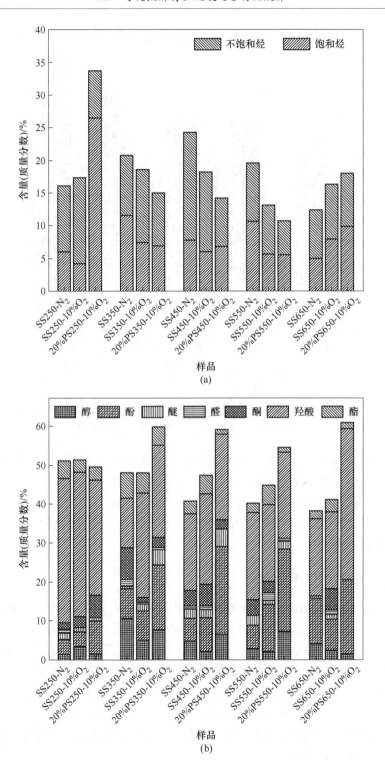

(a)

(b)

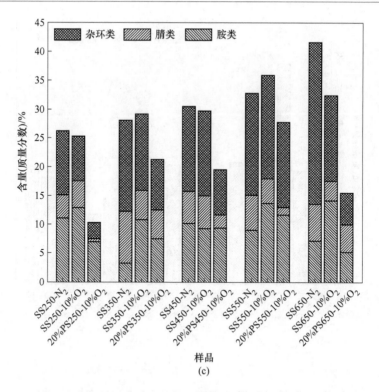

图 4-26　热解油中脂肪烃、含 O 有机物及含 N 有机物的成分分布

（a）脂肪烃；（b）含 O 有机物；（c）含 N 有机物

上升。在 $10\%O_2$ 氛围下，20% 杨木屑掺混后热解油中含 N 有机物含量明显比单一污泥热解油更低，这是因为杨木屑的 N 含量（0.21%）远低于污泥中 N 含量（3.21%），从而使得热解油中含氮有机物减少。含 N 有机物作为前体物，使热解油在燃烧过程中产生 NO_x，这也说明低氧和掺混杨木屑可以减少热解油燃烧过程中 NO_x 的释放。

4.5.5　热解过程碳的迁移规律

　　结合污泥中典型有机结构体的热解反应路径（见 4.3 节内容），提出以污泥中碳元素作为研究目标，分析热解过程中有机碳（主要是含碳有机物）和无机碳（主要是含碳气相小分子）的迁移规律，并分析了温度、氧气和掺混杨木屑对碳迁移的影响。根据前期热解特性及三相产物特性分析结果，提取有关碳的种类和含量等信息，温度是促进有机物发生热裂解反应的主要影响因素，O_2 能够改变各类反应的速率，杨木屑的添加改变了污泥混合物中有机物组成，这些因素都不同程度影响了热解产物化学特性和含量。进而对碳转化迁移行为机制进行分析总结，如图 4-27 所示。

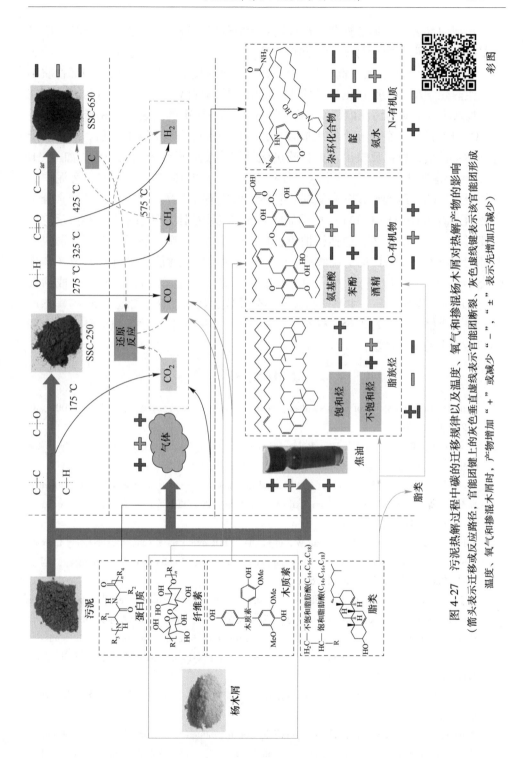

图 4-27　污泥热解过程中碳的迁移规律以及温度、氧气和掺混杨木屑对热解产物的影响

（箭头表示迁移反应路径，官能团键、官能团断裂，灰色垂直虚线表示该官能团形成
温度、氧气或掺混木屑时，产物增加"＋"、或减少"－"，"±"表示先增加后减少）

　　污泥内部有机物形态复杂，在有氧和无氧热解过程发生的交互热化学反应极为复杂，从宏观演变行为来看，热解过程干污泥首先由土黄色变为棕色（低于250 ℃），再转变为黑色（高于 250 ℃），这体现了随着温度变化污泥内部物质不断发生热化学反应，产物化学特性持续变化。从内部微观分子转化行为来看，在250 ℃以前，主要是污泥内部 C—H、C—C 和 C—O 键的断裂，气相产物中主要是 CO_2 开始产生，而液相产物生成较少；当热解温度升至 250 ℃以后，从三相产物化学特性变化可以反映出，更多的热化学转化反应平行或交叉作用，如 O—H 和 C＝O 键断裂、C＝C_{ar} 键生成，使得 CO、CH_4 和 H_2 产生。同时，污泥中大分子蛋白质断裂肽键形成含有氨基、杂环氮和腈类有机物。木质素和纤维素分子主要通过破坏 C—O—C 和 C—C 键形成含氧有机物单体，其中木质素热解反应后主要形成了三种醇单体，包括松柏醇、对香豆素和芥子醇。脂质主要裂解形成脂肪烃和含有 O—C＝O 的链烷酸等。脂质的热解主要包含脂肪侧链的断裂（产生烃类小分子）、脱氢反应（产生 H_2）、脱羧反应（产生 CO_2）、脱水缩合或缩聚（产生大分子芳烃）等，主要产物包括小分子烃类物质、H_2、CO_2、CO 等气态产物，以及直链烷烃、环烷烃、烯烃、羧酸、醛、酮等液相产物及以多环芳烃和稠环芳烃为主的稠状产物。

参 考 文 献

[1] Yang H. Characteristics of hemicellulose, cellulose and lignin pyrolysis [J]. Fuel, 2007, 86 (12): 1781-1788.

[2] Folgueras M B, Alonso M, Díaz R M. Influence of sewage sludge treatment on pyrolysis and combustion of dry sludge [J]. Energy, 2013, 55 (1): 426-435.

[3] Zhang Z, Wang C, Huang G, et al. Thermal degradation behaviors and reaction mechanism of carbon fibre-epoxy composite from hydrogen tank by TG-FTIR [J]. Journal of Hazardous Materials, 2018, 357: 73-80.

[4] Spliethoff H, Wojtowicz M, Dejong W, et al. TG-FTIR pyrolysis of coal and secondary biomass fuels: determination of pyrolysis kinetic parameters for main species and NO_x precursors [J]. Fuel, 2007, 86 (15): 2367-2376.

[5] Li J, Yan R, Xiao B, et al. Influence of temperature on the formation of oil from pyrolyzing palm oil wastes in a fixed bed reactor [J]. Energy & Fuels, 2007, 21 (4): 2398-2407.

[6] Han H, Hu S, Syed-Hassan S S A, et al. Effects of reaction conditions on the emission behaviors of arsenic, cadmium and lead during sewage sludge pyrolysis [J]. Bioresource Technology, 2017, 236: 138-145.

[7] 张军. 微波热解污水污泥过程中氮转化途径及调控策略 [D]. 哈尔滨：哈尔滨工业大学, 2013.

[8] Yang J, Xu X, Liang S, et al. Enhanced hydrogen production in catalytic pyrolysis of sewage sludge by red mud: thermogravimetric kinetic analysis and pyrolysis characteristics [J].

International Journal of Hydrogen Energy, 2018, 43 (16): 7795-7807.

［9］ 王建伟，廖足良，毕学军，等. 典型城市污水处理厂污泥无机质含量及含砂率分析 ［J］.
环境工程, 2013 (S1): 321-324.

［10］ Lin Y, Liao Y, Yu Z, et al. A study on co-pyrolysis of bagasse and sewage sludge using TG-
FTIR and Py-GC/MS ［J］. Energy Conversion and Management, 2017, 151: 190-198.

［11］ Gierer J. Chemical aspects of kraft pulping ［J］. Wood Science & Technology, 1980, 14
(4): 241-266.

［12］ Wei F, Cao J P, Zhao X Y, et al. Formation of aromatics and removal of nitrogen in catalytic
fast pyrolysis of sewage sludge: a study of sewage sludge and model amino acids ［J］. Fuel,
2018, 218: 148-154.

［13］ Fonts I, Gea G, Azuara M, et al. Sewage sludge pyrolysis for liquid production: a review ［J］.
Renewable and Sustainable Energy Reviews, 2012, 16 (5): 2781-2805.

［14］ Alvarez J, Amutio M, Lopez G, et al. Sewage sludge valorization by flash pyrolysis in a
conical spouted bed reactor ［J］. Chemical Engineering Journal, 2015, 273: 173-183.

［15］ Funda Ateş, Miskolczi N, Beyza Saricaoğlu. Pressurized pyrolysis of dried distillers grains with
solubles and canola seed press cake in a fixed-bed reactor ［J］. Bioresource Technology, 2015,
177: 149-158.

［16］ Deng W Y, Yan J H, Li X D, et al. Emission characteristics of volatile compounds during sludges
drying process ［J］. Journal of Hazardous Materials, 2009, 162 (1): 186-192.

［17］ Peng Chuan, Zhai Yunbo, Zhu Yun. Production of char from sewage sludge employing
hydrothermal carbonization: char properties, combustion behavior and thermal characteristics
［J］. Fuel, 2016, 176: 110-118.

［18］ Zhang Fengzhen, Wu Kaiyi, Zhou Hongtao. Ozonation of aqueous phenol catalyzed by biochar
produced from sludge obtained in the treatment of coking wastewater ［J］. Journal of
Environmental Management, 2018, 224: 376-386.

［19］ Chanaka Udayanga W D. Effects of sewage sludge organic and inorganic constituents on the
properties of pyrolysis products ［J］. Energy Conversion and Management, 2019, 196:
1410-1419.

5 污泥热解过程中硫、氮转化与污染物排放控制

5.1 有机硫、氮概述

5.1.1 污泥中硫、氮组成及测试方法

硫和氮是污泥的主要化学元素。在热处理过程中，污泥中含硫、氮化合物会在高温下形成含硫、氮臭气，造成环境污染。因此，掌握污泥中含硫、氮化合物的组成和热转化特性，以及揭示热解过程中含硫、氮恶臭气体的生成机理，对于解决热解过程中恶臭气体释放问题极为关键。污泥中含硫、氮化合物的成分复杂，难以一一探究。因此，通常将组成、形态、性质相似的化合物归为一类，然后对这些不同种类的硫、氮化合物性质进行分析。污泥中主要的含硫、氮物质的检测方法、含量及种类介绍如下。

5.1.1.1 硫的形态

污泥中的硫含量一般与中硫煤相当，为 $1.59\% \sim 2.64\%$ （干燥无灰基，daf）。按照形态可以简要分为无机硫（Inorganic-S）和有机硫（Organic-S）。其中，无机硫包含硫酸盐硫（Sulfate-S）、硫化物硫（Sulfide-S）两类，而有机硫成分相对复杂，主要为一些与有机质结合的含硫官能团。可根据硫原子与碳、氧原子结合的形态，将有机硫划分为如下几类。

（1）脂肪族硫（Aliphatic-S）：与硫原子直接相连的是链状或环状（非苯环）烃类结构中的碳原子，且在硫原子上不以双键形式结合氧，如硫醇（R—S—H）、硫醚（R—S—R′）、二硫化物（R—S—S—R′）。脂肪族硫中化学键一般是 C—C 单键和 C—S 单键，化学键能较小、易断裂。在热化学反应中，热稳定性最差，是一般含硫固废热处理过程中臭气的主要来源。

（2）芳香族硫（Aromatic-S）：与硫原子直接相连的是芳香环上的碳原子，且硫原子上不以双键形式结合氧，如苯硫醚、苯硫醇等。由于芳香环的存在，芳香族硫较脂肪族硫更加稳定，但由于硫原子和碳原子是以碳硫键连接的，在高温下仍然会分解。

（3）亚砜类硫（Sulfoxide-S）：含有亚硫酰基（—S＝O）官能团的硫化物，

结构通式可表达为 R—SO—R′，可由脂肪族硫或芳香族硫氧化而成。亚砜类硫是典型的含氧硫，在高温下稳定性较差，但一般不会生成硫化氢或者硫醚、硫醇等还原性含硫气体，而会生成气味较小的二氧化硫、三氧化硫等气体。

（4）砜类硫（Sulfone-S）：含有磺酰基（—SO_2—）官能团的化合物，结构式可表达为 R—SO_2—R′，一般较为稳定，可由其他有机硫化物氧化而来。与亚砜类硫类似，砜类硫在高温下会生成二氧化硫和三氧化硫，或者进一步被氧化成硫酸盐。

（5）噻吩硫（Thiophene-S）：硫原子和四个碳原子形成五元噻吩环。硫原子上的两对孤电子中的一对与环上的两个碳碳双键共轭，形成离域 π 键。由于 π 键的存在，噻吩硫十分稳定，在高温下几乎不会分解。

5.1.1.2 污泥及热解炭中含硫化合物的测试方法

污泥中总硫通常采用定硫仪（燃烧法）进行测量。污泥在 1150 ℃ 高温及催化剂的作用下，在净化过的空气流中燃烧，各种形态的硫均被燃烧分解为二氧化硫和少量三氧化硫气体，通过电化学检测器或者光学检测器对燃烧气体中的硫含量进行检测，从而可以确定污泥中总硫含量。

污泥中各种含硫化合物的形态可以通过 X 射线光电子能谱仪（X-ray photoelectron spectroscopy，XPS）进行检测。XPS 以 X 射线为激发光源，照射在样品表面，通过激发不同化合价或者结合态的硫原子，得到不同位置的 XPS 峰。通常而言，这些峰的信号重叠在一起，需要通过计算软件进行分峰（如 XPSPEAK、peakfit 等）。污泥中峰位置对应的含硫化合物包括：硫化物硫，（162.2 ± 0.2）eV；脂肪族硫，（163.67 ± 0.2）eV；芳香族硫/噻吩硫，（164.51 ± 0.2）eV；亚砜类硫，（166.67 ± 0.2）eV；砜类硫，（168.98 ± 0.2）eV；硫酸盐硫，（170.52 ± 0.2）eV 等。含硫化合物的峰面积占总峰面积的比值可以对应不同含硫化合物占总硫的百分比，通过不同含硫化合物的占比以及污泥中总硫的含量，可以得出不同形态含硫化合物的绝对含量。

5.1.1.3 氮的形态

污泥含氮量高达 2.4% ~ 9.0%（daf），远高于煤的含氮量（小于1%）。污泥中氮也可以简要分为无机氮（Inorganic-N）和有机氮（Organic-N）两种。污泥中无机氮以铵氮为主（NH_4^+-N），以及少量的亚硝态氮（NO_2^--N）、硝态氮（NO_3^--N）等氧化性无机氮化合物；有机氮则以蛋白质氮（Protein-N）为主，其含量可占总氮80%以上，其他还有少量胺类氮（Amine-N）、吡咯氮（Pyrrole-N）、吡啶氮（Pyridine-N）等杂环氮（Heterocyclic-N）化合物。

（1）蛋白质氮（Protein-N）：大量的氨基酸通过羧基和氨基脱水缩合首尾相

连形成长链（R—CONC—R），然后通过折叠形成具有复杂空间结构的蛋白质，通常较为稳定。污泥中有机物一般来源于动植物残骸和微生物细胞，因此其中的氮主要为蛋白质氮。蛋白质在空气中易分解腐败，是污泥堆放过程臭气主要来源之一。此外，由于蛋白质氮的热稳定性较差，在热处理过程会大量分解，产生 NH_3、HCN 和有机胺等小分子含氮臭气，是污泥热处理过程中主要含氮臭气来源。

（2）吡啶氮（Pyridine-N）：一个氮原子和五个碳原子通过大 π 键结合，形成六元芳香环，具有恶臭味。由于六元芳香环的存在，吡啶氮是污泥中形态最稳定的氮，其在高温下也难以分解。此外，在高温下，其他形态的氮也会向吡啶氮转化。

（3）吡咯氮（Pyrrole-N）：一个氮原子和四个碳原子通过离域 π 键结合，形成五元芳香环。五元芳香环没有六元芳香环稳定，因此吡咯氮的热稳定性较吡啶氮差，但相比于其他形态的氮，吡咯氮在高温下仍然具有一定的热稳定性。

（4）胺类氮（Amine-N）：含有氨基官能团的非氨基酸混合物统称胺（R—C—NH_3），胺类氮一般由氨基酸脱羧基产生。胺类氮是蛋白质氮分解的中间产物，蛋白质氮通过水解，分解成短链的多肽和氨基酸，多肽和氨基酸进一步分解，脱去碳链上的羧基，形成胺类氮。由于胺类氮以碳氮单键结合，在高温下稳定性较差，很容易分解生成氨气和小分子有机胺。

（5）硝态氮（Nitrate-N）：硝态氮指氮原子和氧原子结合形成的氧化态氮（—NO_2^-、—NO_3^-），通常由小分子胺类氮氧化形成。在高温下一般会分解生成 NO_x，是酸性含氮气体的主要来源。但由于污泥堆放和热处理过程中一般是厌氧环境，因此硝态氮的含量较低。

5.1.1.4　污泥及热解炭中含氮化合物的测试方法

污泥中总氮通常采用元素分析仪进行测量。具体原理和总硫的测定方法类似，将污泥在高温下燃烧，使所有的氮元素均被氧化成 NO_2，通过电化学或者光学方法对其进行定量检测，从而换算出原样中氮元素的绝对含量。

污泥中各种含氮化合物的形态可以通过 X 射线光电子能谱仪进行检测。具体原理和方法与含硫化合物的检测一致。污泥中峰位置对应的含氮化合物包括：无机氮和季氮，(401.5 ± 0.2) eV；吡咯氮，(400.4 ± 0.2) eV；蛋白质氮，(400.0 ± 0.2) eV；胺氮和吡啶氮，(398.6 ± 0.2) eV；腈类氮，(398.0 ± 0.2) eV 等。具体计算方法与含硫化合物类似。

此外，由于污泥中含氮化合物主要为蛋白质氮，可以通过氨基酸检测法来确定具体的氨基酸种类。氨基酸检测法通常采用水解-氨基酸分析仪法进行检测。通过酸水解法将固体、液体样品中的大分子蛋白水解生成小分子水溶性氨基酸，然后将此氨基酸溶液通入氨基酸检测仪中进行测定。氨基酸分析仪是一种特殊类型的液相色谱，通过分离柱将溶液中的氨基酸进行分离，然后通过光学检测器进行检测，光学检测器对不同浓度的氨基酸信号相应强度不同。根据相应强度（峰面积）和已知浓度的氨基酸标准曲线可以得出不同种类氨基酸的具体浓度。

除了以上污泥和热解炭中氮、硫化合物的检测方法之外，还有 X 射线吸收近边结构法（X-ray absorption near edge structure，XANES）、固体核磁共振法（Solid state nuclear magnetic resonance，SSNMR）、傅里叶红外光谱法（Fourier transform infrared spectrometer，FTIR spectrometer）等，这些检测方法各有优缺点，需要根据具体实验状况进行选择。

5.1.2　含硫臭气的产生及主要成分

5.1.2.1　含硫气体的成分和测定

气态硫的种类复杂，含量各异。通常采用气相色谱仪或者气相色谱质谱联用仪进行检测，实验室中最常见的测试仪器是特种的含硫气体检测微量硫分析仪。还有火焰-光化学检测法对不同种类的含硫气体进行检测，混合的含硫气体通过色谱柱进行分离，分离后的气体经载气携带进入火焰光度检测器，火焰光度检测器中产生光电信号，再由微电流放大器放大后显示色谱图。色谱图中峰的极大值是定性分析的依据，而色谱峰所包含的面积与该组分的含量相对应。通过和标准气体进行比对，就可以得到待测气体的定性分析和定量分析结果。

根据实验检测结果，污泥热解过程中的含硫臭气主要包括 H_2S、SO_2、CH_3SH、CS_2、COS、$C_2H_6S_2$ 和 SO_3 七种形态。其中，按照氧化还原性区分，H_2S、CH_3SH、CS_2、$C_2H_6S_2$ 四种为还原态的硫，SO_2、COS、SO_3 为氧化态的硫。一般而言还原态的硫气味更大、毒性更强，对人体及环境的危害更大。氧化态的硫气味相对较小，且更容易被脱除，其危害较小一些。然而，污泥的堆放和热解过程一般是厌氧环境，因而硫元素通常以还原性含硫气体的形态释放，从而造成较严重的环境污染。获得详细污泥热解过程中硫的转化路径，是防治臭气产生的关键步骤。

5.1.2.2　H_2S 可能的生成途径

H_2S 是污泥热解过程中最常见的还原性含硫气体，具有恶臭气味和强烈刺激性，对人们的身心健康和环境会造成极大的危害。H_2S 臭气阈值较低，通常情况下，空气中 6.24×10^{-4} mg/m³ 浓度的硫化氢即可使人察觉到异味。当空气中硫化氢浓度高达 304.29 mg/m³ 时，会立即致人死亡。污泥热解过程中硫化氢的主要来源包括以下两种。

（1）黄铁矿（FeS_2）脱硫反应，见式（5-1）~式（5-3）。

$$FeS_2 \longrightarrow FeS_x + \frac{1}{n}(2-x)S_n \qquad (5-1)$$

$$FeS_x \longrightarrow FeS + \frac{1}{n}(x-1)S_n \qquad (5-2)$$

$$S_n + Organic\text{-}H \longrightarrow nH_2S + Organic\text{-}S \qquad (5-3)$$

在污泥热解的过程中，黄铁矿受热分解会生成具有活性的有机硫（S_n）基团，这些活性有机硫基团能够和污泥中的含 H 官能团反应生成 H_2S。黄铁矿的主要成分是 FeS_2，其中硫元素以二硫离子的形态和亚铁离子结合，属于还原态硫。在污泥脱水絮凝的过程中，通常使用黄铁矿作为絮凝剂以提高污泥脱水性能，降低脱水能耗。然而，会使得污泥中硫含量增加，在后续热处理过程中会产生更多的污染，目前许多学者正在研究新型的污泥絮凝剂。

（2）有机硫转化。污泥中有机硫主要来自含硫蛋白质，以脂肪族硫为主，以及在污泥脱水、堆放过程中发生的分解、氧化、环化、脱硫等一系列化学反应所生成的杂环硫、噻吩硫、砜类硫、亚砜类硫，有机硫形态各异，转化路径也各不相同。

部分热不稳定的有机硫在热解过程中发生分解断裂，产生—S/—SH 活性基团，之后这些含硫的活性基团和热解过程中产生的—H 结合形成 H_2S 和烯烃。

通过对热解炭中含硫化合物的形态进行分析可知，低温下污泥中 H_2S 的释放主要来自脂肪族硫的 C—S 键分解产生的—S/—SH 活性基团与 H 自由基的结合。中高温度下，H_2S 的释放主要是脂肪族和芳香族共同分解的结果。

5.1.2.3　SO_2 可能的生成途径

SO_2 是一种无色、有刺激性气味的有毒气体，是最常见的大气污染物。暴露在 SO_2 环境中会对人体造成危害，轻度中毒表现为喉咙灼痛、流泪、畏光、咳嗽等；严重中毒可在短时间内引起肺水肿；极高浓度吸入甚至会引起反射性声门痉挛，导致窒息。热解过程中 SO_2 的释放结果显示：原污泥样品在热解过程中 SO_2 的释放量仅次于 H_2S，也是主要的含硫气体。热解温度较低时，仅有微量的 SO_2 生成；而随着热解温度的升高，SO_2 的释放量有明显增加。SO_2 的生成途径有以下三种。

（1）硫酸盐受热分解。硫酸盐受热分解会生成 SO_2，分解温度与硫酸盐的类型有关。文献报道，硫酸铁在 200~500 ℃ 开始有 SO_2 释放，硫酸锌在 330~750 ℃ 会生成 SO_2，硫酸钙的分解温度较高，800 ℃ 以上才会开始反应，见式（5-4）~式（5-9）：

$$Fe_2(SO_4)_3 = \!\!\!= Fe_2O_3 + 3SO_3 \qquad (5-4)$$

$$3ZnSO_4 = \!\!\!= Zn_3O(SO_4)_2 + SO_3 \qquad (5-5)$$

$$ZnSO_4 \Longrightarrow ZnO + SO_3 \tag{5-6}$$

$$CaSO_4 + FeS_2 + H_2O \Longrightarrow CaO + FeS + 2SO_2 + H_2 \tag{5-7}$$

$$CaSO_4 + 4CO \Longrightarrow 4CaS + 4CO_2 \tag{5-8}$$

$$3CaSO_4 + CaS \Longrightarrow 4CaO + 4SO_2 \tag{5-9}$$

污泥中的硫酸盐一般由还原态在脱水、堆放等过程中氧化成硫酸根离子，250 ℃以上硫酸盐（主要为硫酸铁）少量分解产生 SO_2 也是其生成途径之一。

（2）黄铁矿分解。污泥中的黄铁矿主要来自絮凝剂中的二硫化亚铁，这些二硫化亚铁除了会受热分解产生硫化氢之外，还会在高温下和氧化物或者有机物中的含氧官能团发生反应，生成 SO_2。热解过程黄铁矿受热分解释放的活性有机硫（S_n）基团与含 O 官能团反应生成 SO_2。黄铁矿含量较低，且热解过程中变化不大，对 SO_2 的释放影响很小。

（3）含硫有机物的转化。含硫有机物受热分解产生—S/—SH 活性基团，与热解炭中的含氧官能团发生反应释放出 SO_2。热解温度低于 350 ℃时，SO_2 的释放主要是由脂肪族硫分解产生；温度高于 350 ℃时，芳香族硫开始分解，此时 SO_2 由脂肪族硫和芳香族硫分解共同产生。含硫有机物的转化是热解过程中 SO_2 的重要来源之一。

5.1.2.4　COS 可能的释放途径

COS 中文名称为羰基硫，又被称为氧硫化碳、硫化羰、氧硫，是一种无色、有臭鸡蛋气味的有毒气体。COS 被人体吸收进入血液后，会分解产生 H_2S，从而对人体的中枢神经系统造成损害，严重时可引起痉挛抽搐，甚至导致呼吸麻痹死亡。污泥在热解过程中 COS 的释放量较小，随着热解温度的升高，其释放量呈逐渐升高的趋势，但增幅较小，总体依旧保持较低的水平。COS 可能的生成途径有以下三种。

（1）气-气反应生成 COS。

$$H_2S + CO \longrightarrow COS + H_2 \tag{5-10}$$

$$H_2S + CO_2 \longrightarrow COS + H_2O \tag{5-11}$$

（2）气-固反应生成 COS。

$$FeS_2 + CO \longrightarrow FeS + COS \tag{5-12}$$

（3）有机硫分解。含硫有机物受热分解产生—S/—SH 活性基团，与热解炭中的含 O 官能团以及活性的 C 原子发生反应生成 COS。

一般而言，化学反应过程［见式（5-12）］在 800 ℃以下进行得非常缓慢，此外污泥中 FeS_2 含量较低且热解过程中变化量很小，对 COS 释放的影响不大。通常情况下，COS 主要由气-气间的二次反应以及有机硫的分解生成［见式（5-10）和式（5-11）］。热解过程中有机硫产生分解—S/—SH 活性基团，与热解炭中含 H

官能团反应生成 H_2S，H_2S 与热解过程中产生的 CO、CO_2 发生二次反应生成 COS，COS 的生成会受 H_2S 浓度的影响。热解过程中产生的—S/—SH 活性基团与含 O、含 C 官能团反应，则能直接生成 COS。

5.1.2.5　CS_2 可能的释放途径

CS_2 中文名称为二硫化碳，常温下是一种无色或淡黄色的透明液体，易挥发，并且有刺激气味。CS_2 是一种毒性物质，能通过吸入、食入或皮肤吸收进入人体，主要影响心脏血管、神经系统及生殖系统。原污泥在热解过程中仅有微量的 CS_2 释放，且随着热解温度的升高，释放量基本保持稳定。当热解温度在 250～450 ℃时，其释放量基本不变。CS_2 可能的生成途径有以下三种。

（1）H_2S 和 COS 发生二次反应生成 CS_2。

$$H_2S + COS \longrightarrow CS_2 + H_2O \tag{5-13}$$
$$H_2S + CO_2 \longrightarrow CS_2 + H_2O \tag{5-14}$$
$$COS \longrightarrow CS_2 + CO_2 \tag{5-15}$$

H_2S 和 COS 都是在较低的温度下生成的含硫气体。随着温度的升高和热解过程的进一步发生，不能及时排出炉膛的硫化氢和 COS 会发生二次反应，二者结合生成 CS_2。随着温度的升高，CS_2 的释放量逐渐增加，说明二次反应的程度也不断加剧。

（2）污泥热解过程中释放的 CH_4 和 FeS_2 反应生成 CS_2。

$$CH_4 + FeS_2 \longrightarrow CS_2 + CO_2 + FeS \tag{5-16}$$

污泥热解过程中有机质会热裂解产生 CH_4 等气体，这些气体在高温下会和热解炭中的 FeS_2 发生二次反应生成 CS_2。随着温度升高，CH_4 等气体的产量不断增加，CS_2 的生成量增多。此外，如果热解气不能及时排出炉膛，气体中的 CH_4 和热解炭中的 FeS_2 之间的交互反应时间也会增加，导致二次反应加剧，从而产生更多的 CS_2 气体。

（3）有机硫转化。污泥中含硫有机物主要包括脂肪族硫和芳香族硫，其在高温下热稳定性较差，C—S 键受热容易发生断裂，生成—S/—SH 活性基团。这些活性基团在高温下与热解炭中的活性 C 原子发生反应生成 CS_2。随着温度的升高，含硫有机物的脱硫、分解反应加剧，含硫活性基团生成量增加，使得更多的—S/—SH 参与反应，生成更多的 CS_2 气体。当热解反应炉的体积较大，反应时间较长时，同样会促进 CS_2 的生成。

化学反应式（5-16）在温度低于 800 ℃时不能进行，污泥中 FeS_2 对 CS_2 的释放影响很小。因此在一般的污泥热解工况下，CS_2 主要产生于 H_2S 和 COS 的二次反应以及有机硫的转化。污泥热解生成的大量 H_2S 与 CO_2 或 COS 发生反应，生成 CS_2；COS 自身也会发生分解生成 CS_2；同时，有机硫在热解过程中形成的—S/—SH 活性基团与活性含 C 官能团发生反应也是 CS_2 的主要生成途径。

5.1.2.6 CH$_3$SH 可能的释放途径

CH$_3$SH 中文名称为甲硫醇，又被称为甲烷硫醇、硫氢甲烷、巯基甲烷、硫代甲醇，是一种无色气体，具有烂菜心气味。CH$_3$SH 是一种有毒的污染性气体，吸入后可引起头痛、恶心及不同程度的麻醉作用；高浓度吸入可引起呼吸麻痹导致死亡。CH$_3$SH 的生成途径较为单一，一般由污泥中的有机含硫化合物生成。

CH$_3$SH 的生成主要来自有机硫的分解，污泥热解过程中有机硫化合物受热分解产生—S/—SH 活性基团，之后与热解炭中的含 C、含 H 官能团反应生成 CH$_3$SH。150 ℃时几乎没有 CH$_3$SH 的生成，250 ℃时脂肪族硫开始分解产生 CH$_3$SH。随着热解温度的升高，脂肪族硫的分解率逐渐增大，同时芳香族硫开始分解，当温度上升到450 ℃时，脂肪族硫和芳香族硫大量分解，CH$_3$SH 的含量也急剧上升。

5.1.3 含氮臭气的产生及主要成分

5.1.3.1 含氮气体的成分和测定

含氮气体种类复杂、含量各异，可分为无机含氮气体（Inorganic N-containing gas）和有机含氮气体（Organic N-containing gas）。无机含氮气体在污泥热解的含氮气体产物中的占比较大，主要包括 NH$_3$ 和 HCN 两种，一般通过吸收-离子色谱法进行检测。有机含氮气体在污泥热解气中的占比较小，主要是小分子的有机胺，如三甲胺等，可以通过 GC 和 GC-MS 进行测量，也可以采用吸收-离子色谱法测定，将污泥热解过程中的含氮气体通过确定质量的稀硫酸、稀盐酸(1 mol/L、0.1 mol/L) 溶液，无机含氮气体（NH$_3$ 和 HCN）被酸性溶液吸收生成 NH$_4^+$ 和 CN$^-$ 离子；含 NH$_4^+$ 和 CN$^-$ 的溶液可以通过离子色谱进行分析，从而确定含氮离子的浓度，最后推算出气体中含氮物质的形态及含量。

5.1.3.2 NH$_3$ 可能的释放途径

NH$_3$ 是污泥热解过程中的主要含氮气体，呈弱碱性，有刺激性臭味，对人体的皮肤和黏膜有刺激性，当空气中 NH$_3$ 浓度达到 0.40 mg/m^3 时就会产生较强的刺激性和气味，当空气中 NH$_3$ 浓度大于 1520.54 mg/m^3 时即会导致人体吸入性死亡。此外，NH$_3$ 会和空气中的氧气发生二次反应，生成 NO$_x$ 等污染性气体，对环境造成二次污染。污泥中的主要含氮化合物包括无机铵盐和蛋白质两种，NH$_3$ 的主要来源也是这两种物质。

（1）无机铵盐分解。无机铵盐的热稳定性极差，在加热条件下极易分解。

其在加热的初期（100～200 ℃），就可以通过分解的方式向烟气中释放，因此，低温下的氨气释放主要来自无机铵盐。

（2）蛋白质分解。污泥中的有机氮主要以蛋白质的形态存在。在污泥热解过程中，部分蛋白质稳定性较差，随着温度升高，会大量分解产生 NH_3 等气态产物，具体过程如下：随着热解温度的升高，污泥中不稳定的蛋白质在高温下发生分解反应，生成短链氨基酸和多肽；随着温度进一步升高，这些氨基酸和多肽在高温下发生脱氨反应，支链上的氨基以 NH_3 的形态脱出，释放到烟气中。

5.1.3.3　HCN 可能的释放途径

HCN 是污泥热解过程中另一种典型的无机含氮气体，毒性极强，微量的 HCN（大于 0.36 mg/m^3）即可致人死亡。HCN 的可能释放途径有两种。

（1）污泥中蛋白质的分解。污泥含有大量的蛋白质，其在高温下会分解生成大分子的氮烃化合物。当温度升到 700 ℃ 后，大分子含氮烃类通过二次反应，促进 HCN 生成。污泥热解过程中，HCN 最高释放量可以达到污泥总氮含量的 5%～10%。

（2）杂环氮和腈类氮的分解。在 500～800 ℃ 的温度区间内，蛋白质分解产生的胺类物质会发生环化或脱氢反应，分别生成杂环氮和腈类氮（Nitrile-N）。生成的杂环氮（如吡咯氮、吡啶氮等），将分解产生 NH_3 和 HCN；腈类则进一步断键产生 HCN。该过程中的 HCN 主要来自含氮杂环的分解，以及不饱和含氮烯烃的断键。

5.1.3.4　有机胺可能的释放途径

有机胺种类较为复杂，主要包括三甲胺等小分子胺氮，吡啶氮、吡咯氮等小分子杂环氮，以及腈类氮等不饱和含氮烯烃，其生成机理较无机氮更为复杂。但气体中有机氮的含量远低于无机氮，因此目前的研究对其关注较少。有机胺生成途径主要包括以下两种。

（1）蛋白质直接分解。在 500 ℃ 前，蛋白质首先分解产生胺类物质，这部分胺类氮来不及和其他物质发生二次反应就被气流携带走，进入气相。因此，延长反应时间、提高反应温度和采用催化剂促进胺类物质分解是减少这部分有机氮生成的主要途径。

（2）氨气的二次反应。无机铵盐和蛋白质在较低的温度下分解成氨气，氨气会和污泥挥发分中的有机质发生二次反应，进一步生产有机胺氮。因此，减少烟气和热解炭的接触、抑制氨气和有机质的二次反应是减少这一部分有机氮产生的主要方法。

5.1.4 污泥热解过程中有机硫、氮转化的影响因素

5.1.4.1 影响硫转化的因素

污泥热解过程中，硫迁移转化的影响因素有很多：一方面是污泥特性、矿物质添加影响等内在因素；另一方面是处置方式、处理温度、气氛、压力等外在因素。

（1）含硫物质组分。污泥中不同形态的含硫物质具有不同的热稳定性，其差异性将导致热解过程中硫的释放程度不同。脂肪族硫热稳定性最差，芳香族硫次之，亚砜和砜类跟随其后。若热稳定性差的含硫物质含量较高，则将导致污泥中硫的释放程度增加，且含硫气体释放温度较低；反之，若较稳定的含硫物质含量高，则将导致污泥中硫释放程度降低，含硫气体释放温度更高。

（2）添加药剂成分。污水及污泥处理过程中 C、N 比调节，污泥调理过程所添加的化学药剂成分，是否含有钙、铁、镁、钠、钾等无机元素将抑制或促进硫的释放，并改变所释放含硫气体组成。研究发现，钙的存在将在 $600 \sim 1000 \, ℃$ 热解过程中明显抑制 H_2S 及 SO_2 产生，而铁在 $800 \sim 1000 \, ℃$ 范围内促进热解过程 H_2S 的产生。

（3）处理温度。温度是最关键的影响热解产物分布的外在因素。热解终温的提高，不仅促进含硫气体的总产量提升，还影响生成的含硫气体种类。较低温度下，仅有少量热稳定性差的含硫物质分解，如脂肪族硫，产生气体主要为 H_2S；温度提升至 $550 \, ℃$ 后，亚砜和砜类也将分解，产生 H_2S、SO_2 等气体；当温度继续提升至 $800 \, ℃$ 以上时，无机硫酸盐将分解，产生 SO_2 等气体。

除了上述影响因素外，参考煤中硫转化因素影响分析结果可知，热解气氛、停留时间、升温速率等因素也会影响污泥热解过程硫的转化路径与含硫气体的释放。

5.1.4.2 影响氮转化的因素

类似硫迁移转化过程影响因素，氮元素迁移转化同样受两方面影响：一方面，受到其内在因素，如污泥特性、矿物质添加影响；另一方面，受外在因素，即处理处置过程的工艺条件影响，如处理方式、处理温度、气氛、压力等。

（1）含氮物质组分。如前文所述，污泥中含氮物质可划分为无机氮（铵态氮、硝态氮、亚硝态氮）、蛋白质氮、胺类氮、杂环氮（吡咯氮、吡啶氮），以及转化过程中可能形成的季氮、腈类氮。不同含氮物质热稳定性差异较大，比如无机氮多数来自人畜粪便，热稳定性非常差，在常温下即可释放 NH_3；杂环氮并非生活污水和活性污泥本身所含形态，更可能来自汇入市政管网的工业污水，其热稳定性较强，在较高温度下才会分解产生 HCN 或 NH_3。因此，污泥中含氮物

质组分是影响污泥热解过程中含氮气体释放种类及浓度的主要因素。

（2）添加药剂成分。污水处理过程中 C、N 比调节，污泥调理过程引入的矿物质成分、金属阳离子多数会影响污泥中氮在热解过程中的转化途径。研究表明，与煤中各类典型钠、钙、铁盐矿物质类似，钠盐具有最佳的抑制 HCN 和 NO 释放能力，钙盐则不明显；对于 NH_3，除钠盐之外所有盐均略有促进作用。矿物质组分在 500 ~ 600 ℃ 热解阶段抑制固体中氮的转化，在 600 ~ 800 ℃ 热解阶段促进固体中氮的转化。同时，矿物质成分抑制 HCN 产生。在 600 ~ 1000 ℃ 热解气化过程中，无机调理剂中引入的氧化钙（CaO）将通过反应式（5-17）和反应式（5-18）减少 NH_3 和 HCN 生成；同时通过化学反应式（5-19）~ 反应式（5-21）催化杂环氮和 NH_3 向 N_2 转化。

$$CaO + HCN \longrightarrow CaCN_2 + CO + H_2 \tag{5-17}$$

$$CaO + NH_3 + C \longrightarrow CaCN_2 + H_2 + CO \tag{5-18}$$

$$CaO + Pyrrole\text{-}N/Piridine\text{-}N \longrightarrow CaC_xN_y + CO \tag{5-19}$$

$$CaC_xN_y \longrightarrow CaC_x + \frac{y}{2}N_2 \tag{5-20}$$

$$CaC_x + yNH_3 \longrightarrow CaC_xN_y + \frac{3}{2}yH_2 \tag{5-21}$$

（3）处理温度。温度是污泥中含氮物质受热分解程度和速率的最大影响因素。温度越高，挥发分释放越剧烈，分解越彻底。一般来说，在热解条件下，HCN 产量随温度上升而升高；NH_3 产量则先上升后下降，其最大释放量的温度出现在 800 ℃ 左右；类似地，NO 释放的最大值也出现在 800 ℃ 左右；此外，N_2 的产生也随温度上升而升高，其生成量增幅大于 HCN 的生成增幅。

5.2　污泥热解过程中有机硫的迁移转化规律

5.2.1　污泥热解过程中硫的迁移转化规律

污泥热解的主要产物包括热解气、热解炭和热解油三种。通过对不同产物中含硫化合物的形态和含量进行分析，可以得出热解过程中有机硫迁移转化规律。

5.2.1.1　三相产物中硫分布规律

污泥热解过程中，气、固产物中含硫物质随温度的变化趋势如图 5-1 所示。通过对产物中硫含量进行分析，获得了硫含量（本小节中的硫含量指该项产物中硫含量占总硫的百分比）与温度的依变关系。污泥热解过程硫主要迁移分布在气、固两相产物中，随着热解温度从 150 ℃ 升高至 350 ℃，固体中硫含量从 95.9% 降低至 69.2%。经过一系列氧化、环化等热分解反应，污泥中的大分子含硫化合物逐渐形成小分子含硫化合物，这些小分子含硫化合物在高温下向气相和液相中转化，形成含硫热解气和含硫热解油。

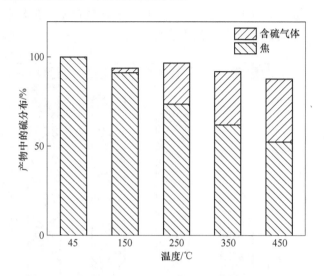

图 5-1 不同温度下热解气和热解炭中含硫化合物分布

气相产物中硫含量随温度升高而升高，从0%升高至50%左右，说明污泥热解过程中大量的固体中硫逐渐分解生成含硫气体；此外，在250～350 ℃时，热解油中的硫含量也在下降，说明热解油中的含硫化合物会在更高的温度下形成分子更小的含硫气体。

热解油中硫含量由总含硫量减去气、固产物中的含硫量得到，并随温度的升高而升高，热解油中硫含量占总硫的0%～20%，只有在450 ℃以上才会产生部分的含硫热解油。

5.2.1.2 含硫臭气组分分布及变化规律

图 5-2 是污泥在不同热解温度下，产物中主要含硫气体的释放规律。在 150～450 ℃热解条件下，主要产生的含硫气体组分是 H_2S 和 SO_2，以及少量的 CH_3SH、CS_2 和 COS。热解温度低于150 ℃时，仅有微量含硫气体释放；随着温度的升高，250 ℃时含硫气体释放量开始剧烈增加；随着热解温度的继续升高，350 ℃和450 ℃时含硫气体释放量继续增加，但增幅变得较为平缓。在这五种气体中，H_2S 的含量最高，SO_2 次之，COS 和 CS_2 的释放量很少。污泥热解过程中有机硫向含硫气体的转化分两步进行：首先有机硫分解产生活性硫自由基（—S/—SH），然后这些活性硫自由基与炭中的活性官能团发生反应，最终释放出含硫气体。生成 CS_2 和 COS 的 C 原子来自热解炭中的碳，并且 H_2 气氛下会促进 H_2S 的生成，同时抑制其他含硫气体的释放，可见 H 原子对 H_2S 的生成起到

至关重要的作用。因此，由于污泥中 H 元素含量较高，其热解过程中会产生较多的 H 自由基，导致 H_2S 的生成量较多，而其他含硫气体（SO_2、CS_2、COS、CH_3SH）的生成量相对较少；同时，其中 C 元素含量较低，含 S 基团难以和含 C 基团发生反应，因此 CS_2 和 COS 的生成量最低。

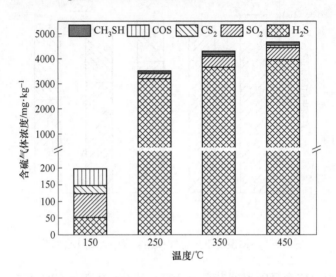

图 5-2　不同温度下污泥热解含硫气体的释放规律

　　由于污泥热解过程中 H_2S 释放量最大，是最主要的含硫气体，因此一般的研究主要关注 H_2S 的释放规律。一般情况下，H_2S 的释放量随热解温度升高而增加。热解温度为 150 ℃时仅有少量 H_2S 释放，250 ℃时 H_2S 的释放量剧烈增加，其释放量达到 150 ℃的 37.5 倍；随着热解温度的继续升高，350 ℃和 450 ℃时 H_2S 释放量的增加趋势变得较为平缓。因此，有利于 H_2S 大量形成的温度为 250 ℃左右。

5.2.1.3　热解油中含硫组分分布及变化规律

　　对不同温度下产生的污泥热解油，分析和测定其中的含硫物质。热解油主要由脂肪族硫化合物、芳香族硫化合物和噻吩族硫化合物组成，具体见表 5-1。热解温度在 300 ℃以下时，上述含硫物质的生成量都很低，主要为脂肪族硫化物。温度升高至 300 ~ 500 ℃时，脂肪族硫的含量显著下降，芳香族硫含量开始增加。当温度升高至 500 ~ 700 ℃时，热解油中噻吩硫含量开始增加，同时芳香族硫和脂肪族硫化合物含量因为裂解反应而降低。在 700 ℃以上的温度时，常规热解过程中噻吩族硫化合物急剧减少。实践证明，热解过程中不同含硫化合物的分解温度和生成温度不同。脂肪族硫最先从原污泥中的大分子含硫化合物中裂解形成小分子脂肪族硫，进入热解油中。当温度升高到 300 ~ 500 ℃时，脂肪族硫开始环化，生成芳香族硫；当温度进一步升高至 500~700 ℃ 时，脂肪族硫和芳香族硫都会发生分解反应，同时噻吩族硫开始生成。当温度升高到 700 ℃ 以上时，噻吩族硫也开始分解。

表 5-1 不同温度时污泥热解油中含硫物质分布（质量分数） （%）

含硫物质	温度					
	300 ℃	400 ℃	500 ℃	600 ℃	700 ℃	800 ℃
脂肪族硫化合物	17.9	13.99	9.49	6.24	4.86	4.27
1-(乙烯硫基)-庚烷	3.43	2.83	2.43	1.38	1.23	1.23
4-氟苯硫酚	2.63	1.93	1.33	1.06	1.06	1.71
S-(异丙基硫代羰基)硫代羟胺	2.82	2.41	1.82	2.7	2.07	1.24
硫氰酸氯甲酯	3.24	2.64	2.04	1.13	0.54	0.54
硫代羟胺	4.28	3.88	2.28	0.82	0.82	0.68
6-羟基-8-巯基嘌呤	2.61	1.91	0.31	0.82	0.08	0.08
2-甲基-5,5-二苯基-4-甲硫基咪唑	0.98	0.98	0.58	0.31	0.11	0.11
芳香族硫化合物	4.84	4.84	10.21	9.52	5.26	4.46
噻吩-3-甲腈，S-乙酰基-4-氨基-2-甲硫基-4(1H)	2.38	2.38	3.24	1.24	0.24	1.12
4(1H)-嘧啶酮、2-(丙硫基)	1.16	1.16	1.61	0.61	0.61	0.68
2-(乙硫基)-4(1H)-嘧啶酮	0.13	0.13	0.81	0.86	0.86	0.41
2-(丁硫基)-4(1H)-嘧啶酮	0.10	0.10	2.25	0.25	0.25	0.13
4-胆甾烯-3-硫醇	0.20	0.20	0.33	0.33	0.33	0.02
乙酮、2-(2-苯并噻唑硫基)-1-(3,5-二甲基吡唑基)-苯亚磺酸、4-胆甾烯-3-硫醇	0.09	0.09	2.84	1.84	0.84	0.21
苯磺酸、4-氯-2-吡咯烷硫酮、2-(2-苯并噻唑硫基)	0.13	0.13	1.91	0.91	0.91	0.02
2-吡咯烷硫酮	0.04	0.04	1.88	0.88	0.88	0.26
噻唑并[3,2-a]苯并咪唑-3(2H)-酮，2-(2-氟-5-硝基亚苄基)	0.14	0.14	0.43	0.19	1.43	0.69
5-(3-苯甲酰基氨基噻吩-2-基)-3-甲基-噻吩-S 化合物	0.47	0.47	1.91	0.91	0.91	0.42
噻吩族硫化合物	2.47	2.47	3.84	12.45	14.04	3.06
7-甲基苯并[b]噻吩	0.57	0.57	0.94	2.04	3.14	1.82
2-甲基苯并[b]噻吩	0.41	0.41	1.34	1.34	1.34	0.66
二甲基苯并[b]噻吩	0.13	0.13	0.42	2.03	2.42	0.12

续表 5-1

含 硫 物 质	温　度					
	300 ℃	400 ℃	500 ℃	600 ℃	700 ℃	800 ℃
三甲基二氢苯并[b]噻吩	0.35	0.35	0.31	2.21	2.31	0.04
萘并[2,3-b]噻吩	0.12	0.12	0.46	2.46	2.46	0.15
苯并[b]萘并[2,1-d]噻吩	0.89	0.89	0.37	2.37	2.37	0.27

5.2.1.4　热解炭中含硫组分分布规律

图 5-3 是不同温度时热解的固体产物中不同含硫组分分布含量。原污泥中硫可以分为硫酸盐硫、砜类硫、亚砜类硫、芳香族硫、脂肪族硫、黄铁矿硫。其中，有机硫（砜类、亚砜类、芳香族、脂肪族）为主要成分，含量达到 90% 以上。有机硫中的脂肪族、芳香族硫含量最多，其次是砜类硫，而亚砜类硫含量较少。污泥中的有机硫主要来自动植物和微生物细胞体中的蛋白质等生物组成部分，以脂肪族和芳香族硫为主。在污泥生产和堆放过程中，部分有机硫被氧化，生成砜类、亚砜类等含氧的有机硫；还有一部分有机硫被进一步氧化到最高价态生成硫酸盐硫。黄铁矿硫在生产过程中作为絮凝剂被加入污泥中。

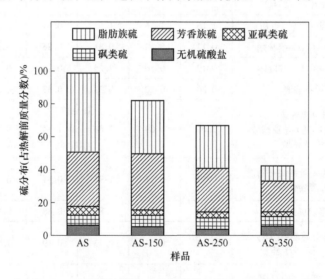

图 5-3　不同热解温度时热解炭中不同含硫组分分布

热解过程中污泥总硫含量随温度增加而降低，主要发生的反应是由大分子的固体硫分解生成小分子的含硫化合物。150 ℃ 时，污泥中仅有少量硫分解释放；250 ℃ 时，样品总硫含量明显减少；350 ℃ 和 450 ℃ 时，总硫含量继续降低，说明温度升高会促进污泥中含硫化合物的分解。通过对比原污泥和各温度热解炭中各形态硫含量的变化可以发现，热解过程中主要发生分解的硫种类是脂肪族硫和芳香族硫。脂肪族硫在 150 ~ 250 ℃时开始分解，随着温度的升高，分解率逐渐增大，250 ℃时脂肪族硫的分解率为 47%，350 ℃时分解率达到 80%，450 ℃时分解率高达 92%；芳香族硫含量在 350 ℃之前变化很小，基本不发生分解。随着热解温度的升高，在 350 ~ 450 ℃时芳香族硫开始分解，450 ℃时其分解率达到 75%。硫酸盐从 250 ℃开始有少量分解；黄铁矿硫在污泥中含量很少，从 350 ℃开始有少量减少；而砜类硫、亚砜类硫的含量在整个热解过程中变化很小，基本不发生分解。

5.2.2 有机硫模型化合物热解过程中硫的迁移转化规律

为探究不同形态硫在热解过程中的释放规律，采用在原污泥中添加含硫模型化合物进行热解的方式开展相关研究。污泥中有机硫可以分为砜类硫、亚砜类硫、芳香族硫及脂肪族硫，其中砜类硫、芳香族硫及脂肪族硫的含量较高，因此对于这三种形态的有机硫，分别选择 2 ~ 3 种具有代表性的物质向原污泥中进行添加，以研究其对含硫气体释放特性的影响。选择添加的有机硫包括：砜类硫选择二甲基砜（methyl sulfone，MS）和二苯砜（phenyl sulfone，PS）；芳香族硫选择 4,4′-二羟基二苯硫醚（4,4′-dihydroxydiphenyl sulfide，4,4′-DHS）和 4,4′-二巯基二苯硫醚（4,4′-thiobisbenzenethiol，4,4′-TBT）；噻吩族硫选择二苯并噻吩（dibenzothiophene，DBT）；脂肪族硫选择二苄基硫醚（benzyl sulfide，BS）和二苄基二硫（dibenzyl disulfide，DDS）。具体结构式如图 5-4 所示。

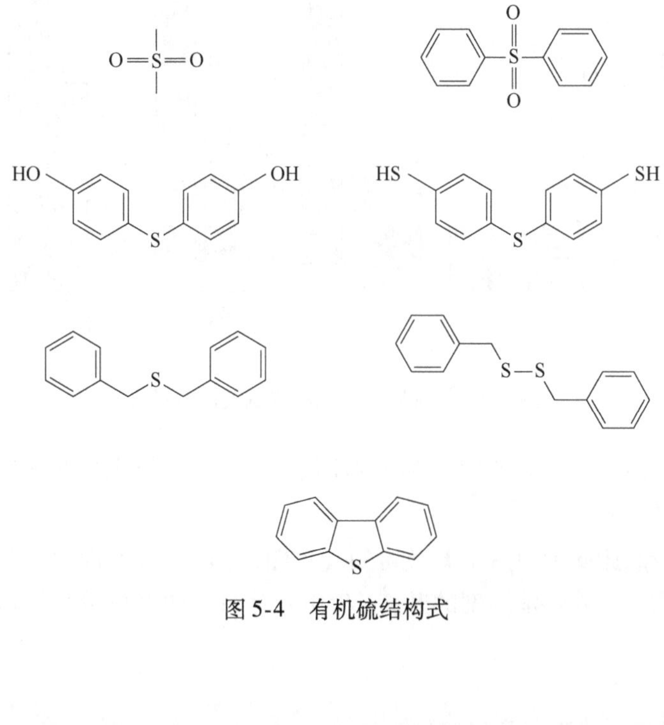

图 5-4 有机硫结构式

5.2.2.1　脂肪族硫的影响

添加脂肪族硫后含硫组分在气固产物中的分布情况如图 5-5 所示。从添加脂肪族硫后含硫气体的释放规律可知，原污泥 + BS 和原污泥 + DDS 与原污泥的两种样品组合相比，热解温度为 150 ℃时含硫气体释放量与原污泥基本一致，仅有微量含硫气体释放。随着温度继续升高，从 250 ℃开始含硫气体释放量相比原污泥大幅增加，350 ℃时释放量达到原污泥的 3.8 倍。含硫气体以 H_2S 为主，占总量的 87.8%。250 ℃以上时，SO_2、COS 和 CH_3SH 的释放量有少量增加，而 CS_2 的释放量基本保持稳定，仅有微量增长；450 ℃时，脂肪族硫添加组的含硫气体释放量与 350 ℃相比有下降的趋势。由添加脂肪族硫后热解炭中含硫化合物形态分布情况可知（见图 5-6），当温度高于 250 ℃时，热解炭样品中脂肪族硫开始明显降低，此时含硫气体释放的大幅增加，说明此时原污泥中添加的脂肪族硫在 250 ℃开始分解，并生成含硫气体；随着温度的继续升高，350 ~ 450 ℃时，原污泥和添加的脂肪族硫的分解率升高，造成含硫气体释放的继续增加。添加脂肪族硫的污泥在热解过程中含硫气体增幅更为明显。

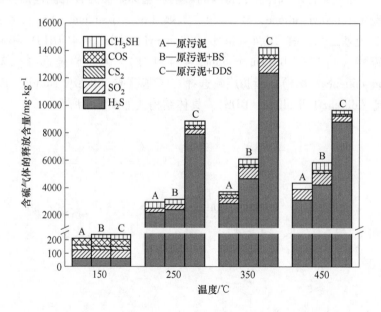

图 5-5　添加脂肪族硫后含硫气体的释放

针对污泥热解过程添加脂肪族硫对不同含硫气体释放规律的影响做出分析。

A　对 H_2S 释放的影响

从添加脂肪族硫后 H_2S 的释放可知（见图 5-7），150 ℃时 H_2S 的释放量与原污泥基本一致，随着热解温度的升高，250 ℃时 H_2S 的释放量与原污泥相比大幅

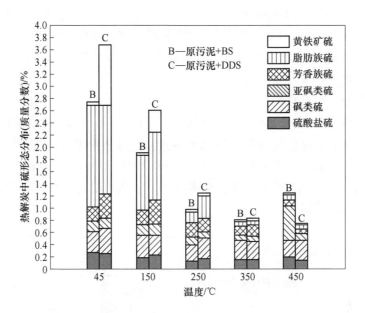

图 5-6 添加脂肪族硫后热解炭中含硫化合物分布

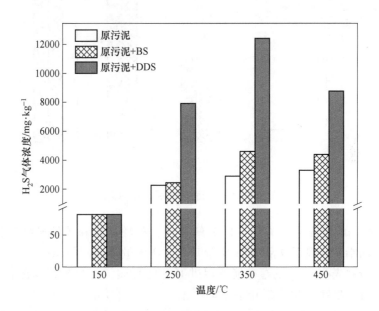

图 5-7 添加脂肪族硫后 H_2S 的释放

增加，350 ℃时 H_2S 的释放量达到原污泥的 4.3 倍；450 ℃时样品脂肪族硫添加污泥的 H_2S 释放量与 350 ℃相比略有下降。这说明 150 ℃时脂肪族硫基本不发生分解，此时添加脂肪族硫后样品的 H_2S 释放量与原污泥基本一致；250 ℃时脂肪族硫开始发生分解，由于脂肪族硫的加入，原污泥 + BS/原污泥 + DDS 样品在热解过程中产生的—S/—SH 活性基团含量大幅增加，这些—S/—SH 活性基团和—H 的结合造成 H_2S 释放量也随之增加；350 ℃时，脂肪族硫大量分解，造成 H_2S 的释放量大幅增长。

B　对 SO_2 释放的影响

从添加脂肪族硫对 SO_2 释放的影响（见图 5-8）可知，添加脂肪族硫后，150 ℃时，SO_2 的释放量与原污泥基本一致；随着热解温度的升高，250 ℃时，SO_2 的释放量与原污泥相比有少量增加；350 ℃时，增幅变得更加明显；450 ℃时，增幅与 350 ℃相比略有下降。总体来看，与 H_2S 相比，添加脂肪族硫后 SO_2 释放量的增加幅度较小。

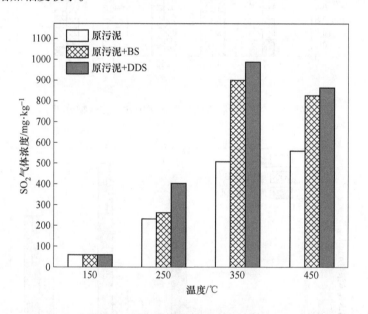

图 5-8　添加脂肪族硫后 SO_2 的释放

SO_2 的释放主要来自有机硫的分解转化，硫酸盐硫和黄铁矿硫对其影响很小。而添加脂肪族硫后样品中 H 含量升高，O 含量降低，与原污泥相比 H/O 大幅升高。研究表明，H_2 的存在能够促进 H_2S 的释放，并抑制其他含硫气体的生成。由此可以推断，脂肪族开始分解产生的—S/—SH 活性基团与—H 大量反应生成 H_2S，而与含 O 官能团反应生成 SO_2 的量相对较少，导致 SO_2 的释放量与 H_2S 相比只有少量增加。

C　对 COS 释放的影响

从添加脂肪族硫后 COS 的释放规律（见图 5-9）可知，添加脂肪族硫后，150 ℃时，COS 的释放量无明显变化；随着热解温度的升高，250 ℃以上，释放量与原污泥相比有所增加；450 ℃时，增加量相比 350 ℃时有所降低。热解温度为 250 ℃时脂肪族硫开始分解，由于脂肪族硫的加入，热解过程中—S/—SH 活性基团的生成量大幅增加。大量的—S/—SH 活性基团与热解炭中—H 发生反应，造成 H_2S 的释放量剧烈增加，促进了化学反应 [见式(5-10) 和式(5-11)] 向右进行，从而造成 COS 释放量增大；同时还有少量—S/—SH 活性基团与热解炭中含 O、含 C 官能团反应，直接生成 COS，这也是造成 COS 释放增加的原因。

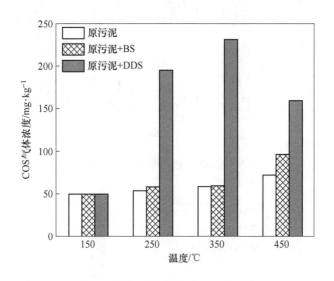

图 5-9 添加脂肪族硫后 COS 的释放

D 对 CS_2 释放的影响

从添加脂肪族硫对 CS_2 释放的影响规律（见图 5-10）可知，150 ℃时，CS_2 的释放量无明显变化，随着热解温度的升高，250 ℃开始释放量相比原污泥仅有微量增加，总体依旧保持较低的释放量。由前面分析可知，添加脂肪族硫后从 250 ℃开始，热解过程中 H_2S 和 COS 的释放量与原污泥相比明显增加，这促进了化学反应式（5-13）~式（5-15）向右进行；同时脂肪族硫分解产生的—S/—SH 活性基团与含 C 官能团反应也会造成 CS_2 释放量的增加，但是 CS_2 仅有微量增加，可见—S/—SH 活性基团与含 C 官能团的反应是很微弱的。

E 对 CH_3SH 释放的影响

从添加脂肪族硫后 CH_3SH 的释放规律（见图 5-11）可知，在 150 ℃时污泥热解气体中未检测到 CH_3SH，添加脂肪族硫后检测到微量的 CH_3SH；随着热解温度的升高，250 ℃时，CH_3SH 释放量相比原污泥有少量增加；350 ℃时，释放量增加得更为明显；450 ℃时，CH_3SH 的释放量与 350 ℃相比略有下降。添加脂肪族硫后，热解过程中产生的—S/—SH 活性基团增多，与热解炭中的含 C、含

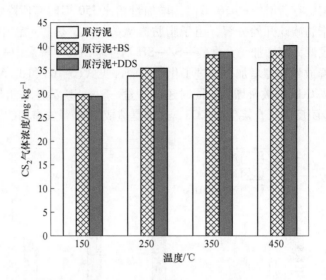

图 5-10　添加脂肪族硫后 CS_2 的释放

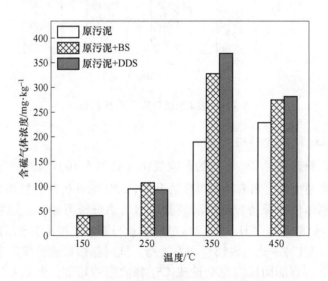

图 5-11　添加脂肪族硫后 CH_3SH 的释放

H 官能团反应生成 CH_3SH 的量随之增加，450 ℃时，BS 和 DDS 的挥发是造成此时释放量比 350 ℃时低的主要原因。

5.2.2.2　芳香族硫的影响

从添加芳香族硫化合物对污泥热解炭产率的影响规律（见图 5-12）可知，随着热解温度的升高，热解炭产率逐渐降低。与脂肪族硫类似，添加芳香族硫后，相同温度下原污泥 + 4,4'-DHS 和原污泥 + 4,4'-TBT 的热解炭产率低于原污泥单独热解。其中，原污泥 + 4,4'-DHS 更低一些，在 450 ℃时热解炭产率分别为 62.0% 和 65.9%。

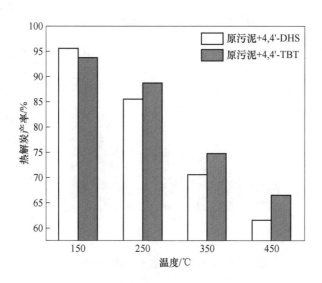

图 5-12　不同温度下热解炭产率

从添加芳香族硫后含硫气体的释放规律（见图 5-13）可知，与原污泥相比，添加芳香族硫后，当热解温度低于 250 ℃时含硫气体释放量基本一致；随着热解温度的升高，从 350 ℃开始，含硫气体的释放量开始增大；450 ℃时释放量继续大幅增加，其中原污泥 + 4,4'-TBT 的增幅更为明显，达到原污泥的 5.2 倍。五种含硫气体中，H_2S 的增幅最大，其释放量达到含硫气体总释放量的 88.5%，SO_2 的增加量相对较小，COS 和 CH_3SH 有小幅增加，而 CS_2 仅有微量增长。

由图 5-14 可以看出，当热解温度为 150 ℃和 250 ℃时，样品原污泥 + 4,4'-DHS 和原污泥 + 4,4'-TBT 的热解炭样品中芳香族硫含量略有降低，而图 5-13 显示此时含硫气体的释放量与原污泥相比并无明显增加，这是 4,4'-DHS 和 4,4'-TBT 的少量挥发造成的，反应器出气管末端出现的结晶体证实了这一观点；随着热解温度的继续升高，350 ℃时热解炭样品中芳香族硫的含量明显降低，此时含硫气体的释放量随之大幅增加，说明添加的芳香族硫从 350 ℃开始分解，并生成含硫气体；450 ℃时随着芳香族硫的分解率继续增大，含硫气体的释放量继续升高。4,4'-DHS 中 C—S 的键能为 552.26 kJ/mol，4,4'-TBT 中 C—S（—C）、HS—C 和 H—S 的键能分别为 606.59 kJ/mol、268.15 kJ/mol、323.86 kJ/mol。可见 4,4'-TBT 中 HS—C 和 H—S 更容易发生断裂，这是造成原污泥 + 4,4'-TBT 含硫气体释放量较大的原因。

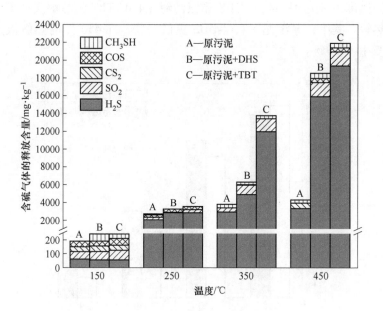

图 5-13 添加芳香族硫后含硫气体的释放

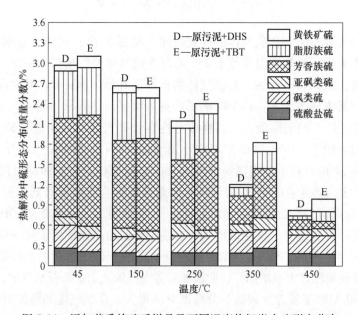

图 5-14 添加芳香族硫后样品及不同温度热解炭中硫形态分布

添加芳香族含硫化合物对污泥热解过程中含硫气体释放的影响机制，分析归纳如下。

A　对 H_2S 释放的影响

添加芳香族含硫化合物对 H_2S 释放的影响如图 5-15 所示。热解温度低于250 ℃时，原污泥 +4,4′-DHS 和原污泥 +4,4′-TBT 的 H_2S 释放量与原污泥基本一致；随着热解温度的升高，350 ℃开始 H_2S 的释放量与原污泥相比开始增大，原污泥 +4,4′-TBT 的释放量达到原污泥的 4.1 倍；450 ℃时原污泥 +4,4′-DHS 和原污泥 +4,4′-TBT 的 H_2S 释放量继续升高，分别达到原污泥的 4.8 倍和 5.9 倍。

当热解温度达到 350 ℃时，芳香族硫开始分解（见图 5-14），添加 4,4′-DHS 和 4,4′-TBT 后产生的—S/—SH 活性基团大幅增加，—S/—SH 活性基团与含 H 官能团的大量反应，造成了 H_2S 的迅速增加。由于 4,4′-TBT 中 HS—C 和 H—S 更容易发生断裂，因此原污泥 +4,4′-TBT 的 H_2S 增加量更为明显。

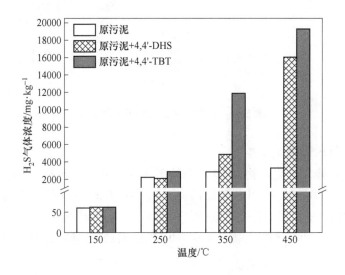

图 5-15　添加芳香族硫后 H_2S 的释放

B　对 SO_2 释放的影响

从添加芳香族硫对 SO_2 释放的影响规律（见图 5-16）可知，当热解温度低于 250 ℃时，原污泥 +4,4′-DHS 和原污泥 +4,4′-TBT 热解产生的 SO_2 释放量与原污泥基本一致；热解温度达到 350 ℃时，原污泥 +4,4′-DHS 和原污泥 +4,4′-TBT 的 SO_2 释放量与原污泥相比开始增大，分别达到原污泥的 2.1 倍和 2.5 倍；随着热解温度的继续升高，450 ℃时 SO_2 的释放量继续增加，分别达到原污泥的 2.6 倍和 2.7 倍。总体来看，SO_2 释放的增加量与 H_2S 相比并不是很大。芳香族含硫化合物在低于 250 ℃时不发生分解，因而此时添加芳香族硫对 SO_2 的释放没有明显影响；随着热解温度的升高，350 ℃时芳香族含硫化合物开始分解，造成—S/—SH 活性基团生成量大幅增加，与含 O 官能团反应后生成的 SO_2 也随之增加。由于大量的—S/—SH 活性基团与含 H 官能团反应生成 H_2S，而与含 O 官能团反应的量相对较少，因此 SO_2 的增加量小于 H_2S。

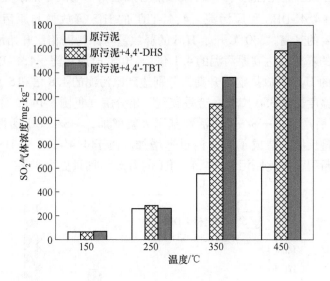

图 5-16　添加芳香族硫后 SO_2 的释放

C　对 COS 释放的影响

添加芳香族含硫化合物对 COS 释放的影响如图 5-17 所示。热解温度低于 250 ℃时，原污泥 +4,4′-DHS 和原污泥 +4,4′-TBT 的 COS 释放量与原污泥基本一致，此时污泥中添加的芳香族硫还没有发生分解；随着热解温度的升高，350 ℃时原污泥 +4,4′-DHS 和原污泥 +4,4′-TBT 的热解过程 COS 释放量与原污泥单独

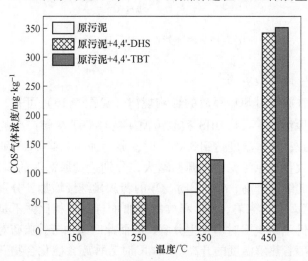

图 5-17　添加芳香族硫后 COS 的释放

热解相比开始增大；450 ℃时 COS 释放量明显增加。原因是 350 ℃以后 4,4′-DHS 和 4,4′-TBT 开始分解，产生大量的—S/—SH 活性基团，造成 H₂S 的释放量剧烈增加，促进了化学反应式（5-10）和式（5-11）向右进行，COS 的生成量也因此增大。同时，4,4′-DHS 和 4,4′-TBT 分解产生的部分—S/—SH 活性基团，与热解炭中含 C、含 O 官能团反应，也是 COS 增多的原因。

D　对 CS₂ 释放的影响

从添加芳香族硫对 CS₂ 释放的影响（见图 5-18）可以看出，当温度低于 250 ℃时，原污泥 +4,4′-DHS、原污泥 +4,4′-TBT 和原污泥热解过程 CS₂ 释放量基本一致；随着热解温度的升高，350 ℃时原污泥 +4,4′-DHS 和原污泥 +4,4′-TBT 的 CS₂ 释放量与原污泥相比有所增大；450 ℃时继续增大。总体上来看，CS₂ 的释放量始终保持较低的水平（小于 75 mg/kg）。350 ℃以上时，污泥中添加的 4,4′-DHS 和 4,4′-TBT 开始分解，与原污泥相比热解过程中产生的—S/—SH 活性基团大幅增加，大量的—S/—SH 活性基团与 H 结合生成 H₂S，促进了化学反应式（5-13）~式（5-15）向右进行；同时，—S/—SH 活性基团与含 C 官能团的少量反应也是 CS₂ 释放增加的原因之一。

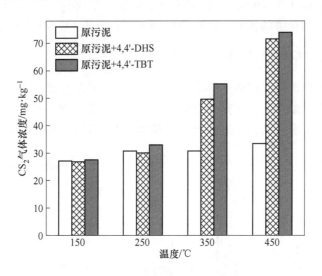

图 5-18　添加芳香族硫后 CS₂ 的释放

E　对 CH₃SH 释放的影响

从添加芳香族硫对 CH₃SH 释放的影响（见图 5-19）可以看出，原污泥 +4,4′-DHS、原污泥 +4,4′-TBT 和原污泥相比，在热解温度为 150 ℃时检测到微量的 CH₃SH 释放；250 ℃时 CH₃SH 的释放量略有增加；随着热解温度的升高，350 ℃时 CH₃SH 的释放量明显增多；在 450 ℃时继续增加，分别达到原污泥的 2.3

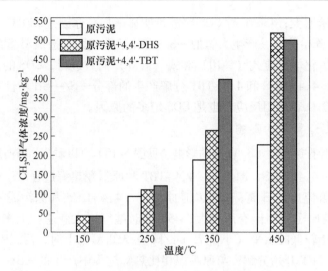

图 5-19 添加芳香族硫后 CH_3SH 的释放

倍和 2.2 倍。这归因于当热解温度达到 350 ℃时，原污泥 +4,4′-DHS 和原污泥 +4,4′-TBT 中的 4,4′-DHS、4,4′-TBT 开始分解，生成的—S/—SH 活性基团大幅 增加，并与热解炭中的含 C、含 H 官能团反应，造成 CH_3SH 释放量的增加。

5.2.2.3 砜类硫的影响

从砜类硫对热解炭产率的影响（见图 5-20）可以看出，热解炭产率随着热 解温度的升高逐渐降低。在整个热解过程中，原污泥 + MS 和原污泥 + PS 的热解 炭产率明显低于原污泥，这是由于 MS 和 PS 的热裂解反应特性较强，部分挥发

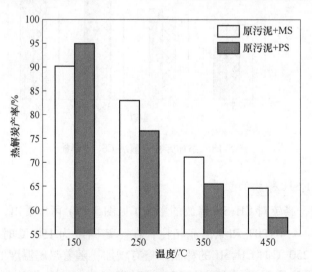

图 5-20 砜类硫对热解炭产率的影响

的 MS 和 PS 被载气直接携带出反应区域。由添加砜类硫后含硫气体的释放规律（见图 5-21）可知，在热解工况下，原污泥 + MS 和原污泥 + PS 在热解过程中含硫气体的释放量与原污泥基本一致，并没有明显区别。由此可知，在较低的热解温度下，砜类硫基本不发生分解。原污泥 + MS 和原污泥 + PS 热解炭样中总硫结果如图 5-22 所示，随着热解温度的升高，热解炭中总硫含量大幅降低，此现象是由 MS 和 PS 挥发造成的。样品中添加的 MS 和 PS 在整个热解过程中，经历的只是一个简单的升华、凝华过程，不发生分解。因此，可以推断在污泥低温热解过程中砜类硫基本不发生分解，对含硫气体的释放没有影响。

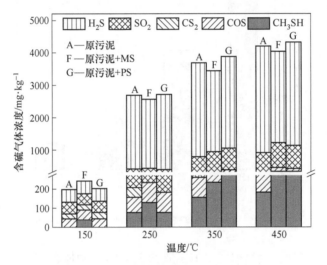

图 5-21 添加砜类硫后含硫气体的释放

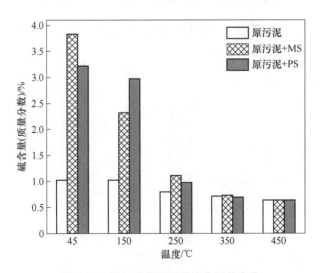

图 5-22 添加砜类硫后总硫含量的变化

5.2.2.4　噻吩族硫的影响

从图 5-23 可以看出，随着热解温度的升高，热解炭产率逐渐降低。在整个热解过程中，原污泥 + DBT 的热解炭产率明显低于原污泥，这是由 DBT 的裂解挥发造成的。

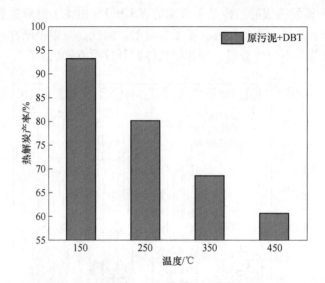

图 5-23　添加噻吩族硫后不同温度下的热解炭产率

从图 5-24 可知，在热解工况下，原污泥 + DBT 和原污泥在热解过程中含硫气体的释放量基本一致，添加 DBT 后对含硫气体的释放没有影响。然而，从

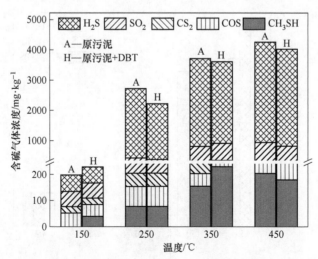

图 5-24　添加噻吩族硫后含硫气体的释放

图 5-25 可知,在原污泥 + DBT 热解过程中总硫含量逐渐降低。DBT 在热解过程中也仅经历了一个简单的升华、凝华过程,并没有发生分解。由此可知,污泥低温热解过程中噻吩族硫不发生分解,不会造成含硫气体的释放。

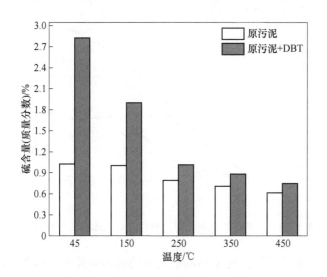

图 5-25 添加噻吩族硫后总硫变化

5.3 污泥热解过程中含硫臭气的排放

工业生产中通常采用调理剂对含硫臭气的释放进行控制。调理剂一般分为有机调理剂和无机调理剂,有机调理剂一般包括生物质或者煤有机化合物,无机调理剂一般包括碱类化合物等。无机调理剂是最常见的添加剂。

5.3.1 碱调理对含硫臭气排放的影响

通过添加 KOH、$Ca(OH)_2$、NaOH 和 $Mg(OH)_2$ 等碱性调理剂可以对污泥热解过程中的含硫气体进行释放调控。不同碱调理剂对含硫臭气释放的影响规律如下。

原污泥酸洗样(AS)及四种碱添加样——原污泥酸洗样 + $Ca(OH)_2$[AS-$Ca(OH)_2$]、原污泥酸洗样 + $Mg(OH)_2$[AS-$Mg(OH)_2$]、原污泥酸洗样 + KOH(AS-KOH)、原污泥酸洗样 + NaOH(AS-NaOH) 在 150 ~ 450 ℃直接热解过程中,不同温度下释放的含硫气体中硫占热解前污泥中总硫的质量分数如图 5-26 所示。

对于原污泥酸洗样热解,150 ℃时仅有少量含硫气体释放,但从 250 ℃开始,含硫气体释放总量开始迅速上升。对于 AS-NaOH 和 AS-KOH 热解,含硫气

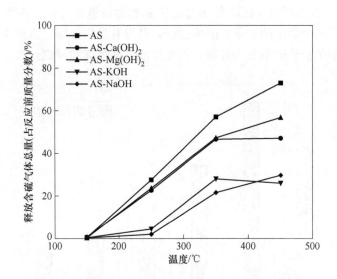

图 5-26　碱调理对污泥热解过程中含硫气体释放总量的影响

体的释放从 250 ℃才开始，比原污泥酸洗样的起始释放温度高了 100 ℃。当温度上升后，NaOH 和 KOH 的添加仍能显著抑制含硫气体释放，并且在高温下抑制作用更明显。在 450 ℃时，添加 NaOH 和 KOH 的能减少 43.5% 和 47.6% 的含硫气体释放，但 Ca(OH)$_2$ 和 Mg(OH)$_2$ 仅减少 16.6% 和 25.9%。这说明在相同的金属阳离子与硫原子摩尔比的情况下，NaOH、KOH 比 Ca(OH)$_2$、Mg(OH)$_2$ 有更强的抑制含硫气体释放的能力。热解过程中五种不同含硫气体中硫的释放量如图 5-27 所示。H$_2$S、SO$_2$ 和 CH$_3$SH 是原污泥酸洗样在 150 ~ 450 ℃热解过程中释放的主要含硫气体。添加碱对 H$_2$S、SO$_2$ 释放的抑制作用较强，对 CH$_3$SH、CS$_2$ 和 COS 抑制作用较弱。NaOH 和 KOH 对含硫气体的抑制效果较 Ca(OH)$_2$ 和 Mg(OH)$_2$ 更强。由于 H$_2$S、SO$_2$ 为酸性气体，NaOH、KOH 碱性较强，经推测添加碱对含硫气体的抑制作用可能来自酸碱中和反应。因此，添加碱性越强的碱，对酸性气体的控制效果越好。

此外，添加碱对于 H$_2$S、SO$_2$ 和 CH$_3$SH 的释放控制效果也与热解温度有关。在 150 ℃时，碱性添加剂的抑制作用几乎不存在，但从 250 ℃开始，抑制作用较为明显。在 150 ℃时，添加的 Mg(OH)$_2$ 对 H$_2$S 释放甚至有略微促进作用，这可能与碱土金属对有机物分解有催化作用有关。在 250 ℃时，原污泥酸洗样热解过程的 H$_2$S 释放量约为 17.9%，然而 AS-Ca(OH)$_2$ 与 AS-Mg(OH)$_2$ 共热解过程 H$_2$S 释放量分别为 13.0% 与 12.5%，而 AS-KOH、AS-NaOH 分别降为 1.0% 和 0.1%，这说明碱的添加，尤其是 NaOH 和 KOH 的添加，将对 H$_2$S 和 SO$_2$ 的释放有强烈的抑制作用。

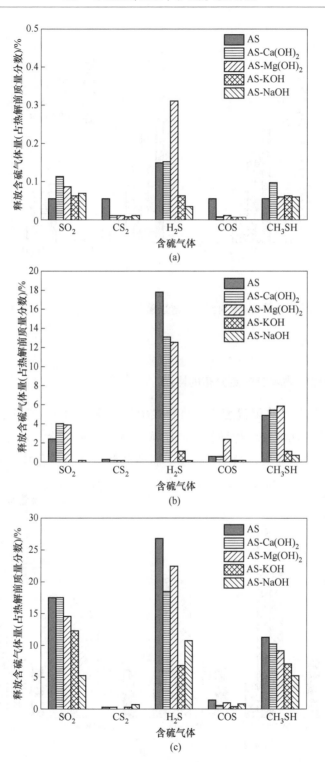

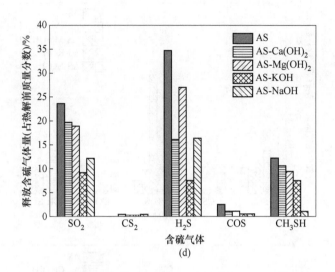

图 5-27   碱调理对污泥热解过程中不同含硫气体释放的影响
(a) 150 ℃；(b) 250 ℃；(c) 350 ℃；(d) 450 ℃

5.3.2   碱调理对热解炭中硫分布的影响

在 150 ~ 350 ℃热解温度下，热解炭中残存含硫物质化学形态及含量如图 5-28 所示。对原污泥酸洗样而言，脂肪族和芳香族硫化物，尤其是脂肪族硫化物，相比其他含硫物质，稳定性较差。脂肪族和芳香族硫化物含量由 150 ℃的

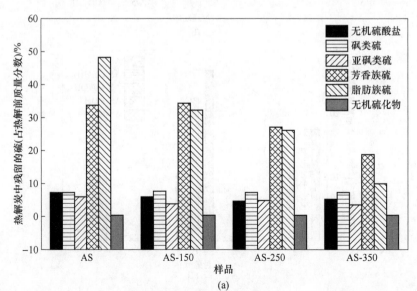

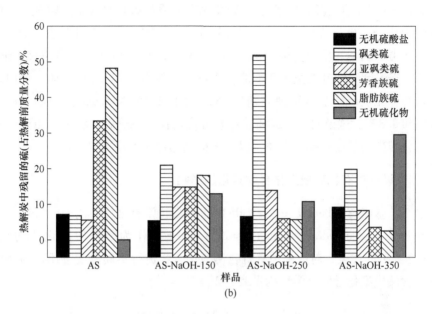

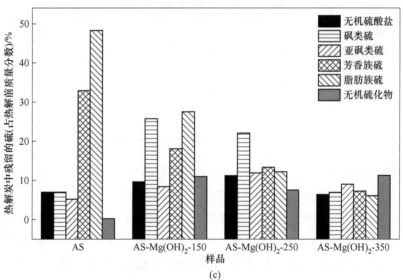

图 5-28 热解炭中残存含硫物质的化学形态及含量

（a）AS；（b）AS-NaOH；（c）AS-Mg(OH)₂

48.1% 和 33.2% 下降到 10.2% 和 18.7%，而其他化学形态含硫物质含量几乎不变。

对 AS-NaOH 而言，含硫物质化学形态随温度上升变化非常剧烈。当温度从

150 ℃上升到 350 ℃过程中，脂肪族硫化物和芳香族硫化物含量急剧减少，脂肪族硫化物从 48.1%下降至 2.1%，同时芳香族硫化物从 33.2%下降至 3.2%。同时，亚砜类和砜类物质含量从 150 ℃的 6.8%和 5.3%上升至 250 ℃的 50.6%和 13.6%，当温度继续升高至 350 ℃时，含量分别降为 19.3%和 7.7%。同时，无机硫化物和无机硫酸盐含量则分别从 150 ℃的 12.4%和 5.0%上升至 350 ℃的 29.1%和 8.8%。这说明脂肪族和芳香族硫化物在污泥热解过程中，由于碱的添加，部分转变为了亚砜类、砜类，以及无机硫化物和无机硫酸盐。

5.3.3　碱调理对有机硫模型化合物转化的影响

以二苄基硫醚（benzyl sulfide，BS）作为脂肪族硫化物的代表，4,4′-二羟基二苯硫醚（4,4′-dihydroxy diphenyl sulfide，DHS）作为芳香族硫化物的代表，NaOH 作为碱的代表，对这两种有机硫模型化合物进行不同温度下添加碱条件下热解。含硫模型化合物化学结构见表 5-2。

表 5-2　含硫模型化合物化学结构

模型化合物	BS	DHS
化学结构		

热解炭中各形态硫占热解前总硫质量分数如图 5-29 所示。碱的添加能促进脂肪族和芳香族硫化物转变为亚砜类硫和砜类硫。对于 BS-NaOH 样品，在 250 ℃时亚砜类硫和砜类硫产量分别为 15.8%和 11.3%，在 350 ℃亚砜类硫和砜类硫产量分别为 18.6%和 6.1%。并且有机硫模型化合物中原本不存在的无机硫化物和无机硫酸盐，在 250 ℃和 350 ℃热解炭中分别达到了 8.04%和 3.65%。

在有机硫模型化合物中添加 NaOH 前后，含硫气体的释放规律如图 5-30 所示。在热解过程中，BS 和 DHS 释放的主要含硫气体为 H_2S，其中 BS 从 250 ℃开始分解，DHS 从 350 ℃开始分解。说明了 BS 和 DHS 中的 C—S 键键能较低，在低温下就会出现断键情况，从而发生 H_2S 的释放。但是在添加碱后，含硫气体的释放被极大地抑制。如在 250 ℃ BS 热解时，释放 H_2S 含量为 3%，而 BS-NaOH 释放量接近于 0；在 350 ℃ DHS 热解时，释放 H_2S 含量为 13.5%，而 DHS-NaOH

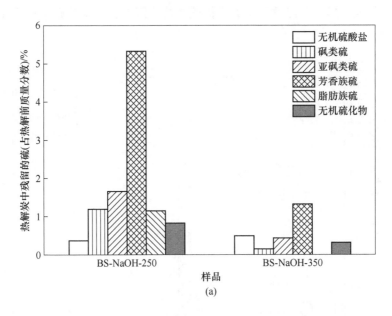

(a)

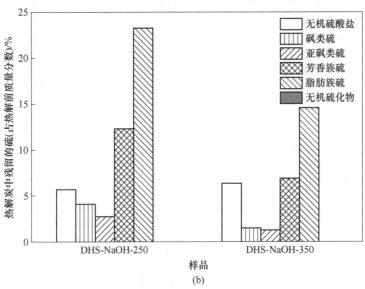

(b)

图 5-29 热解炭中各形态硫占热解前总硫的质量分数

（a）BS-NaOH；（b）DHS-NaOH

释放量约为 0.1%。在 250 ℃热解时，添加碱能有效抑制 H₂S 释放，然而对 SO₂
和 CH₃SH 释放略有促进。这表明碱能促进有机硫化物热解过程形成 S＝O 结构，
而后产生 SO₂ 气体。在 350 ℃时，SO₂ 生成被抑制了，可能是由于产生的 SO₂ 被

添加的碱吸收，形成了热解炭中的无机硫酸盐，因而引起了热解炭中产生无机硫酸盐成分。

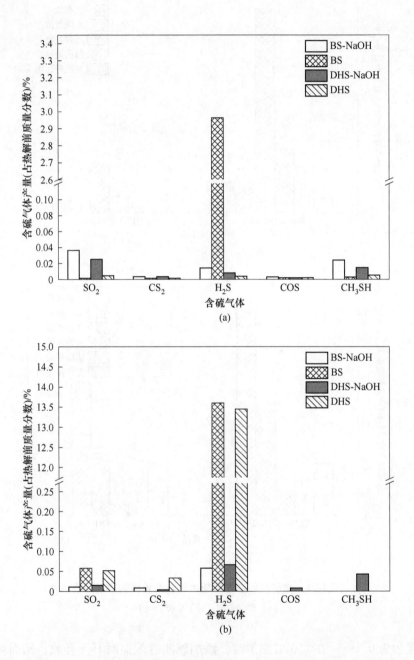

图 5-30 碱对有机硫模型化合物热解过程中不同含硫气体释放的影响

(a) 250 ℃；(b) 350 ℃

5.3.4　碱调理对污泥热解过程含硫臭气的排放控制

添加碱能极大地改变污泥热解过程中含硫物质的转化路径，并且急剧降低含硫气体的释放量。不同含硫物质种类的划分是依据其自身的化学结构，根据硫原子与其他原子结合形态，可以写出不同含硫物质的化学表达式。脂肪族和芳香族硫化物表示为 R—S—R′，而亚砜类硫和砜类硫分别表示为 R—SO—R′ 与 R—SO$_2$—R′。脂肪族硫和芳香族硫中 C—S 键断键键能较低，从而导致低温下断键和—SH 自由基的形成。—SH 自由基通过二次反应结合污泥中丰富的 H 自由基，从而生成大量的 H$_2$S。同时需指出的是，R—S—R′ 中的 S 原子上含有孤对电子，极易受到亲电试剂的攻击，通过加成反应，将二价硫原子逐步氧化为六价硫原子。参考二甲基二硫（dimethyl-disulfide，DMDS）在碱性水溶液环境中的氧化反应式（5-22）可知，水解过程包括硫原子上的羟基与硫醇基团置换，形成硫醇基团与磺酸基团：

$$RSSR + OH^- \longrightarrow RS^- + RSO^- + H_2O \tag{5-22}$$

将硫醇基团氧化为二硫化物，以及磺酸盐离子氧化为磺酸盐。DMDS 被 OH 自由基氧化的过程可通过反应式（5-23）~反应式（5-26）表达。

$$RSSR + OH^- \longrightarrow RSSOHR \tag{5-23}$$

$$RSSR + OH^- \longrightarrow RSSOH + R \tag{5-24}$$

$$RSSR + OH^- \longrightarrow RSOH + RS \tag{5-25}$$

$$RSSR + OH^- \longrightarrow RSSR(—H) + H_2O \tag{5-26}$$

在污泥中添加碱后的低温热解过程，大量生成由碱提供的 OH 自由基，因此 NaOH 对脂肪族和芳香族硫化物转化路径的影响，也存在类似的取代反应过程。OH 自由基作为亲电试剂，通过对脂肪族和芳香族硫化物的取代反应，逐步将这两类热稳定性差的含硫物质氧化为亚砜类硫和砜类硫，同时将 SH 自由基以无机硫化物和无机硫酸盐形式固定在热解炭中，反应过程见式（5-27）~式（5-30）。

$$R—S—R + NaOH \longrightarrow R—S—Na + R—SO—Na + H_2O \tag{5-27}$$

$$R—SO—Na \longrightarrow R—SO_2—Na + R—S—Na \tag{5-28}$$

$$R—SO—Na + R—SO_2—Na \longrightarrow R—SO_3—Na + R—S—Na \tag{5-29}$$

$$R—SO—Na \longrightarrow R—SO_3—Na + R—S—Na \tag{5-30}$$

5.3.5　碱调理对污泥热解过程硫元素迁移转化的影响

图 5-31 为碱调理对污泥热解过程硫元素迁移转化的影响规律。从图 5-31 可以看出，在污泥直接干化过程中，碱的存在能将脂肪族和芳香族硫化物逐步氧化为较为稳定的亚砜类硫和砜类硫，同时将硫以无机硫化物和无机硫酸盐形式固定

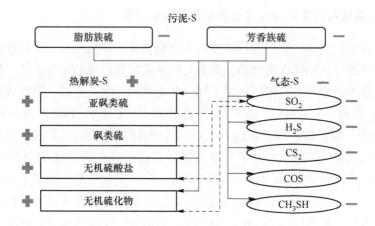

图 5-31　碱调理对污泥热解过程中硫元素迁移转化路径的影响

（箭头表示反应路径，+、−表示相对含量增加或减少）

在热解炭中，从而降低总的含硫气体释放量，并改变所释放含硫气体种类与浓度。

5.4　污泥热解过程中有机氮的迁移转化规律

5.4.1　原污泥热解过程中氮的迁移转化规律

污泥热解产物包括热解气、热解炭和热解油三种。通过对不同产物中的含氮化合物的形态和含量进行分析，可以得出热解过程中有机氮的迁移转化特性。

5.4.1.1　三相产物中氮分布

图 5-32 为热解污泥三相产物中含氮物质的组成和含量。原污泥在 150 ℃热解后，约96%的含氮物质仍保存于热解炭中，未收集到热解油，仅有1%的氮以气体形式释放。随着温度由 150 ℃逐渐上升到 550 ℃，残留在热解炭中的氮不断减少，从81%降至27%，热解油中的氮含量不断上升，从6%上升至41%，同时热解气中的氮含量也不断上升，从7%上升至26%。与硫的变化规律类似，随着温度的升高，氮元素逐渐从热解炭中向热解气和热解油中转移，当温度进一步升高至550 ℃及以上时，热解油中的含氮物质会进一步分解生成小分子含氮气体。

污泥中主要含氮化合物是蛋白质氮和无机氮，它们在高温下都不稳定，当温度逐渐升高时，热解炭中的氮逐渐分解生成小分子的热解油和气体，当温度进一步升高时，热解油也会发生分解生成更多的气体。

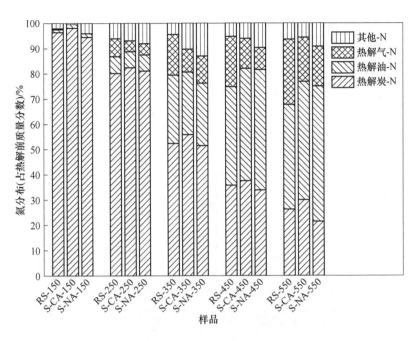

图5-32 污泥热解三相产物中含氮物质的组成和含量

5.4.1.2 含氮臭气组分分布

NH_3和HCN是污泥热解过程中产生的主要含氮气体。图5-33为在不同温度热解条件下NH_3与HCN的产量变化。对于RS，NH_3是主要含氮气体，产量随着温度变化，是HCN产量的2.2~7.1倍。随着温度升高，含氮气体产量不断升高，污泥热解气中产生的NH_3与HCN中氮占热解前污泥中总氮含量分数分别从150℃的1%和0.1%逐步增加到550℃的21%和5%。这两种含氮气体来源于不稳定的蛋白质和无机氮的分解，其中NH_3主要来源于胺类氮和杂环氮的分解，而HCN来源于腈类氮的分解。

总体来看，在150~550℃范围NH_3的产率变化可以分为三个阶段：第一阶段为150~250℃，此阶段NH_3的生成量少，生成速率较低，主要来源是污泥中铵盐-N及蛋白质-N的分解；第二阶段250~450℃范围内，大部分的NH_3在此温度范围生成，且生成速率增加较快，这是由于温度升高促进了污泥中含氮官能团的转化，其主要来源还是来自污泥中蛋白质-N的氨基结构脱氨作用；第三阶段是450~550℃，较高温度范围时，此阶段NH_3生成速率开始减缓，但其总产量仍然有所增加，主要原因是在高温热解条件下产生了H自由基，同时挥发分的

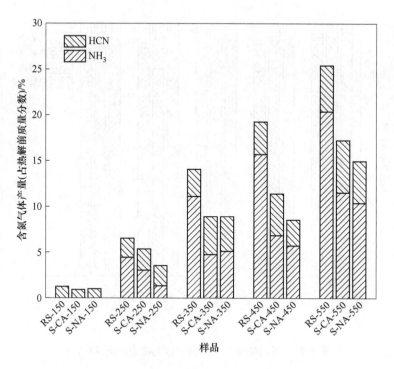

图 5-33　污泥热解气中臭气组成分布

二次分解也产生了大量的 H 自由基，它们破解污泥中部分较稳定的含氮官能团（杂环氮），使杂环中的含氮部位活化，进而生成 NH_3。由此说明，NH_3 在 250 ~ 550 ℃时生成速率较快，它的产生主要来源于污泥中含氮官能团铵盐-N 和蛋白质-N 的转化。

　　而在 150 ~ 550 ℃范围 HCN 的产率变化可以分为两个阶段：第一阶段为 150 ~ 350 ℃，此阶段中 HCN 的生成速率增加较快，这主要是因为温度的升高促进了污泥中含氮官能团的转化，其主要来源是污泥中氰基的脱除，以及吡啶氮和吡咯氮的分解；第二阶段为 350 ~ 550 ℃，此阶段中 HCN 产量增加缓慢，主要是此温度范围内易裂解、易挥发的热解反应底物的减少所致，在此实验条件下大部分残余的 N 已被固定在热解炭中，更高的反应温度才能使其少量地释放。以上结果表明，HCN 在 150 ~ 350 ℃温度范围时生成速率较快，主要来源是污泥中氰基的脱除，以及含氮官能团吡啶氮和吡咯氮的转化。

5.4.1.3　热解油中含氮组分分布

　　热解油中含氮组分可以通过 GC-MS 进行分析，根据其化学形态分为胺类氮、腈类氮和杂环氮三类，其含量通过峰面积进行计算，如图 5-34 所示。对于 RS 而言，当温度从 250 ℃逐渐上升到 550 ℃过程中，胺类氮、杂环氮和腈类氮含量从 4%、4% 和 0.2% 逐步增加到 17%、9% 和 5%，其中胺类氮的产量一直占据主要地位，尤其是在 450 ℃及更高温度下。胺类氮主要由蛋白质分解生成，产生小分子胺类化合物，随挥发分进入热解油中。当温度升高时，小分子的胺类氮通过环化反应、美拉德反应等生成了小分子的环状化合物，同时生成了部分腈类化合物，使得热解油中的含氮化合物不饱和度增加，热稳定性更强。在 450 ~ 550 ℃时，热解油中各形态氮的含量变化不大，说明污泥中不稳定蛋白质的分解接近完成，继续提高温度将不会增加热解油含量。相反，随着温度进一步升高，热解油会分解生成小分子的含氮气体，使得气体产物中的 HCN 和 NH_3 含量增加。

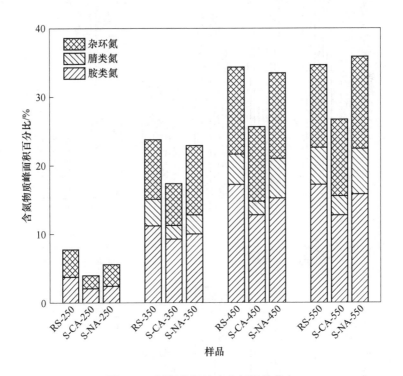

图 5-34　污泥热解油中含氮组分分布

5.4.1.4　热解炭中含氮组分分布

在不同温度下原污泥热解炭中含氮化合物的相对含量如图 5-35 所示。RS 在热解前，含氮物质主要包括蛋白质氮（79%）、胺类氮（5%）和无机氮（16%）三类。

（1）热解过程中，随着温度升高，蛋白质氮出现明显下降，含量从73%（150 ℃）下降到4%（550 ℃），同时无机氮也逐渐下降到6%。这是由于无机氮（主要为铵氮，以及少量硝态氮和亚硝态氮）热稳定性较差，在高温下容易分解或转变为更稳定的季氮等形态。

（2）热解炭中胺类氮的含量则出现先上升后下降的趋势，在350 ℃时达到最大值13%，然后550 ℃时逐渐减少到10%。这是因为胺类氮是蛋白质受热分解的中间产物，随着温度上升，胺类氮会继续分解产生挥发分，或转变为更稳定形态的杂环氮（吡咯氮、吡啶氮）形式。

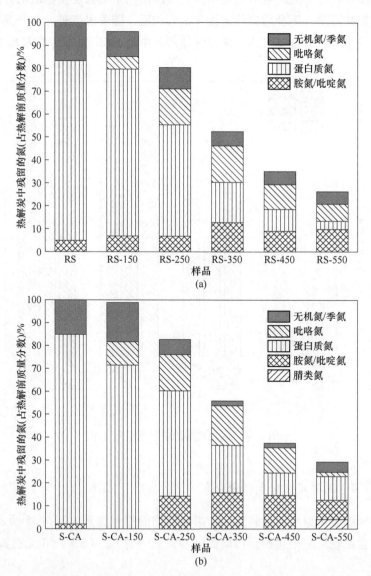

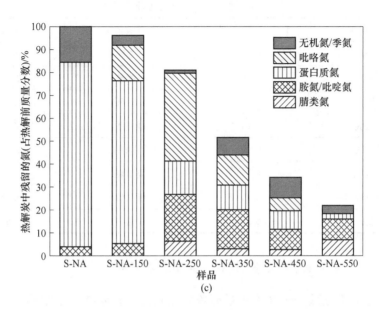

图 5-35 在不同温度下原污泥热解炭中含氮化合物分布

(a) RS; (b) S-CA; (c) S-NA

(3) 在 150 ℃热解炭中开始出现吡咯氮，在 250 ℃时其含量达到最大值 16%，随着温度继续上升而略有下降。值得一提的是，热解炭中未检测到腈类氮的存在。这说明较为稳定的碳氮三键在 550 ℃及以下的温度难以形成。

(4) 当温度升高到 550 ℃以上时，热解炭中氮的氧化物（NO_x）开始出现，并且随着热解温度的升高，残留在热解炭中的氮逐渐位于杂环结构的边缘，被氧化产生 NO_x。综上所述，污泥热解过程中，固体产物中含氮物质在低温下（小于 550 ℃）转化路径主要为蛋白质氮分解，而后转变为更稳定的杂环类氮残存于热解炭中。当温度进一步升高（大于 550 ℃）时，热解炭中的芳香环开始剥离，位于热解炭中部的杂环氮开始逐渐向边缘转移，从而进一步被氧化生成 NO_x。

5.4.2 氨基酸模型化合物热解过程中氮的迁移转化规律

5.4.2.1 污泥中含氮氨基酸的种类及含量

蛋白质由 8 种必需氨基酸（如苏氨酸）和 12 种非必需氨基酸（如冬氨酸）构成。其中含量比较低的氨基酸主要包括胱氨酸和色氨酸。色氨酸在天然蛋白质中的含量非常低，在动物蛋白中含量不超过 1%，在植物蛋白中的含量更低，几乎检测不出来。污水污泥中主要含有 16 种氨基酸，其质量分数见表 5-3。

表 5-3　污水污泥中氨基酸质量分数　　　　　　　　（%）

氨基酸名称	含量（质量分数）	氨基酸名称	含量（质量分数）
天冬氨酸	5.39	苏氨酸	11.19
谷氨酸	8.49	蛋氨酸	0.63
赖氨酸	5.76	丙氨酸	6.10
丝氨酸	2.94	脯氨酸	14.74
甘氨酸	9.12	苯丙氨酸	6.12
异亮氨酸	4.78	酪氨酸	3.61
组氨酸	0.41	缬氨酸	5.82
精氨酸	6.31	亮氨酸	8.60

5.4.2.2　不同氨基酸热解对 NH_3 和 HCN 释放的影响

甘氨酸是氨基酸分子结构中最简单的氨基酸。甘氨酸分子结构中的 H 原子键位被其他官能团取代就得到了其他种类的氨基酸。对比甘氨酸和其他不同氨基酸微波热解的 NH_3 和 HCN 产气规律，可以得到在热解过程中取代基对气体产物的影响，同时根据单体氨基酸的产气规律将性质相近的氨基酸归为同类物质，为模型化合物的构建提供基础数据。在 7 个热解终温（300～900 ℃）下微波热解甘氨酸，NH_3 和 HCN 的产率（气体 N 占单体氨基酸总 N 的质量分数）变化规律如图 5-36 和图 5-37 所示。

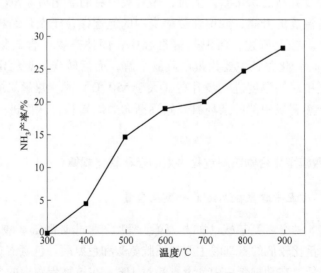

图 5-36　不同温度下甘氨酸热解生成 NH_3 特性

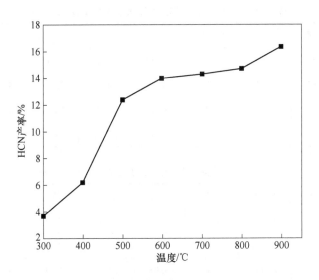

图 5-37 不同温度下甘氨酸热解生成 HCN 特性

　　微波热解甘氨酸过程中，NH_3 和 HCN 产率均随着热解终温的升高而增大，但 NH_3 的上升幅度比 HCN 变化大。温度从 300 ℃ 升高到 900 ℃，NH_3 产率从 0.34% 上升到 28.48%，NH_3 产率上升了 28.14%。与 NH_3 产率随温度变化规律比较，HCN 产率随温度的增长区间比较小，在 300～900 ℃ 的温度范围内 HCN 产率从 3.62% 增长为 16.36%，产率增加不超过 13%。在温度低于 400 ℃ 阶段，HCN 产率比 NH_3 产率高。但是随着温度的升高（大于 500 ℃ 后），NH_3 产率增长逐渐高于 HCN 产率的增长幅度，NH_3 和 HCN 产率之间的差距逐渐扩大。在温度为 900 ℃ 时，NH_3 产率相比较 HCN 产率增长了 12%，甘氨酸属于 α-氨基酸脱羧后生成胺，缩合后转化为 DKP。热解反应生成的胺或者 DKP 类物质再次裂解生成亚胺氮，之后反应生成腈类物质，腈基断裂最后生成 HCN。由上述分析可知，HCN 是 α-氨基酸初级裂解的产物，而 NH_3 生成较少，300～400 ℃ 温度下甘氨酸的 HCN 产率要高于 NH_3 产率。反应继续进行促进了大量 H 自由基的生成，高温下 H 自由基破解，初次反应生成的胺类氮物质更易发生反应而脱氨生成 NH_3，而 HCN 的生成反应则需要在更高温度下进行，因此 NH_3 和 HCN 不同的生成反应导致了在高温下两者产量的不同。在 500～800 ℃ 微波热解温度范围内，8 种主要氨基酸生成 NH_3 和 HCN 的产率见表 5-4 和表 5-5。对于 NH_3 产率来说，谷氨酸和脯氨酸微波热解的 NH_3 产率要低于甘氨酸热解 NH_3 产率。分析认为，γ-氨基酸（以谷氨酸为例）在热解过程中由于分子中的两个羧基容易发生分子内反应生成六元环，环状结构加大了热解开环的难度，导致 NH_3 产率的减少。

表 5-4　在不同温度下氨基酸热解生成 NH₃ 的产率　　　（%）

终温/℃	甘氨酸	谷氨酸	脯氨酸	亮氨酸	苏氨酸	精氨酸	丙氨酸	赖氨酸
500	14.64	7.02	6.28	31.59	8.03	9.35	19.88	24.68
600	19.09	9.50	8.73	31.25	10.42	25.33	21.78	29.07
700	20.23	9.82	12.58	59.45	12.37	26.54	23.27	34.12
800	24.78	5.76	14.08	35.90	13.82	31.75	25.39	25.04

表 5-5　在不同温度下氨基酸生成 HCN 的产率　　　（%）

终温/℃	甘氨酸	谷氨酸	脯氨酸	亮氨酸	苏氨酸	精氨酸	丙氨酸	赖氨酸
500	12.35	10.64	0.39	0.69	12.45	0.36	0.11	2.53
600	13.99	17.10	0.60	2.98	15.04	3.07	0.24	3.02
700	14.30	20.04	3.54	3.95	17.25	5.29	0.37	3.43
800	14.75	21.63	4.11	4.03	18.11	7.86	0.59	4.52

通过分析脯氨酸分子结构发现，N 原子被固定在脯氨酸分子内部的五元环中。因此，可以认为谷氨酸和脯氨酸在热解反应中，由于六元环和五元环的存在导致脱氨反应的初始反应步骤可能受到限制，导致两种氨基酸热解产生的 NH₃ 总量比甘氨酸少。此外，在热解过程中脯氨酸比谷氨酸的 NH₃ 产率要高，而脯氨酸的 HCN 产率却比谷氨酸低。谷氨酸分子内的六元环结构属于分子内酰胺类物质，氰化物是内酰胺物质的主要裂解产物。存在于脯氨酸中的五元环不但可生成 HCN，也能够生成 NH₃。谷氨酸和脯氨酸都可以裂解生成 HCN，而只有脯氨酸可裂解生成 NH₃，含氮气体来源的差别导致谷氨酸和脯氨酸的含氮气体产率不同。分析各种氨基酸结构发现天冬氨酸与谷氨酸有类似结构，都是二元酸，因此推测其反应机理与谷氨酸类似，可以把天冬氨酸归类到谷氨酸类物质中。另外，把组氨酸归类到脯氨酸类氨基酸中。其他不同种类的氨基酸在热解反应初始阶段的脱氨反应程度比谷氨酸和脯氨酸要多，因而其 NH₃ 产率比后两者稍高，见表5-4。但是与谷氨酸反应过程不同，其他类型的氨基酸在热解过程中发生了双分子反应，环缩二氨酸（DKP）类含氮化合物是双分子反应的主要产物，且因其带有不同 R 基团而具有不同的生成途径。DKP 类型的生成反应难度要高于谷氨酸的分子内反应难度。对比其他几种氨基酸的热解产气发现，由于取代基团的不同，NH₃ 产率也各有差异。丙氨酸产生了比甘氨酸更高的 NH₃ 产率，考虑到丙氨酸分子结构中带有最简单的甲基取代基，说明甲基取代基促进了脱氨反应生成NH₃。同时，还可以发现亮氨酸的 NH₃ 产率要高于丙氨酸的 NH₃ 产率，说明烷基取代基越大越能促进 NH₃ 的生成。包括缬氨酸等在内的五种同类型的氨基酸

热解生成 NH_3 产量增多。精氨酸和赖氨酸中多余氨基热解的 NH_3 产率介于亮氨酸和丙氨酸之间。其他氨基酸的 NH_3 产率比甘氨酸要低，这些类型的氨基酸包括苏氨酸、苯丙氨酸、丝氨酸和酪氨酸等。分析发现羟甲基取代基或者含有苯甲基取代基官能团抑制 NH_3 的产生。

5.4.2.3 含氮模型化合物的构建及其热解规律

根据前面分析，将氨基酸种类主要划分为以下几种：（1）天冬氨酸和谷氨酸内的羧基基团在热解时释放 CO_2，进而继续裂解生成较稳定的氮杂环化合物，含氮杂环化合物热裂解生成 HCN；（2）精氨酸和赖氨酸分子中的氨基基团脱落形成 NH_3；（3）脯氨酸和组氨酸高温下开环裂解生成 HCN；（4）苯丙氨酸等极性基团在热解过程中生成 HCN，导致 HCN 产率增加；（5）亮氨酸等生成的 NH_3 产量比 HCN 产量高，主要是因为热分解反应中受到了烷基取代基的影响；（6）将分子结构最简单的甘氨酸单独作为一类。本实验分析了污泥蛋白质中不同氨基酸的氮含量，为同类型氨基酸质量转化提供依据，计算结果见表5-6。对污水厂污泥中氨基酸氮含量分析表明，精氨酸（14.75%）、脯氨酸（13.05%）、甘氨酸（12.37%）、苏氨酸（9.56%）、赖氨酸（8.00%）、丙氨酸（6.98%）、亮氨酸（6.67%）、谷氨酸（5.87%）和缬氨酸（5.05%）等氨基酸的氮含量依次从高到低排列，它们的总量占总氮含量的82.3%。考虑到这几种氨基酸质量也占到污泥中氨基酸总质量的82%以上（见表5-3），因此可使用这几种氨基酸作为基础物质来构建含氮模型化合物。

表5-6 污泥中氨基酸氮占总氮的质量分数 （%）

氨基酸名称	含量（质量分数）	氨基酸名称	含量（质量分数）
精氨酸	14.75	缬氨酸	5.05
脯氨酸	13.05	天冬氨酸	4.12
甘氨酸	12.37	苯丙氨酸	3.77
苏氨酸	9.56	异亮氨酸	3.70
赖氨酸	8.00	丝氨酸	2.85
丙氨酸	6.98	酪氨酸	2.03
亮氨酸	6.67	蛋氨酸	0.43
谷氨酸	5.87	组氨酸	0.80

根据污泥中氨基酸的氮元素质量守恒进行质量转换，将含量较多的 8 种氨基酸作为模型化合物的主体组分，而将其余含量较少的氨基酸氮转化到同类型氨基酸中，得到模型化合物组成比例见表5-7。

表 5-7　模型化合物组成比例

类型	氨基酸名称	氮含量(质量分数)/%	转换后/%	氮质量/g	氮含量(质量分数)/%	氨基酸质量/g
谷氨酸类	谷氨酸	5.87	9.9	0.0199	0.0952	0.2098
	天冬氨酸	4.12	—	—	—	—
精氨酸类	精氨酸	14.75	14.75	0.0295	0.3215	0.0917
	赖氨酸	8	8	0.0160	0.1915	0.0835
脯氨酸类	脯氨酸	13.05	13.85	0.0277	0.1216	0.2277
	组氨酸	0.8	—	—	—	—
苏氨酸类	苏氨酸	9.56	18.21	0.0364	0.1175	0.3099
	苯丙氨酸	3.77				
	丝氨酸	2.85				
	酪氨酸	2.03				
	丙氨酸	6.98	6.98	0.00139	0.1571	0.0888
亮氨酸类	亮氨酸	6.67	15.85	0.0317	0.1067	0.2970
	异亮氨酸	3.7				
	缬氨酸	5.05				
	蛋氨酸	0.43	—	—	—	—
甘氨酸类	甘氨酸	12.37	12.37	0.0247	0.1865	0.1326

　　按总氮质量为 0.2 g 计算时，精氨酸等几种氨基酸的质量比例为 15∶6∶6∶16∶21∶6∶21∶9。此外，根据污泥氨基酸组分及含量特征，筛选出一种蛋白质类模型化合物——大豆蛋白（蛋白质纯度达到 90% 以上），对其氨基酸成分分析表明，以污泥氨基酸的组成及比例作为初步验证标准，存在于大豆蛋白内的 16 种氨基酸组成和含量都与污泥氨基酸比较接近，可以考虑大豆蛋白作为污泥的含氮模型化合物。大豆蛋白的氨基酸组成见表 5-8。16 种氨基酸都存在于大豆蛋白中，且天冬氨酸等是大豆蛋白质中含量较多的氨基酸，特别是天冬氨酸和谷氨酸，在氨基酸总量中各占 11.16% 和 20.07%。这几种氨基酸在污泥中含量也较多，谷氨酸占 5.87%，天冬氨酸占 4.12%。组氨酸和蛋氨酸是大豆蛋白和污泥中含量最少的氨基酸，然而大豆蛋白中这两种氨基酸的含量都比污泥中的含量略高。另外，大豆蛋白中的酪氨酸和异亮氨酸的含量非常相近。赖氨酸与缬氨酸的含量比较相近，相差 2 个百分点左右。根据上述分析，可将大豆蛋白作为污泥的含氮模型化合物。

表5-8 污水污泥蛋白和大豆蛋白的氨基酸组成（质量分数） （%）

序号	氨基酸名称	污水污泥蛋白	大豆蛋白
1	天冬氨酸	4.12	11.16
2	谷氨酸	5.87	20.07
3	丝氨酸	2.85	5.20
4	甘氨酸	12.37	4.17
5	组氨酸	0.80	2.62
6	精氨酸	14.75	7.80
7	苏氨酸	9.56	3.71
8	丙氨酸	6.98	4.31
9	脯氨酸	13.05	5.78
10	酪氨酸	2.03	3.72
11	缬氨酸	5.05	4.43
12	蛋氨酸	0.43	1.42
13	异亮氨酸	3.70	4.73
14	亮氨酸	6.67	7.94
15	苯丙氨酸	3.77	5.34
16	赖氨酸	8.00	6.36

　　将两种模型化合物（混合氨基酸模型化合物和大豆蛋白）进行了热解分析，在500～800℃热解终温下对两种模型化合物分别进行微波热解并测定其NH_3和HCN产率，通过对比两种模型化合物和脱灰污泥的产气规律筛选出最接近污泥性质的含氮模型化合物。之所以选择脱灰污泥而非污水污泥进行产气规律对比，是因为脱灰污泥具有与模型化合物相似的物理特征，即含水率和矿物质含量都较少，为保证"平等性"尽量使模型化合物与污泥具有相同的热解条件。而污泥在热解过程中的产气规律影响因素较多，如含水率和内在矿物质对污泥热解产气都有较大影响，因此脱灰污泥比污泥更适合与模型化合物进行比较。NH_3和HCN产率结果如图5-38和图5-39所示。

　　在500℃和600℃时，相对于脱灰污泥，两种模型化合物的NH_3产率都比前者低，但是在700℃和800℃时，后者的NH_3产率则比前者的NH_3产率高。污泥中除蛋白质氮以外，还存在着无机态氮，主要以吸附的铵盐等形式存在，此铵盐易在高温条件下分解生成NH_3。温度较低时，两种模型化合物热解生成NH_3的产率要低于脱灰污泥。温度高于700℃后，脱灰污泥中无机颗粒干扰了泥中蛋白质氮及有机杂环氮分子的分解，因而影响了含氮有机物的热分解程度，使其分解不充分，最终致使热解炭中仍残存氮。模型化合物的纯度比较高，而其他的内在

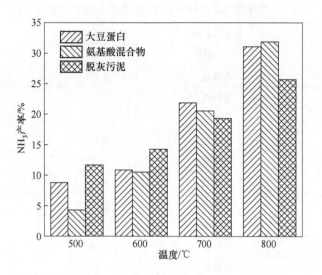

图 5-38　模型化合物与脱灰污泥热解过程 NH_3 产率对比

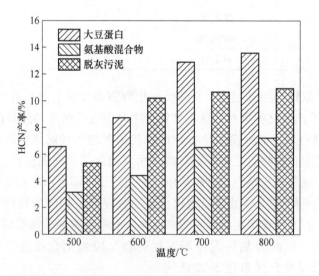

图 5-39　模型化合物与脱灰污泥的 HCN 产率对比

的无机颗粒却非常少，致使其较少受到外界干扰，因而在高温时容易进行较彻底的高温分解，由此导致了 NH_3 产率远比脱灰污泥要高。

5.4.2.4　模型化合物热解过程热解炭中含氮官能团转化分析

通过 XPS 技术能够分析不同温度下热解炭中的含氮官能团变化规律，结果见表 5-9。

表 5-9　不同温度下大豆蛋白微波热解炭 N 表征及 XPS 1s 峰强标准化相对强度值

（%）

含氮物质	污水污泥（20 ℃）	300 ℃	500 ℃	700 ℃	800 ℃
总氮	100	95.5	45.9	37.1	36.4
蛋白质氮	94.7	90.1	37.6	10.2	10.0
吡咯氮	2.8	2.8	3.0	7.5	7.4
吡啶氮	1.4	1.4	1.6	7.2	7.2
季氮	0	0	1.0	6.2	6.1
腈类氮	0	0	0.8	3.8	3.7
其他氮	1.1	1.2	1.9	2.2	2.0

大豆蛋白模型化合物中蛋白质氮含量达到总氮含量的 94.7%。也检测到了少量的吡咯氮和吡啶氮，含量分别为 2.8% 和 1.4%。在温度低于 500 ℃时，蛋白质氮含量急剧下降，从室温下 94.7% 减少至 37.6%，而此温度下吡咯氮和吡啶氮含量未发生明显变化。在温度低于 500 ℃时，蛋白质的分解反应是此阶段微波热解的主要反应。当温度从 500 ℃升高到 800 ℃，含氮杂环物质（吡咯氮和吡啶氮）含量从 4.6% 增加到 14.6%，并伴随着蛋白质氮含量从 37.6% 下降到 10.0%。此外，在热解炭中发现了两种新型含氮官能团，分别是一种非常稳定的含氮杂环化合物季氮和腈类氮。含氮杂环和腈类氮官能团可以通过高温下的二次裂解反应生成（500~800 ℃）。

5.4.2.5　模型化合物热解油中含氮化合物转化分析

两种模型化合物与脱灰污泥热解生成 HCN 的产率如图 5-39 所示。可以看出，600 ℃以上时，大豆蛋白微波热解的 HCN 产率最高，脱灰污泥次之，氨基酸混合物的 HCN 产率最低。脱灰污泥与大豆蛋白的 HCN 产率在任何热解温度下都较接近。除了 600 ℃，其他温度条件下脱灰污泥的 HCN 产率都低于大豆蛋白，这与 NH_3 产率规律类似，通常都是源于大豆蛋白的较高热裂解程度，但是脱灰污泥中有机物裂解经常会受到其他成分干扰，从而导致更多热解炭中的氮残留在固体中，最终致使 HCN 产率降低。综上所述，不管是 NH_3 产率还是 HCN 产率，大豆蛋白都比氨基酸混合物（二者间的相似度大约为 50%）与脱灰污泥更相似。另外，大豆蛋白与脱灰污泥中的氨基酸存在方式相同，而非氨基酸混合物的简单单体混合，因而大豆蛋白热分解途径与微波高温热解氮的方式相似，最终决定将其作为污泥的含氮模型化合物。

通过 GC-MS 技术研究微波热解大豆蛋白热解油中氮化合物组分随温度的变化规律，如图 5-40 所示，热解油含氮化合物相对含量（标准化峰面积百分比，%）见表 5-10。蛋白质热解油中含有大量的有机氮化合物，这些含氮物质主

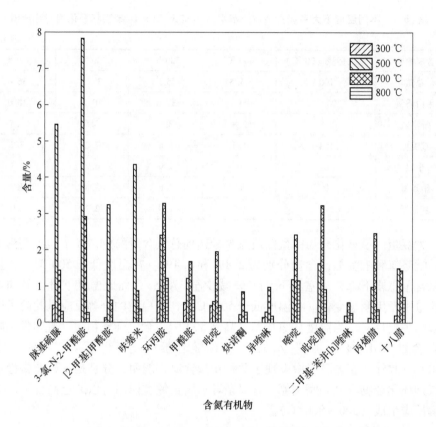

图 5-40　不同温度下大豆蛋白热解油中主要含氮有机物含量变化

要可以分为胺态氮、含氮杂环和腈类氮三类。

温度低于 300 ℃时，上述三类含氮有机物含量都非常低。随着温度从 300 ℃升高到 500 ℃，胺态氮含量迅速升高。从 0.77%上升到 22.99%，而含氮杂环和腈类氮含量仅仅增长了 2.33%和 2.59%。在蛋白质初级裂解阶段（300～500 ℃），大量蛋白质发生热分解反应。结合此温度下的含氮有机物转化规律可以推断得出，蛋白质中含氮化合物裂解主要引起了热解油中胺态氮化合物的生成。伴随着温度从 500 ℃升高到 700 ℃，含氮杂环的产量从 3.74%增长到 14.06%，且腈类氮含量从 2.87%升高到 12.79%，而热解油中胺态氮含量从 22.99%下降到 4.86%。结果表明，在微波热解过程热解油中发生了胺态氮化合物的分解或者聚合反应分别生成腈类氮和含氮杂环。有人在研究氨基酸热解过程也得到类似的结论，指出热解中间产物胺态氮化合物可以通过二次裂解反应产生含氮杂环和腈类物质。当温度从 700 ℃升高到 800 ℃，含氮杂环和腈类氮有机物含量减少了 8.94%和 7.03%，表明含氮杂环和腈类氮有机物在更高温度下易发生分解反应。因此，含氮杂环、腈类氮和胺态氮有机物被鉴定为是蛋白质热解过程热解油中的主要活性中间产物。在微波热解污泥热解油中，胺态氮（palmitamide）、含氮杂环氮（9-methyl-acridine）和腈类氮（cyanoaromatic compounds）也被发现是主要的含氮有机物。考虑到热解油中具有相似含氮有机物，推断污泥热解过程中氮的转化途径可能与蛋白质模型化合物热解过程中的氮转化途径类似。

表 5-10　大豆蛋白热解过程热解油中主要含氮化合物的相对含量　　（%）

热解油中含氮有机物	温　度			
	300 ℃	500 ℃	700 ℃	800 ℃
胺态氮(—NH$_3$)	0.77	22.99	4.86	0.87
咪硫脲-胺	0.26	4.43	1.58	0.13
N-(2,2-二氯-1-羟基-乙烷基)-2,2-二甲基-丙酰胺	—	3.63	0.36	0.31
3-氯-N-[2-甲基-4(3H)-oxo-3-喹啉]-2-甲酰胺	—	6.82	1.27	0.24
利脲磺胺-甲基	0.07	2.24	0.84	—
环丙烷-甲酰胺,2-甲基-N-2-环丙基-	—	3.28	0.42	0.18
苯并噻吩-2-胺,3-苯-N-(甲基苯)-	0.32	1.61	0.28	—
N-(4-溴-2-氟)-N-3-吗啡酚-草酰胺	0.12	0.98	0.11	0.01
含氮杂环	1.41	3.74	14.06	5.12
吡啶氮	0.65	1.38	4.24	1.50
吡咯氮	0.31	1.16	2.61	0.58
7H-二苯并[b,g]咔唑,7-甲基-	—	0.23	0.46	0.71
2-异喹啉-3-喹啉	0.06	0.10	0.25	0.13
5H-萘[2,3-c]咔唑,5-甲基-	0.13	0.10	0.23	1.02
嘧啶,4,6-二甲氧基-5-氮-		0.09	0.64	0.21
4-(4-氯代苯)-2,6-二苯基吡啶	0.08	0.13	0.91	0.32
6-(4-氟-苯)-苯并[4,5]咪唑[1,2-c]喹唑啉	—	0.14	0.38	0.16
苯并[h]喹啉,2,4-二甲基-	—	0.14	1.43	0.13
异喹啉	0.18	0.27	2.91	0.12
腈类氮	0.28	2.87	12.79	5.76
苯基腈,3-甲基-	0.03	0.87	3.24	1.82
十八烷基腈	0.11	1.01	2.34	0.46
丙烯腈,2-甲基-	—	0.23	3.12	0.82
十七烷基腈	0.06	0.35	0.26	1.04
1H-吡咯-2-乙腈,1-甲基-	—	0.12	1.46	0.35
吡啶甲腈	0.08	0.29	3.37	1.27

5.4.2.6 模型化合物热解过程中含氮气体变化分析

大豆蛋白微波热解过程中，温度对 HCN-N 和 NH₃-N 产率的影响如图 5-41 所示。很明显，温度对热解过程生成的 HCN-N 和 NH₃-N 产率影响很大。在任何温度下，特别是在 500 ℃ 以上 NH₃-N 产率都要高于 HCN-N 产率。在温度低于 300 ℃ 时，HCN 和 NH₃ 产率都非常低，只有少量生成。随着温度从 300 ℃ 升高到 500 ℃，HCN-N 和 NH₃-N 率分别从 1.2% 上升到 8.9% 和从 1.1% 上升到 6.6%。从前面关于热解炭和热解油中氮的转化规律分析中知道，在 300 ~ 500 ℃ 范围内发生的主要热解反应是蛋白质氮结构裂解生成热解油中胺态氮。因此，在这个温度区间内，含氮中间产物胺态氮可能通过脱氨或者脱氢反应生成 NH₃ 或者 HCN。当温度从 500 ℃ 上升到 800 ℃ 时，NH₃ 产率大量增加，从 8.9% 升高至 31.3%，HCN 产率从 6.6% 增加到 13.4%。在温度 550 ~ 700 ℃ 范围内，热解油中含氮化合物的二次裂解生成气态产物导致了 NH₃ 和 HCN 的产生。另外，在 500 ~ 800 ℃ 温度区间内，热解油中杂环氮和腈类氮化合物产量明显下降。因此，推测含氮中间产物（杂环氮和腈类氮化合物）的二次裂解反应可能造成了 HCN 和 NH₃ 的生成。此外，从图 5-41 可以发现温度在 800 ℃ 以上时，HCN-N 和 NH₃-N 产率达到稳定，表明在 800 ℃ 左右蛋白质氮的转化反应接近完成。

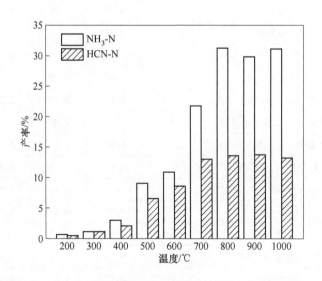

图 5-41   不同温度下微波热解大豆蛋白的 HCN 和 NH₃ 产率

5.4.2.7 模型化合物热解过程中含氮气体释放机理

图 5-42 是大豆蛋白氮转化途径与 HCN 和 NH₃ 生成关系的示意图。蛋白质分

解生成气体 HCN 和 NH_3 可能通过以下几条途径。在 300~500 ℃温度内，不稳定蛋白质的热分解生成热解油中的胺态氮化合物。在此温度段下，胺态氮化合物分别通过脱氨和脱氢反应释放 NH_3（占大豆蛋白氮的 8.9%）和 HCN（占大豆蛋白氮的 6.6%）。500~800 ℃温度下，胺态氮化合物分别经过脱氢反应和聚合反应生成腈类氮和杂环氮有机物，腈类氮和杂环氮的裂解导致 HCN（占大豆蛋白氮的 13.4%）和 NH_3（占大豆蛋白氮的 31.3%）的生成。二次裂解阶段（500~800 ℃）生成的 HCN 和 NH_3 总产量（44.7%）在气体氮的释放过程中起了更大的作用，是因为初级阶段（300~500 ℃）释放的 HCN 和 NH_3 总产量为 15.5%。结果表明，在热解过程中蛋白质的二次裂解反应是生成 HCN 和 NH_3 的主要生成途径，特别是三种含氮中间产物的裂解贡献了超过 97% 的 HCN 和 NH_3 总量。因此，考虑可以通过控制高温阶段（500~800 ℃）三种含氮中间产物的生成来达到降低 HCN 和 NH_3 释放量的目的。

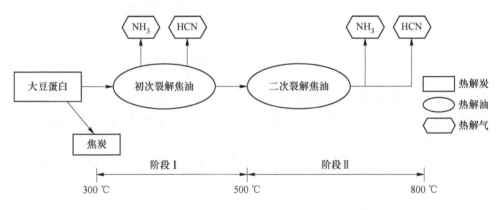

图 5-42　微波热解大豆蛋白过程氮转化途径示意图

5.5　污泥热解过程中含氮臭气的排放

在实验室和工业生产中，通常采用调理剂对含氮臭气进行释放控制。调理剂一般分为有机调理剂和无机调理剂，有机调理剂一般包括生物质或煤有机化合物，通过美拉德反应、曼尼希反应对污泥中的氮元素进行固定；无机调理剂一般包括钙、钠等无机盐。

5.5.1　钙盐、钠盐对含氮臭气排放的影响

从图 5-43 数据结果可以看出，NH_3 和 HCN 是污泥热解过程中产生的主要含氮气体。对于原污泥（RS），NH_3 是主要含氮气体，其产量是 HCN 产量的 2.2~7.1 倍。随着温度的升高，含氮气体的产量不断升高，原污泥产生的 NH_3 与 HCN

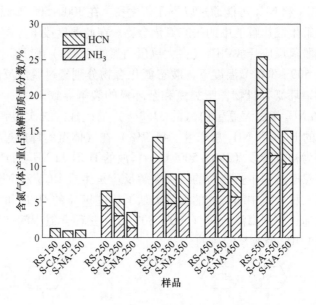

图 5-43　污泥热解过程中含氮气体产率

中氮占热解前污泥中总氮质量分数分别从 150 ℃ 的 1% 和 0.1% 逐步增加到 550 ℃ 的 21% 和 5% 。这两种含氮气体来源于不稳定的蛋白质和无机氮的分解，其中 NH₃ 主要来源于胺类氮和杂环氮的分解，而 HCN 来源于腈类氮的分解。从图 5-44 数据可以看出，胺类氮和杂环氮含量远高于腈类氮，因此产生的含氮气体

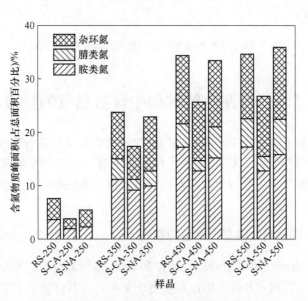

图 5-44　污泥热解油中含氮物质峰面积占比

中 NH_3 含量远高于 HCN 含量。从图 5-43 也可看出，添加醋酸盐极大地减少了污泥热解过程中 NH_3 的释放，尤其在 350 ℃ 以上更加明显。在 150 ℃ 时，所有样品热解过程 NH_3 产量均低于 1%，当温度升高到 250 ℃，原污泥热解过程 NH_3 产量升高到 4.5%，而 S-CA 与 S-NA 仅为 3% 和 1%。当温度升高到 350 ℃ 及以上时，现象更明显。在 350 ℃ 热解，原污泥产生的 NH_3 占比为 11%，而 S-CA 和 S-NA 仅有 5%。当温度升高到 550 ℃，原污泥的 NH_3 产量提升至 20%，而 S-CA 和 S-NA 仅为 11%。与 NH_3 相比，HCN 产量受添加醋酸盐的影响较小。比如，在 550 ℃ 热解过程中，原污泥产生 HCN 产量为 5%，而 S-CA 为 6%，S-NA 为 5%。这说明添加 $CaAc_2$ 或 NaAc 对 HCN 生成影响较小，并且 HCN 的产生量随温度升高而增加，但增加速率低于 NH_3。

5.5.2 钙盐、钠盐对热解油中氮分布的影响

热解油中含氮组分可以通过 GC-MS 进行分析，其化学形态可分为胺类氮、腈类氮和杂环氮三类。其含量通过峰面积百分比进行计算，结果如图 5-44 所示。对于原污泥（RS），在热解温度从 250 ℃ 逐渐上升到 550 ℃ 过程中，胺类氮、杂环氮和腈类氮含量从 4%、4% 和 0.2% 逐步增加到 17%、9% 和 5%，其中胺类氮的产量一直占据主要地位。对于 S-CA 和 S-NA，含氮热解油生成趋势与原污泥一致。但在 S-CA 热解油中胺类氮和腈类氮产量明显低于另外两种污泥所产生的热解油，在高温下更明显。例如在 550 ℃ 时，S-CA 胺类氮和腈类氮产量分别为 13% 和 3%，但另外两种样品产生的热解油中胺类氮高于 15%、腈类氮高于 5%。

5.5.3 钙盐、钠盐对热解炭中氮分布的影响

为了研究添加醋酸盐对污泥热解过程中氮转化的影响，采用 X 射线光电子能谱技术（XPS）对原污泥（RS）、S-CA、S-NA 及其各温度下产生的热解炭进行固态氮化学形态测试，根据峰面积占总面积百分比，以及固体样品含氮量和炭产率，可以获得各样品的不同化学形态氮占热解前总氮质量分数，如图 5-45 所示。

S-CA 中氮转化过程与原污泥类似，但在不同温度下 $CaAc_2$ 对氮转化的影响较显著。在添加醋酸盐后，S-CA 与 S-NA 中胺类氮含量比原样略有下降，这与碱性环境下少量氨基酸在室温即可反应有关，但这并不影响最终结果。首先，与原污泥变化趋势类似，蛋白质氮、无机氮（或季氮）随着温度上升出现明显下降，胺类氮和吡咯氮含量则出现上升。随温度升到 150 ℃，吡咯氮含量从 0% 上升至 10%，蛋白质氮则从 84% 下降到 71%。温度升高至 350 ℃，胺类氮与吡咯氮含量分别上升至 16% 与 17%，然后随着温度继续上升而下降。但蛋白质氮含量则

继续下降，从 71% 下降至 10%，而原污泥中蛋白质氮则是从 73% 下降至 4%，这说明添加 CaAc$_2$ 可以抑制部分蛋白质分解。与蛋白质氮相比，无机氮的热稳定性更差，当温度上升至 350 ℃ 即已分解完全。然而，在温度由 450 ℃ 升到 550 ℃ 时，可观察到代表无机氮或季氮的峰对应物质含量从 2% 上升至 5%。虽然在 N1S 图谱分峰过程中，无法将无机氮与季氮分开，但考虑到二者的热稳定性，可知在 550 ℃ 下导致含量上升的主要原因必然是季氮的产生。考虑到原污泥热解过程中并未出现此情况，说明 CaAc$_2$ 的存在会促进季氮的产生。同时，在 550 ℃ 热解炭中首次观察到腈类氮的存在，含量约为 4%，这说明 Ca 可以促进胺类氮脱氢，产生腈类氮。与 S-CA 相比（见图 5-45），在污泥热解过程中 NaAc 对氮转化

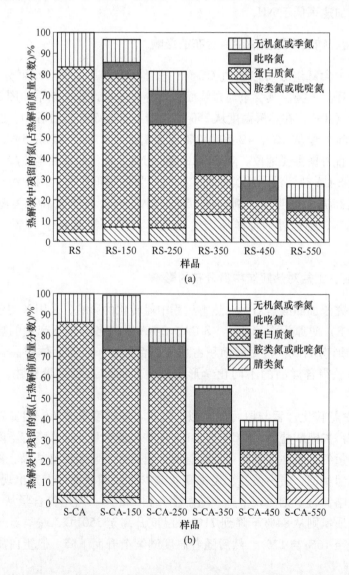

（a）

（b）

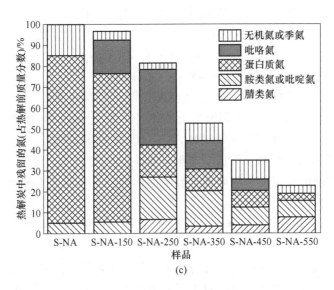

图 5-45　污泥与热解炭中含氮物质含量分布
(a) RS；(b) S-CA；(c) S-NA

的影响与 CaAc$_2$ 也不尽相同。在 150 ℃ 时，无机氮出现明显下降，从 15% 降至 3%，而此时吡咯氮从 0 上升至 6%。无机氮含量下降比 S-CA 中更明显，这是由于 NaAc 比 CaAc$_2$ 碱性更强，因此更易促进铵氮为主的无机氮分解。蛋白质氮在 150 ℃ 分解不多，但在 250 ℃ 出现了剧烈分解，比原污泥及 S-CA 更明显，说明 Na 有更强的催化作用。同时，添加 Na 后也促进了胺类氮向腈类氮和杂环氮的转变，从而使得吡咯氮、胺类氮（或吡啶氮）在热解炭中的最大含量出现在 250 ℃。此外，无机氮（或季氮）含量从 250 ℃ 的 3% 提升到 450 ℃ 的 9%，由前述的无机氮和季氮热稳定性特性可知，这代表了季氮的生成。在 S-NA 与 S-CA 热解炭中其他明显差异在于生成了腈类氮。对于 S-CA 热解炭，直到热解温度上升到 550 ℃ 才生成腈类氮，但对于 S-NA，在 150 ℃ 热解炭中就已检测到腈类氮存在。综上可知，添加 NaAc 对于污泥热解过程中氮转化的影响类似于 CaAc$_2$，但明显降低了蛋白质氮、无机氮的分解温度，以及杂环氮、季氮和腈类氮的生成温度。

5.5.4　钙盐、钠盐对污泥热解过程含氮臭气的排放控制

添加 CaAc$_2$ 可以抑制蛋白质氮的分解，从而将更多的氮保留在固体产物中，然而添加 NaAc 促进蛋白质氮和无机氮分解，使更多氮进入挥发分中。这与两种阳离子的催化作用不同有关，比如 CaAc$_2$ 可以通过反应式（5-31）～反应式（5-34）促进蛋白质氮转化为更稳定的 CaC$_x$N$_y$ 保留在热解炭中，如 CaCN$_2$ 和 Ca$_3$N$_2$。

$$(CH_3COO)_2CaH_2O \longrightarrow CaCO_3 + C_aH_bO_c \tag{5-31}$$

$$a(NH_4)_bR + cCaCO_3 \longrightarrow c(NH_4)_2CO_3 + Ca_cR_a \tag{5-32}$$

$$Ca_cR_a \longrightarrow cCaO + C_dH_eO_f \tag{5-33}$$

$$CaO + pyrrole\text{-}N/pyridine\text{-}N \longrightarrow CaC_xN_y \tag{5-34}$$

然而，NaAc 有更强的催化蛋白质分解作用，形成的 NaCN 稳定性与 CaC_xN_y 相比较差，从而在 NaCN 产生后通过反应式（5-35）分解产生 HCN。

$$NaCN + CO_2 + H_2O \longrightarrow HCN + NaHCO_3 \tag{5-35}$$

污泥中添加钙盐与钠盐促进了热解过程中腈类氮产生，说明 $CaAc_2$ 与 NaAc 可以促进氨基酸的直接分解与后续酰胺中间体的脱氢作用，通过反应式（5-36）促进腈类氮的生成。

$$RCONH_2 + Me^+ \longrightarrow RCONMe_2 + H^+ \longrightarrow RCOMeNMe \longrightarrow RCN + O^{2-} + 2Me^+ \tag{5-36}$$

同时，金属阳离子还促进了吡咯等杂环氮的开环作用，因此减少了高温热解炭中的吡咯氮含量。添加 $CaAc_2$ 对于污泥中含氮物质分解有抑制作用，导致了热解油中胺类氮和杂环氮含量降低，添加 NaAc 则未有此表现。然而，添加这两种醋酸盐后，相比原污泥，均可减少 NH_3 释放。比如，350 ℃时可减少 NH_3 释放6%，550 ℃时可减少 NH_3 释放9%。为探明其减少原因，究竟是由于金属阳离子的作用还是醋酸盐分解过程挥发分的影响，首先对 $CaAc_2$ 和 NaAc 进行 TG-DSC-MS 测试，结果可知：在 350～550 ℃ 的分解过程两种醋酸盐可发生反应式（5-37）和反应式（5-38）的化学反应：

$$(CH_3COO)_2CaH_2O \longrightarrow CaCO_3 + CH_3COCH_3 + H_2O \tag{5-37}$$

$$CH_3COONa \longrightarrow Na_2CO_3 + CH_3COCH_3 \tag{5-38}$$

在原污泥中添加 $CaCO_3$（CC）和 Na_2CO_3（NC），发现两种碳酸盐对含氮气体的释放均无明显影响，因此，添加醋酸盐后对 NH_3 释放的影响作用应该不是来自金属阳离子，而是来自醋酸盐分解过程中产生的丙酮（CH_3COCH_3）。通过查阅文献可知，丙酮与 NH_3 可通过加成反应式（5-39）形成酮亚胺，然后通过缩聚反应式（5-40）形成胺类，从而减少了以 NH_3 形式释放的含氮气体。

$$RCOR' + NH_3 \longrightarrow RC(OH)(NH_2)R' \longrightarrow RC(=NH)R' + H_2O \tag{5-39}$$

$$mNH_3 + nCH_3COCH \longrightarrow (NH_3)_m(CH_3COCH_3)_n \longrightarrow$$
$$CHC(=NH)CH_3 + H_2O \longrightarrow Amine\text{-}N \tag{5-40}$$

5.5.5　钙盐、钠盐对污泥热解过程氮元素迁移转化的影响

钙盐、钠盐对污泥热解氮元素迁移转化的影响机制如图 5-46 所示。在污泥直接干化过程中，钙盐、钠盐的存在能够抑制胺类氮分解，以及和产生的 NH_3 发生二次反应，这样就减少了污泥热解过程中含氮恶臭气体的释放。

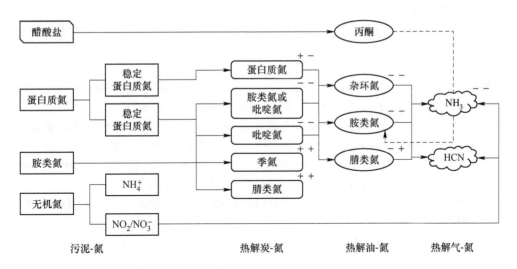

图 5-46　添加不同钙盐、钠盐对氮转化的影响

（添加 CaAc₂ 或 NaAc 时，产物增加"＋"或减少"－"）

参 考 文 献

［1］ He C, Wang K, Amaniampong Y Y P N, et al. Effective nitrogen removal and recovery from dewatered sewage sludge using a novel integrated system of accelerated hydrothermal deamination and air stripping ［J］. Environ. Sci. Technol. , 2015, 49 （11）: 6872-6880.

［2］ Cheng S, Qiao Y, Huang J, et al. Effect of alkali addition on sulfur transformation during low temperature pyrolysis of sewage sludge ［J］. Proc. Combust. Inst. , 2017, 36 （2）: 2253-2261.

［3］ Eldridge D L, Kamyshny A, Farquhar J. Theoretical estimates of equilibrium sulfur isotope effects among aqueous polysulfur and associated compounds with applications to authigenic pyrite formation and hydrothermal disproportionation reactions ［J］. Geochim. Cosmochim. Acta, 2021, 310: 281-319.

［4］ Huang W, Yuan T, Zhao Z, et al. Coupling hydrothermal treatment with stripping technology for fast ammonia release and effective nitrogen recovery from chicken manure ［J］. ACS Sus. Che. & Eng. , 2016, 4 （7）: 3704-3711.

［5］ Huang J, Wang Z, Qiao Y, et al. Transformation of nitrogen during hydrothermal carbonization of sewage sludge: effects of temperature and Na/Ca acetates addition ［J］. Proceedings of the Combustion Institute, 2021, 38 （3）: 4335-4344.

［6］ Khobare S R, Gajare V, Reddy E V, et al. One pot oxidative dehydration-oxidation of polyhydroxyhexanal oxime to polyhydroxy oxohexanenitrile: a versatile methodology for the facile access of azasugar alkaloids ［J］. Carbohydr. Res. , 2016, 435: 1-6.

［7］ Leng L, Xu S, Liu R, et al. Nitrogen containing functional groups of biochar: an overview

［J］. Bioresour. Technol. , 2020, 298: 122286.

［8］ Liu S, Wei M, Qiao Y, et al. Release of organic sulfur as sulfur-containing gases during low temperature pyrolysis of sewage sludge ［J］. Proc. Combust. Inst. , 2015, 35 (3): 2767-2775.

［9］ Yan M, Feng H, Zheng R, et al. Sulfur conversion and distribution during supercritical water gasification of sewage sludge ［J］. J. Energy Inst. , 2021, 95: 61-68.

［10］ Wang Z, Zhai Y, Wang T, et al. Effect of temperature on the sulfur fate during hydrothermal carbonization of sewage sludge ［J］. Environ. Polut. , 2020, 260: 114067.

［11］ Wei N, Xu D, Hao B, et al. Chemical reactions of organic compounds in supercritical water gasification and oxidation ［J］. Water Res. , 2021, 190: 116634.

［12］ 杨真乐. 中低温下污泥挥发分析出及硫的迁移与分布特性实验研究 ［D］. 武汉: 华中科技大学, 2012.

［13］ 魏盟盟. 污泥低温热解下有机硫向含硫气体转化特性的实验研究 ［D］. 武汉: 华中科技大学, 2014.

［14］ Cao C, Cheng Y, Hu H, et al. Products distribution and sulfur fixation during the pyrolysis of CaO conditioned textile dyeing sludge: effects of pyrolysis temperature and heating rate ［J］. Waste Manag. , 2022, 153: 367-375.

［15］ Feng H, Zhou Z, Hantoko D, et al. Effect of alkali additives on desulfurization of syngas during supercritical water gasification of sewage sludge ［J］. Waste Manag, 2021, 131: 394-402.

［16］ Zhu F, Wang Z, Huang J, et al. Efficient adsorption of ammonia on activated carbon from hydrochar of pomelo peel at room temperature: role of chemical components in feedstock ［J］. J. Clean. Pro. , 2023.

［17］ Tian H, Wei Y, Huang Z, et al. The nitrogen transformation and controlling mechanism of NH_3 and HCN conversion during the catalytic pyrolysis of amino acid ［J］. Fuel, 2023.

［18］ Tian H, Zhu J, Yang Y, et al. The catalytic effect of alkali and alkaline earth metals on the transformation of nitrogen during phenylalanine pyrolysis ［J］. Fuel, 2023.

［19］ Cheng S, Qiao Y, Huang J, et al. Effects of Ca and Na acetates on nitrogen transformation during sewage sludge pyrolysis ［J］. Proceedings of the Combustion Institute, 2019, 37 (3): 2715-2722.

［20］ Demir M, Farghaly A A, Decuir M J, et al. Supercapacitance and oxygen reduction characteristics of sulfur self-doped micro/mesoporous bio-carbon derived from lignin ［J］. Mate. Che. Phy. , 2018, 216: 508-516.

［21］ Feng H, Zhou Z, Hantoko D, et al. Effect of alkali additives on desulfurization of syngas during supercritical water gasification of sewage sludge ［J］. Waste Manage. , 2021, 131: 394-402.

［22］ Baruah B P, Khare P. Desulfurization of oxidized Indian coals with solvent extraction and alkali treatment ［J］. Energy & Fuels, 2007, 21: 2156-2164.

［23］ Saltzman E S, Coope W J. Biogenic sulfur in the environment ［J］. ACS Sym. series, 1991,

389: 1989.

[24] Kuntumalla M K, Attrash M, Akhvlediani R, et al. Nitrogen bonding, work function and thermal stability of nitrided graphite surface: an in situ XPS, UPS and HREELS study [J]. App. Surf. Sci. , 2020, 525: 146562.

[25] Li W, Zhao Y, Yao C, et al. Migration and transformation of nitrogen during hydrothermal liquefaction of penicillin sludge [J]. J. Sup. Flu. , 2020, 157.

[26] Huang J, Feng C, Yu Y, et al. Contributions of pyrolysis, volatile reforming and char gasification to syngas production during steam gasification of raw and torrefied leftover rice [J]. Fuel, 2021.

[27] Kruse A, Koch F, Stelzl K, et al. Fate of nitrogen during hydrothermal carbonization [J]. Energy & Fuels, 2016, 30 (10): 8037-8042.

[28] Lu J, Li H, Zhang Y, et al. Nitrogen migration and transformation during hydrothermal liquefaction of livestock manures [J]. ACS Sus. Che. & Eng. , 2018, 6 (10): 13570-13578.

[29] Wan Z, Xu Z, Sun Y, et al. Critical impact of nitrogen vacancies in nonradical carbocatalysis on nitrogen-doped graphitic biochar [J]. Environ. Sci. Technol. , 2021, 55 (10): 7004-7014.

[30] Zhuang X, Zhan H, Huang Y, et al. Denitrification and desulphurization of industrial biowastes via hydrothermal modification [J]. Bioresour. Technol. , 2018, 254: 121-129.

[31] 鑫黄，曹景沛，王敬贤，等. 污水污泥快速热解过程中氮迁移规律研究 [J]. 中国矿业大学学报, 2016, 45: 176-181.

[32] Lamoolphak W, Goto M, Sasaki M, et al. Hydrothermal decomposition of yeast cells for production of proteins and amino acids [J]. J. Hazard. Mater. , 2006, 137 (3): 1643-1648.

[33] Pei K, Xiao K, Hou H, et al. Improvement of sludge dewaterability by ammonium sulfate and the potential reuse of sludge as nitrogen fertilizer [J]. Environ. Res. , 2020, 191: 110050.

[34] Zhang B, Xiong S, Xiao B, et al. Mechanism of wet sewage sludge pyrolysis in a tubular furnace [J]. International Journal of Hydrogen Energy, 2011, 36 (1): 355-363.

[35] Liu Y, Zhai Y, Liu S L X, et al. Production of bio-oil with low oxygen and nitrogen contents by combined hydrothermal pretreatment and pyrolysis of sewage sludge [J]. Energy, 2020, 203: 117829.

[36] He C, Wang K, Giannis A, et al. Products evolution during hydrothermal conversion of dewatered sewage sludge in sub- and near-critical water: effects of reaction conditions and calcium oxide additive [J]. International Journal of Hydrogen Energy, 2015, 40 (17): 5776-5787.

[37] Heidari M, Dutta A, Acharya B, et al. A review of the current knowledge and challenges of hydrothermal carbonization for biomass conversion [J]. J. Ene. Inst. , 2019, 92 (6): 1779-1799.

[38] Li Y, Liu H, Xiao K, et al. Correlations between the physicochemical properties of hydrochar

and specific components of waste lettuce: influence of moisture, carbohydrates, proteins and lipids [J]. Bioresour. Technol. , 2019, 272: 482-488.

[39] 付延春，李丽君，孟瑞红，等. 污泥中典型氨基酸热解生成 NO_x 前驱体的反应机理研究 [J]. 分子科学学报，2022，38：168-172.

[40] Liu H, Zhang Q, Hu H, et al. Catalytic role of conditioner CaO in nitrogen transformation during sewage sludge pyrolysis [J]. Proceedings of the Combustion Institute, 2015, 35 (3): 2759-2766.

[41] Tan H, Wang X, Wang C, et al. Characteristics of HCN removal using CaO at high temperatures [J]. Energy & Fuels, 2009, 23 (23): 1545-1550.

[42] Tian K, Liu W J, Qian T T, et al. Investigation on the evolution of N-containing organic compounds during pyrolysis of sewage sludge [J]. Environ. Sci. Technol. , 2014, 48 (18): 10888.

6 污泥热解过程多环芳烃的生成与控制

多环芳烃（polycyclic aromatic hydrocarbons，PAHs）是分子结构中含有两个或两个以上苯环的一类有机物的总称，是一种只含碳氢的有机化合物。PAHs 的来源分为自然源和人为源。自然源主要来自陆地、水生植物和微生物的生物合成过程，另外森林、草原的天然火灾、火山的喷发物以及化石燃料、木质素和底泥中也存在多环芳烃。人为源主要来自各种矿物燃料如煤、石油和天然气等，木材、纸张以及其他含碳氢化合物的不完全燃烧或在还原条件下的热解。PAHs 具有毒性、遗传毒性、突变性和致癌性，对人体可造成致病危害，如损伤呼吸系统、循环系统、神经系统等，对肝脏、肾脏等器官造成损害。因此，PAHs 已被认定为影响人类健康的主要有机污染物。

6.1 概　　述

6.1.1 PAHs 的结构式

PAHs 种类繁多，目前已发现的 PAHs 包括衍生物在内有 30000 多种，其中探明的多环芳烃已有 500 多种。由于分子结构不同，各种类型的 PAHs 具有不同的物理和化学性质，故对于环境和人类所产生的危害程度也有所差异。在众多的 PAHs 中，主要被环境保护所关注的是被美国环境保护总署（UE-EPA）列为优先控制级污染物的 16 种 PAHs，如表 6-1 和图 6-1 所示。

表 6-1　16 种 PAHs 物理化学性质

英文名	缩写	中文名	分子式	相对分子质量	熔点/℃	沸点/℃
Naphthalene	Nap	萘	$C_{10}H_8$	128.16	80	218
Acenaphthylene	Acy	苊烯	$C_{12}H_8$	152.20	93	275
Acenaphthene	Ace	二氢苊	$C_{12}H_{10}$	154.21	96	279
Fluorene	Flu	芴	$C_{13}H_{10}$	166.22	117	295
Phenanthrene	Phe	菲	$C_{14}H_{10}$	178.22	100	340

英文名	缩写	中文名	分子式	相对分子质量	熔点/℃	沸点/℃
Anthracene	Ant	蒽	$C_{14}H_{10}$	178.22	218	342
Fluoranthene	Flt	荧蒽	$C_{16}H_{10}$	202.26	110	393
Pyrene	Pyr	芘	$C_{16}H_{10}$	202.26	156	404
Benzo(a)anthracene	BaA	苯并(a)蒽	$C_{18}H_{12}$	228.29	159	435
Chrysene	Chr	屈	$C_{18}H_{12}$	228.29	256	448
Benzo(b)fluoranthene	BbF	苯并(b)荧蒽	$C_{20}H_{12}$	252.32	168	393
Benzo(k)fluoranthene	BkF	苯并(k)荧蒽	$C_{20}H_{12}$	252.32	217	480
Bebzo(a)pyrene	BaP	苯并(a)芘	$C_{20}H_{12}$	252.32	177	496
Indeno(1,2,3-cd)pyrene	IcP	茚苯(1,2,3-cd)芘	$C_{22}H_{12}$	276.34	162	534
Dibenzo(a,h)anthracene	DaA	二苯并(a,h)蒽	$C_{22}H_{14}$	278.35	262	535
Benzo(g,h,i)perylene	BgP	苯并(g,h,i)芘	$C_{22}H_{12}$	276.34	273	542

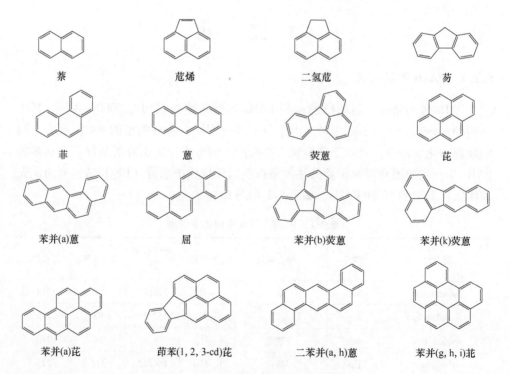

图6-1　16种PAHs的化学分子结构

6.1.2 PAHs 的危害

　　PAHs 是最早发现且数量最多的环境致癌化合物,释放到空气中的 PAHs 容易富集在大气颗粒物上,尤其是在粒径 2.5 μm 以下的可吸入细颗粒物 PM$_{2.5}$ 表面。由于 PAHs 本身具有较强的毒性,如果生物体通过呼吸作用吸入后,易引发呼吸道及心肺功能相关疾病。不同 PAHs 的毒性与自身化学结构和特性密切相关。一般情况下,PAHs 的苯环数量越多其毒性越强,例如,2~3 环 PAHs 致癌及致突变的作用较小,但易挥发,容易对水生生物造成毒害;4~6 环的 PAHs 致癌作用较强,虽然难挥发,但排放至空气中后容易吸附在细颗粒物表面。

6.1.3 PAHs 分析检测的前处理方法

　　环境污染问题已经成为人类可持续发展的重大障碍,PAHs 类有机污染物危害巨大。针对不同相态复杂组分物料中 PAHs,开展精准的检测分析尤为重要。进行 PAHs 定性和定量分析前,预处理技术十分重要。在检测分析热解产物中 PAHs 时,由于热解产物化学特性极为复杂,受杂质组分干扰严重,因此在分析前需要进行样品的预处理。索氏提取、超声萃取、加速溶剂萃取等均适用于固态、液态样品的预处理。对于气相样品可用有关溶剂吸附后,进一步对液相吸附液做预处理。根据国际上常规标准,当前重点关注 16 种多环芳烃,按苯环数对这 16 种 PAHs 进行分类:2 环 PAHs 包括萘(Nap)、苊烯(Acy)、二氢苊(Ace)、芴(Flu);3 环 PAHs 包括菲(Phe)、蒽(Ant)、荧蒽(Flt);4 环 PAHs 包括芘(Pyr)、苯并(a)蒽(BaA)、䓛(Chr)、苯并(a)荧蒽(BaA)、苯并(k)荧蒽(BkF);5 环 PAHs 包括苯并(a)芘(BaP)、茚苯(1,2,3-cd)芘(IcP)、二苯并(a,h)蒽(DaA);6 环 PAHs 包括苯并(g,h,i)芘(BgP)。

　　(1)索氏提取是利用溶剂回流和虹吸原理,使固体物质每一次均能被溶剂所萃取,因此萃取效率较高。萃取前应先将固体物质研磨细,以增加液体浸溶的面积。然后将固体物质放在滤纸套内,放置于萃取室中。当溶剂加热沸腾后,蒸汽通过导气管上升,被冷凝为液体滴入提取器中。当液面超过虹吸管最高处时,即发生虹吸现象,溶液回流入烧瓶,因此可萃取出溶于溶剂的部分物质。像这样利用溶剂回流和虹吸作用,使固体中的可溶物富集到烧瓶内。

　　(2)超声萃取是一种简单、快速的固体样品前处理技术,它利用超声波辐射产生的强烈空化效应、机械振动,使固体物质与溶剂充分接触,加速目标化合物进入萃取溶剂。整个萃取过程操作简单、快速,可实现多个样品同时处理,有机溶剂用量少。

　　(3)加速溶剂萃取是近年来发展起来的一种样品前处理技术,使样品与溶剂在更高的温度和压力条件下接触,加速待测物质在溶剂中溶解,进而提高溶对物质的提取效率。与传统的索氏提取法相比，它具有萃取速度快、有机溶剂使用量少、自动化程度高等优点。

　　（4）微波辅助萃取又称为微波萃取，是指使用适当的溶剂在微波反应器中从植物、矿物、动物组织等中提取各种化学成分的技术和方法，是在传统萃取工艺的基础上强化传热、传质的一个过程。通过微波强化，其萃取速度、萃取效率及萃取质量均比常规工艺好得多。最初应用于无机领域，近年逐渐用到有机萃取中，具有萃取速度快、溶剂用量少、萃取效率高等优点。

　　采用索氏提取方法提取固相中的 PAHs：在制备好的水热炭中加入 80 μL 的替代物中间液，将全部样品小心转入纸质套筒中，将纸质套筒置于索氏提取器回流管中，在圆底溶剂瓶中加入 100 mL 丙酮-正己烷溶剂（1∶1，V/V），提取 16~18 h，回流速度控制在每小时 4~6 次，收取提取液。经过提取后的提取液如存在水分，需要过滤和脱水。在玻璃漏斗上垫一层玻璃棉或玻璃纤维滤膜，加入 5 g 无水硫酸钠，将过滤的提取液放置于浓缩器皿中，再用少量的丙酮-正己烷混合洗涤容器 3 次，洗涤液并入漏斗中过滤，最后再用少量丙酮-正己烷混合溶剂冲洗漏斗，全部收集至浓缩器皿中，等待浓缩。

　　液相中 PAHs 的提取：在抽滤后的液体中加入 50 μL 十氟联苯标准使用溶液和 3 g 氯化钠，再加入 50 mL 二氯甲烷，摇晃 5 min，静置分层，收集有机相，重复萃取两遍，合并有机相。

　　固相中 PAHs 的浓缩：采取旋转蒸发浓缩方式，将旋转蒸发仪的温度设置在 70 ℃（丙酮的沸点为 56 ℃，正己烷的沸点在 69 ℃），将固相或液相提取液浓缩至 2 mL，将浓缩液用 0.45 μm 的有机溶剂过滤器过滤头过滤并转移至浓缩器皿中，然后用少量丙酮-正己烷混合溶剂将旋转蒸发瓶底部冲洗两次，合并全部的浓缩液，再用氮吹浓缩至约 0.5 mL，加入适量的内标中间液使其内标浓度和校准曲线中内标浓度保持一致，并用丙酮-正己烷混合溶剂定容至 1.0 mL。

6.1.4　PAHs 检测方法

　　对于环境介质的化学成分分析方法主要有气相色谱质谱联用法（gas chromatograohy-mass spectrometry，GC/MS）、气相色谱法（gas chromatography，GC）、高效液相色谱法（HPLC）等。GC 和 HPLC 法主要针对污染程度较轻的土壤、水体等成分较为单纯的环境介质；GC/MS 比较适合复杂环境介质的检测分析。

　　随着高效液相色谱法的快速发展，使得越来越多 HPLC 法被开发用于测定 PAHs，并开发出 PAHs 专用的分析柱。由于具有半挥发性和不挥发性等特点，高效液相色谱柱的柱温通常较低，不同于气相色谱需要程序升温至很高的温度，所以被广泛用于定性定量检测；又因荧光检测器具有高灵敏度、高分辨率、低检出限和对某些物质具有高选择性等特点，在高效液相色谱法中常被采用。

GC/MS 被广泛应用于复杂组分的分析与鉴定，其具有 GC 的高分辨率和质谱的高灵敏度，该方法对不同组分的分类准确，结果准确，重复性好，同时提供的信息量大，因此应用广泛。为了提高仪器的灵敏度和准确度，消除杂质的干扰，常常将气相色谱仪与质谱仪联用，用全扫描模式进行定性，选择离子检测模式进行定量，能满足痕量有机污染物分析的要求。

在有机污染物的环境检测中，GC 法是最常用的定性定量方法。该方法用于分析易挥发、热稳定性好的有机物，是目前检测环境中二噁英、PAHs 的主要方法。GC 分析中载气为惰性气体，通常有氮气、氦气或氢气。对有机组分进行分析时，含有机组分的液体样品由进样器进入汽化室后，立即汽化，并被载气带入色谱柱。色谱柱中以表面积大且具有一定活性的吸附剂作为固定相，吸附剂对每个组分的吸附力不同，经过一定时间后，各组分在色谱柱中的运行速度也就不同。吸附力弱的组分容易被解吸下来，最先离开色谱柱进入检测器，而吸附力最强的组分最不容易被解吸下来，因此最后离开色谱柱。检测器将物质的浓度或质量的变化转变为一定的电信号，经放大后在记录仪上记录下来，就得到色谱流出曲线。根据色谱流出曲线上得到的每个峰的保留时间，可以进行定性分析；根据峰面积或峰高的大小，可以进行定量分析。GC 法样品用量小，应用范围广，可分析各种气体以及在适当温度下能汽化的液体或定量裂解的固体。

6.2 污泥热解过程 PAHs 生成

M. E. Sanchez 等人检测出在污泥热解三相产物中，热解油的 PAHs 含量最高。浙江大学蒋旭光团队发现温度是污泥热解过程 PAHs 生成的主要影响因素。杜稼健等人考察了添加剂 Ni 和 H_2O_2 在超临界水汽化下对氢产率和 PAHs 生成的影响，发现催化剂 Ni 和 H_2O_2 会抑制污泥热解过程 PAHs 生成。周佳靖等人分析了金属氧化物作用下污泥的催化热解行为，发现 CaO 和 Fe_2O_3 存在抑制了 PAHs 生成。此外，一些学者对影响煤和生物质催化热解过程 PAHs 生成的因素进行了研究，发现产物中 PAHs 分布受添加剂的影响。

6.2.1 液相产物中 PAHs 分布特性

就相态分布而言，PAHs 主要以乳化形式存在，在污泥热解过程易富集于热解液相产物中。在 350~1050 ℃ 的热解温度下，液相产物中 16 种 PAHs 的质量占比如图 6-2 所示。热解温度是液相产物中生成不同种类 PAHs 的关键影响因素，16 种 EPA-PAHs 均被检出，但其富集水平具有较大差别，其中 Nap（萘）质量占比最高，达 37%（450 ℃），其次 Phe（菲）（8.8%~18.5%）、中环 Chr（3.4%~

8.7%）、高环 BgP（3.7%～8.3%）。随着热解温度升高，液相产物中 $\Sigma_低$ PAHs 的质量占比基本上呈逐渐降低趋势，但其中的中环 PAHs 生成量呈现出先增加后降低的趋势，拐点发生在 550 ℃。PAHs 的生成是一个复杂的热化学反应过程，大致涉及了固体热裂解、气体合成（包括 diels-alder 反应）、PAHs 分解以及对气体和液相产物之间分配起主导作用的蒸馏效应等。

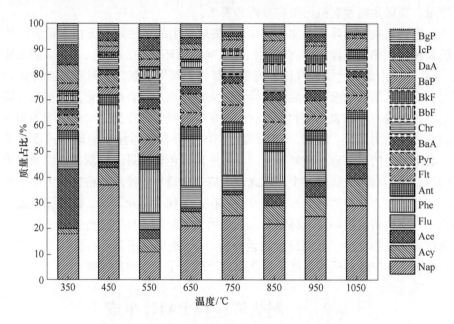

图 6-2　污泥热解液相产物中 16 种 PAHs 质量占比

　　不同条件下物料自身特性、热解设备型式，以及反应氛围等因素都会影响热化学反应过程 PAHs 合成与分解的竞争反应程度，也就是直接引起 PAHs 生成变化。另外，高温下污泥有机结构体裂解形成的孔隙结构也影响 PAHs 吸附和释放。图 6-3 为不同终温下液相产物中 PAHs 含量分布及其毒性当量。污泥中有机组分通常在 200 ℃左右开始发生热裂解反应，在 350 ℃时 PAHs 开始生成，且以低环 PAHs 为主，这个阶段释放生成的 PAHs 可能与污泥自身包含的原始 PAHs 有直接关系。在低温热解阶段（小于 650 ℃），随着温度的升高 Σ_{16}PAHs 呈现下降趋势，尤其 Nap 和 Ace 总量下降幅度较大；在高温热解阶段（大于 650 ℃），Σ_{16}PAHs 随温度升高先增加后降低，特别是从 750 ℃上升至 850 ℃，液相产物中 PAHs 增加约 5 倍，其中以 Nap、Ace、Phe、Flt、Pyr 和 Chr 为主，Σ_6PAHs 达到了 9.92 mg/kg，占 Σ_{16}PAHs 约 70%。基本上在 750～850 ℃温度区间内易生成高环 PAHs。

　　PAHs 种类丰富，广泛存在于自然环境中，为了评价有机污染物对健康影响

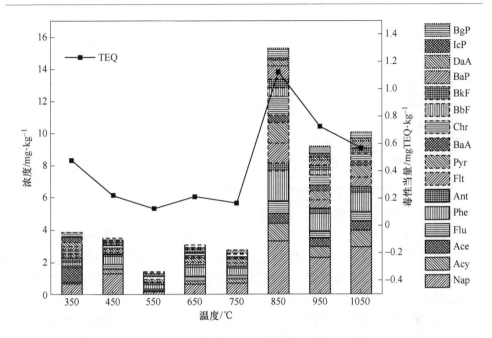

图 6-3　液相产物中 PAHs 含量分布与毒性当量

的潜在效应，提出了毒性当量的概念，可通过不同环数 PAHs 的毒性因子（toxicity equivalence factor，TEF）来折算获得。PAHs 的 TEF 是以 BaP 的毒性为基准计算，见表 6-2。热解产物毒性当量（TEQ）的计算基于 TEF，不同 PAHs 的浓度乘以其相应的毒性当量因子，借此来表征热解产物中 PAHs 的环境危害性。图 6-3 是不同工况下热解液相产物中 PAHs 的 TEQ 值。不同温度下液相产物的 TEQ 值变化规律与其生成量变化基本一致，随温度升高，TEQ 值逐渐减小，从 0.483 mgTEQ/kg（350 ℃）下降到 0.166 mgTEQ/kg（750 ℃）。在 850 ℃热解工况下，液相产物 TEQ 又剧烈升高，可达 1.129 mgTEQ/kg。

表 6-2　采用 GC/MS 测量 PAHs 的工作曲线

多环芳烃	PAHs	毒性因子	保留时间/min	含量/mg·kg^{-1}
萘	Nap	0.001	5.420	0.169
苊烯	Acy	0.001	7.501	0.027
二氢苊	Ace	0.001	7.809	0.021
芴	Flu	0.001	8.799	0.036
菲	Phe	0.001	11.568	0.066
蒽	Ant	0.01	11.734	0.031
荧蒽	Flt	0.001	17.642	0.052
芘	Pyr	0.001	19.037	0.083
苯并(a)蒽	BaA	0.1	26.614	0.036

多环芳烃	PAHs	毒性因子	保留时间/min	含量/mg·kg^{-1}
䓛	Chr	0.01	26.813	0.089
苯并(b)荧蒽	BbF	0.1	32.306	0.050
苯并(k)荧蒽	BkF	0.1	32.445	0.051
苯并(a)芘	BaP	1	33.998	0.041
茚苯(1,2,3-cd)芘	IcP	0.1	40.691	0.051
二苯并(a,h)蒽	DaA	1	41.042	0.046
苯并(g,h,i)苝	BgP	0.01	42.118	0.072

多环芳烃是一组不同的有机化合物，每种化合物都含有两个或多个稠合芳环，环数越多一般毒性就越强。低环（2环和3环）PAHs致癌及致突变的作用较小，但易挥发，容易对水生生物造成毒害。中环（4环）和高环（5环和6环）PAHs中BaP、IcP有很强的致癌作用，虽然较难挥发，但排放到空气中容易吸附到颗粒物上。

温度与热解液相产物中高环、中环、低环PAHs的含量变化密切相关，如图6-4所示。液相产物中2环、3环和4环PAHs占据主导地位，三者总量占$\sum_{16}$PAHs的95%以上。这是由于高环PAHs分子量更大，热化学反应性更稳定，发生裂解反应需要更高的温度，使其不易通过热化学反应合成。在750℃以下的热解工况条件下，随着温度升高，高环PAHs含量持续缓慢减少，中环PAHs含量稍微增加，而在550℃和850℃时低环PAHs含量出现了两次明显拐点，但是对于低环、中环及高环PAHs总生成量是呈增加趋势。这与不同温度下煤热解过程的PAHs生成规律基本相似，热解煤产生PAHs的峰值温度是800℃。邻苯二酚热解

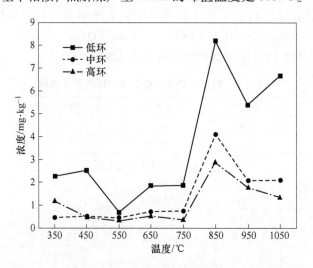

图6-4　液相产物中高环、中环、低环PAHs含量分布

生成 PAHs 的峰值温度是 950 ℃。结合液相产物产率，在温度从 850 ℃升至 950 ℃过程，两组热解液相产物产率差别不大，但是低环、中环 PAHs（Nap、Ace、Phe、Flt和 Pyr）生成量显著减少；当温度升高至 1050 ℃以后，各环ΣPAHs 变化并不明显。

6.2.2 气相产物中 PAHs 分布特性

与液相产物相比，无论种类与总含量气相产物中 PAHs 都更少。图 6-5 是不同热解温度下气相产物中 PAHs 的质量占比。在 350 ℃时气相产物中只能检测到萘（Nap）和芴（Flu）两种 PAHs，比其他温度下的气相产物中 PAHs 种类少。萘（Nap）作为分子量最小的 PAHs，沸点低且具有易挥发特性，因此在气相产物中占比最多。

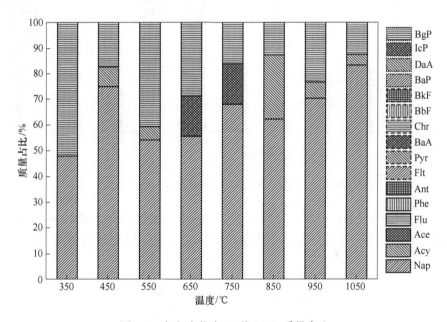

图 6-5 气相产物中 16 种 PAHs 质量占比

液相产物包含的 PAHs 种类比气相产物更多，在液相产物中 16 种 PAHs 均被检测到，而气相产物中基本只能检测到 3 种 PAHs。另外，各温度下获得的液相产物中 PAHs 含量均高于气相产物。图 6-6 为从 350 ℃到 1050 ℃不同热解气相产物中 PAHs 含量分布与毒性当量。在 350 ℃低温裂解时，污泥热解气相产物中就开始有 PAHs 析出，主要是萘（Nap）、苊烯（Ace）、芴（Flu）和蒽（Ant）等低环和中环 PAHs。在高温阶段热解气相产物中，PAHs 生成水平高于低温阶段，在 850 ℃时污泥热解过程气相产物中 PAHs 含量达到最高值，为 8.28 mg/kg。从 350 ℃升温至 650 ℃，气相产物中 PAHs 分布含量呈现先增加后降低趋势，从 650 ℃升温至 1050 ℃，PAHs 生成含量具有相似的变化趋势；在 850 ℃之后的污泥热解过程中，PAHs 生成量虽然有所减少，但总含量仍然很高，这也说明了相对于污泥低温热解，高温热解气相产物中更易生成 PAHs。

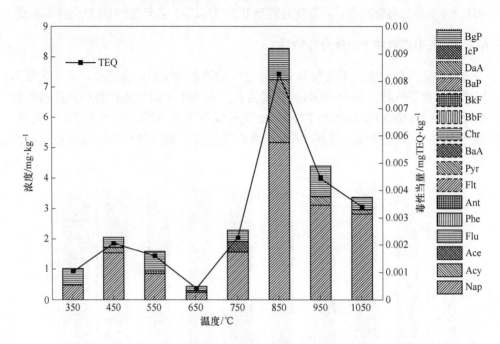

图 6-6　气相产物中 PAHs 含量分布与毒性当量

气相产物中 PAHs 主要以低环为主，也含有少量的中环 PAHs，但没有检测到高环 PAHs。图 6-7 为气相产物中高环、中环、低环 PAHs 含量分布。不同热解

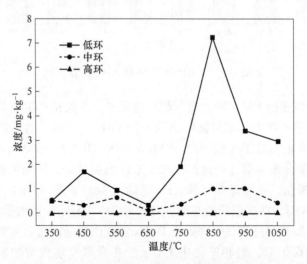

图 6-7　气相产物中高环、中环、低环 PAHs 含量分布

温度下低环 PAHs 生成量均最高（达 7.248 mg/kg），然而温度对中环 PAHs 生成含量影响并不显著，基本维持在 0.56 mg/kg 左右。在 850 ℃ 热解温度时，污泥的大分子结构裂解达到高峰，热解产物中 PAHs 不仅来源于断键时小分子组分的析出，产物经二次断裂、合成、环化等反应，或重新与污泥有机结构中物质相结合，导致低环 PAHs 生成总量达到最大值。不同温度下气相产物毒性当量主要由萘（Nap）、苊烯（Ace）、芴（Flu）和蒽（Ant）主导，低温热解阶段气相产物毒性在 450 ℃ 达到峰值，高温热解阶段毒性在 850 ℃ 达到峰值。

6.3　不同来源污泥热解过程中 PAHs 生成规律

污泥的来源广泛多样，各类污泥的产生过程复杂，这使得不同来源的污泥在物理、化学和生物学特性方面存在明显的差异。污泥组分中既有无机物也包含了大量有机物质残片、细菌菌体胶体等，在热处置过程中也会产生复杂多样的有机污染物。张辰等人调研城市污泥中有机污染物含量分布，其中 PAHs 含量高达 11.9 mg/kg，所采集的污泥样本中 PAHs 含量超过 5 mg/kg 的样本比例为 11%，超过 6 mg/kg 的样本比例为 9%。

为全面了解污泥热解过程 PAHs 生成与演变特征，解析 PAHs 可能来源，分别收集了食品加工厂污水污泥、印染工业污水污泥、混合工业污水污泥及市政生活污水污泥。图 6-8 为 4 种来自不同污泥热解液相产物样品中 16 种 PAHs 的赋存

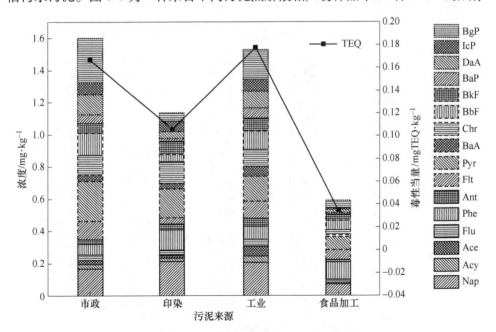

图 6-8　不同来源污泥中 PAHs 的赋存特征

特征。在4种来源污泥中的16种PAHs赋存特征具有很大差异性，其中市政生活污水污泥中PAHs总含量最高，为1.59 mg/kg，食品加工厂污水污泥中PAHs含量最低为0.59 mg/kg，印染污水污泥和混合工业污水污泥中PAHs分别为1.14 mg/kg和1.53 mg/kg。另外，4种污泥中PAHs的种类也有很大差别，市政污水污泥和混合工业污水污泥中含量最高PAHs为六环苯并（g，h，i）芘（BgP），印染污水污泥中PAHs含量最高的是萘（Nap），食品加工厂污水污泥中PAHs含量最高的是菲（Phe）。混合工业污水污泥毒性当量最高，为0.178 mgTEQ/kg，略高于市政污泥。

6.3.1 液相产物中PAHs生成规律

6.3.1.1 液相产物中16种PAHs质量占比

图6-9是不同来源污泥热解液相产物中16种PAHs的质量占比。对于污泥低温热解和高温热解而言，其液相产物中均检测出16种PAHs，但它们的富集水平具有较大差别。在低温热解（小于450 ℃）时，液相产物中16种PAHs的占比最高的是萘（Nap）：市政污泥37.0%，印染污泥22.9%，工业污泥35.1%，食品加工污泥29.3%。从低温热解向高温热解发展，液相产物中PAHs的质量占比均表现出降低趋势；但在温度升至850 ℃后，热解液相产物中16种PAHs质量占比均有所增加。

6.3.1.2 液相产物中16种PAHs含量分布及毒性当量

图6-10为不同来源污泥在高低温热解条件下液相产物中PAHs含量分布及毒

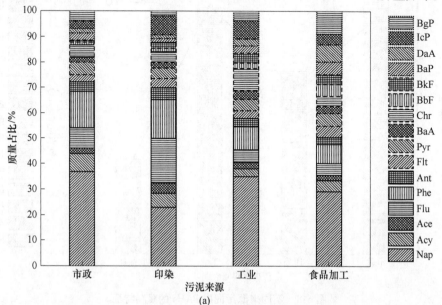

(a)

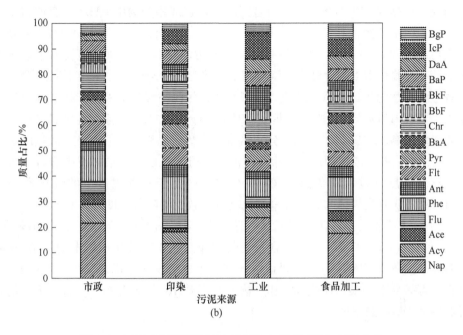

图 6-9 不同来源污泥热解液相产物中 16 种 PAHs 质量占比

(a) 450 ℃；(b) 850 ℃

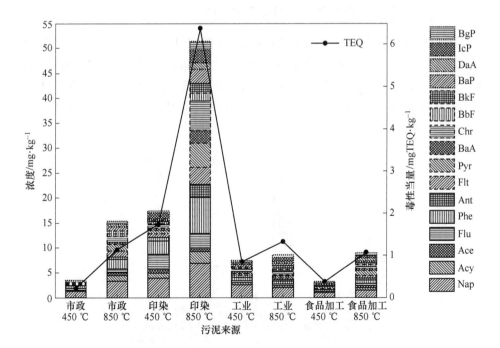

图 6-10 不同来源污泥热解液相产物中 PAHs 含量分布和毒性当量

性当量。在高温 850 ℃条件下，所有污泥的热解液相产物中 PAHs 浓度均高于低温 450 ℃时的热解液相产物。但 PAHs 含量增幅不同，工业污泥(115%) < 食品加工污泥(272%) < 印染污泥(294%) < 市政污泥(434%)，尤其高温时市政污泥热解液相产物中 PAHs 含量是低温热解液相产物的 4 倍以上。4 种不同来源污泥热解过程中萘的生成占重要地位，除了在印染污泥高温热解液相产物中其含量占据第二（6.91 mg/kg），略低于菲（7.21 mg/kg），在其他热解污泥液相产物中萘的含量均最高。印染污泥的挥发分和热值与市政污泥相近，但印染污泥热解液相产物中 PAHs 的生成量却远高于市政污泥，这可能是由于印染污泥中含有丰富的金属离子，热解过程中促进了 PAHs 生成。产生于不同温度下的液相产物中 PAHs 的 TEQ 变化规律与其生成量变化基本一致，均随着温度升高而上升。

图 6-11 为 4 种来源污泥高低温热解液相产物中高环（5 环、6 环）、中环（4 环）、低环（2 环、3 环）PAHs 含量变化规律。在 4 种液相产物中均检出 16 种 PAHs，其中低环 PAHs 占据主要地位，其总生成量均多于高环、中环 PAHs，尤其在低温条件下印染污泥热解液相产物中低环 PAHs 占比达 70%，远高于其他高环和中环 PAHs 的浓度。

6.3.2　气相产物中 PAHs 生成规律

6.3.2.1　气相产物中 16 种 PAHs 质量占比

图 6-12 为 4 种污泥热解的气相产物中 16 种 PAHs 的质量占比。工业污泥和食品加工污泥热解的气相产物中只检测到萘（Nap）、苊烯（Ace）、芴（Flu）、菲（Phe）等低环 PAHs；市政污泥和印染污泥中能检测到微量的荧蒽（Flt）。4 种污泥热解气相产物中检测到的 PAHs 种类相似，但质量占比有明显差异。

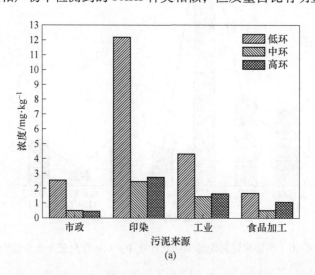

(a)

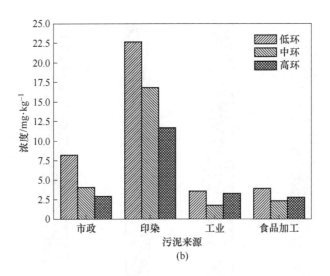

图 6-11 液相产物中高环、中环、低环 PAHs 含量分布

(a) 450 ℃；(b) 850 ℃

6.3.2.2 气相产物中 16 种 PAHs 含量分布及其毒性当量

图 6-13 为气相产物中 PAHs 含量分布和毒性当量。热解气相产物中 PAHs 含量和种类均少于液相产物。印染污泥在 850 ℃热解产生的气相产物中 PAHs 毒性

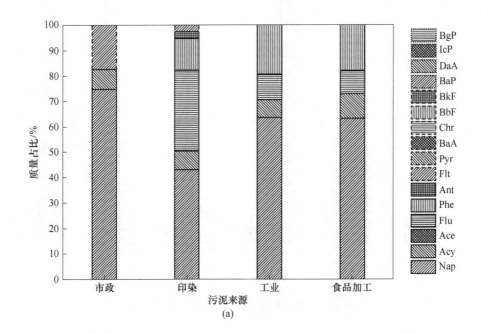

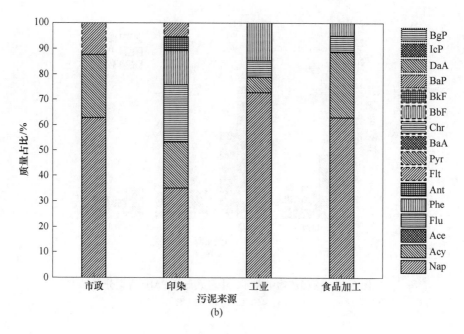

图 6-12　气相产物中 16 种 PAHs 质量占比

(a) 450 ℃；(b) 850 ℃

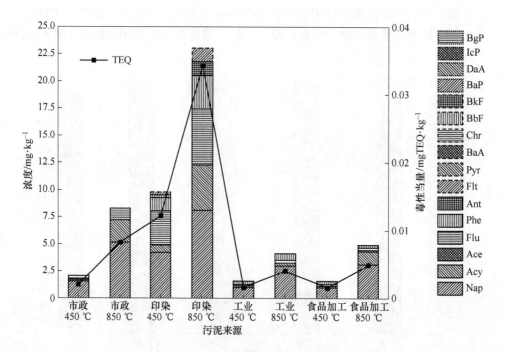

图 6-13　气相产物中 PAHs 含量分布与毒性当量

当量最高仅为 0.0042 mg TEQ/kg，远低于相同热解工况下其他种类污泥液相产物中 PAHs 的毒性当量。气相产物中主要是中低环 PAHs，没有毒性强烈的高环 PAHs，因此毒性较低。

气相产物中 PAHs 主要以低环 PAHs 为主，含有少量中环 PAHs。图 6-14 为 4 种污泥热解气相产物中高环、中环、低环 PAHs 含量分布。热解反应从低温升至高温发生，4 种来源污泥低环 PAHs 含量均呈现上升趋势，上升幅度较大，分别为 421%（市政污泥）、228%（印染污泥）、282%（工业污泥）、371%（食品加工污泥）。

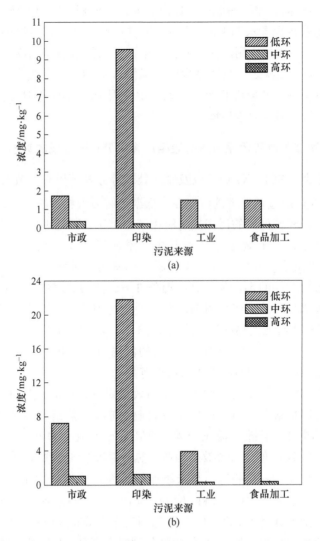

图 6-14　气相产物中高环、中环、低环 PAHs 含量分布
(a) 450 ℃；(b) 850 ℃

6.4　预处理方式对热解液相产物中 PAHs 分布影响

为了提高污泥资源化利用效率，污泥处置前需要进行预处理，如干化、调质等。干化的程度和调质的方法均会影响污泥后续终端的处置利用。因此，也探究了不同污泥预处理方式对其热解过程 PAHs 生成规律的影响。

6.4.1　污泥含水率对 PAHs 生成的影响

图 6-15 为不同含水率污泥在高低温热解过程液相产物中 PAHs 含量分布及其毒性当量。随着污泥含水率下降，PAHs 生成量持续增加，污泥中水分存在抑制热解过程 PAHs 生成的作用。在不同含水率污泥的热解液相产物中 Nap 的生成量均较高，Phe 的含量次之，且随着含水率降低 Nap 和 Phe 生成量有明显上升。随着污泥含水率下降，热解液相产物中无论毒性因子较低的 PAHs 还是毒性因子更强的中环、高环 PAHs 含量均增加。

6.4.2　不同添加剂调质污泥对热解液相产物中 PAHs 生成的影响

添加杨木屑、KCl、Na_2CO_3 以及脱灰处理等方式可以有效改善污泥热解转化效率。图 6-16 是经过预处理的污泥在高低温热解时液相产物中 PAHs 含量分布及毒性当量。与未经预处理的污泥热解液相产物对比，预处理后污泥的热解液相产物中 PAHs 总含量具有显著差异。其中，添加杨木屑的污泥热解液相产物中 PAHs 含量降低最多。在低温条件下，添加杨木屑后液相产物中 PAHs 浓度是单独污泥热解液相产物的 57.2%；在高温条件下，添加杨木屑后 Ace 生成含量降幅最大，仅为未添加时液相产物的 31.2%。脱灰处理后，污泥的低温热解液相产物中 PAHs 是未脱灰污泥的热解液相产物 2.23 倍。添加杨木屑后共热解液相产物中 PAHs 的毒性当量变化不大，而脱灰污泥的低温热解液相产物中 PAHs 毒性当量增幅较高，这与中高环 PAHs 生成量增加有关。

催化剂在高温热解工况中的催化作用效果更好，KCl 和 Na_2CO_3 作为催化剂对于 PAHs 的催化裂解效果相似。添加催化剂催化热解后获得的液相产物中 PAHs 总含量增加，但随着温度升高，PAHs 的生成含量也显著下降，KCl 和 Na_2CO_3 对于 PAHs 的催化裂解效果相似，热解温度从 450 ℃上升至 850 ℃后液相产物中 PAHs 含量下降了 43%；与未添加催化剂时液相产物相比，PAHs 含量的下降幅度更大，达到 11.02 mg/kg(KCl) 和 10.89 mg/kg(Na_2CO_3)。从低温到高温热解时，添加 KCl 和 Na_2CO_3 作为催化剂对于 PAHs 的催化裂解效果相似，但毒性当量变化差异显著。Na_2CO_3 作为催化剂对于高环 PAHs 裂解效果较差，对于毒性最强的 BaP 和 IcP 的降解效率分别为 82.4% 和 71.9%。

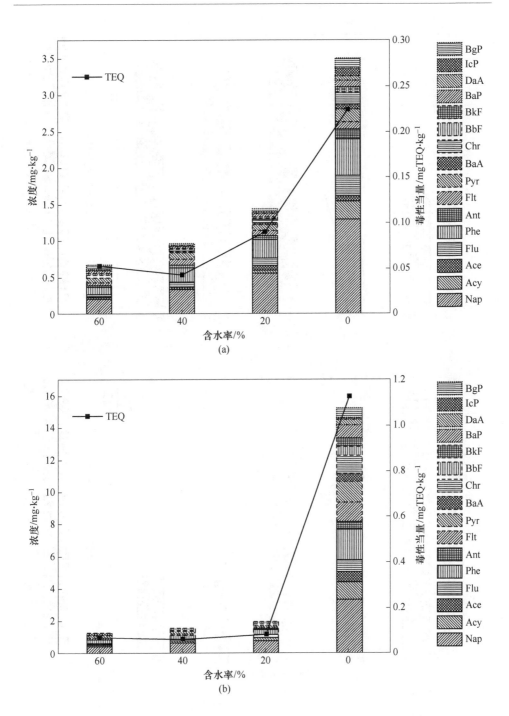

图 6-15　不同含水率污泥在高低温热解过程液相产物中 PAHs 含量分布与毒性当量
(a) 450 ℃；(b) 850 ℃

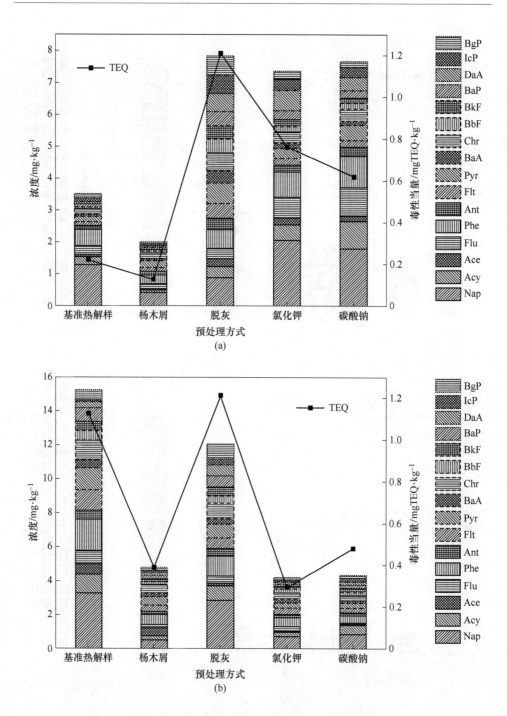

图 6-16　液相产物中 PAHs 含量分布与毒性当量

(a) 450 ℃；(b) 850 ℃

6.4.3 添加剂负载量对液相产物中 PAHs 生成的影响

污泥热解过程添加 Na_2CO_3 和 KCl 时，适当负载量的添加剂有利于控制 PAHs 的形成。负载量为 20% 时，KCl 和 Na_2CO_3 对 PAHs 生成抑制作用最显著。图 6-17(a)是不同 Na_2CO_3（5%、10%、20%、25% 和 30%）负载量条件下污泥热解液相产物中 16 种 PAHs 的质量占比。污泥热解过程负载 Na_2CO_3 对 PAHs 生成有显著影响，尤其导致低环和中环 PAHs 生成量大幅提高。在 Na_2CO_3 负载量为 25% 时，液相产物中萘的质量占比最高，达到 27.8%；其次是菲。随 Na_2CO_3 添加量提高，$\sum_{\text{低}}$PAHs 的质量占比拐点发生在负载量为 20% 时，中环 PAHs 的质量占比变化较小，高环 PAHs 质量占比持续震荡变化，但在 Na_2CO_3 负载量为 20% 时，达到峰值为 27.2%。

图 6-17(b)为在不同 KCl（5%、10%、20%、25% 和 30%）负载量条件下污泥热解液相产物中 PAHs 的质量占比。16 种 PAHs 均被检出，中环和低环 PAHs 占据了主导地位，当 KCl 负载量为 5% 时，中环和低环 PAHs 质量占比达 95.6%。随着 KCl 负载量增加，低环 PAHs 质量占比呈现逐渐减少趋势，在负载量为 5% 时达到峰值，在负载量为 30% 时达到最小值；中环 PAHs 则呈现出先减后增的趋势，在负载量为 5% 时，达到最小值，在负载量为 30% 时，达到峰值 43.4%；高环 PAHs 质量占比与中环 PAHs 的变化趋势相同，分别在负载量为 5% 和 30% 时达到最小值 4.42% 和峰值 25.74%。

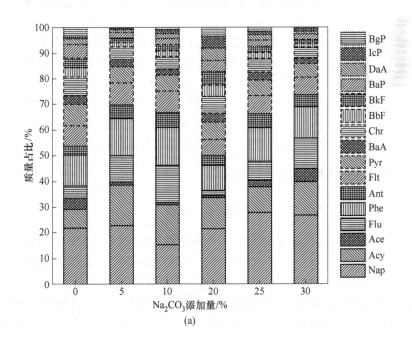

(a)

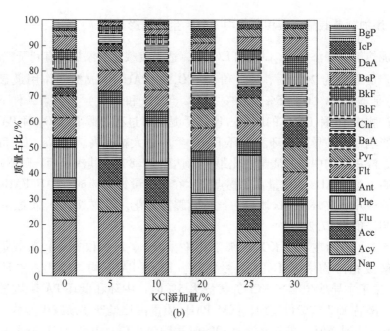

图 6-17 不同添加剂作用下液相产物中 16 种 PAHs 质量占比

(a) Na$_2$CO$_3$ 不同负载量；(b) KCl 不同负载量

6.5 升温速率和停留时间对 PAHs 生成的影响

一般来说，热解过程中 PAHs 主要通过"热分解和热合成"两种热化学转化方式生成。热分解是物料在加热开始后有机组分分解成较小、不稳定的化合物，这些化合物主要是一些高活性、短寿命的自由基团，它们通过再合成反应生成较稳定的 PAHs。影响热分解和热合成的主要因素除了物料自身理化特性外，还与宏观热反应条件密切相关。针对热解反应工况而言，温度是 PAHs 生成的关键影响因素，除此之外升温速率、停留时间等热工况也对热解产物特性具有一定影响。

6.5.1 升温速率对 PAHs 生成的影响

6.5.1.1 液相产物中 16 种 PAHs 质量占比

图 6-18 为不同升温速率时污泥热解液相产物中 16 种 PAHs 质量占比变化规律。在高温热解时，随着升温速率提高，低环 PAHs 萘（Nap）生成量变化较为明显；其次是高环二苯并（a，h）蒽（DaA）；且升温速率对液相产物中高环、中环、低环 PAHs 总质量占比影响较大。对低环 PAHs，当升温速率为 60 ℃/min 时，其总质量占比达到异常峰值 73.6%。对中环 PAHs，随着升温速率的增加，

其总质量占比呈现下降趋势，但其变化趋势较小，在 10 ℃/min 时最高。对于高环 PAHs，随着升温速率变化，其总质量占比变化较大，在 30 ℃/min 时达到最高 52.1%，而在 60 ℃/min 时仅为 8.9%。在高温热解条件下，芳环结构缩聚反应增强，升温速率低时，污泥热解反应时间较长，缩聚反应时间也长，使得中高环 PAHs 总质量占比增大，而在升温速率为 60 ℃/min 时，污泥热解反应时间缩短，缩聚反应来不及进行，因此低环 PAHs 总质量占比相对较高。

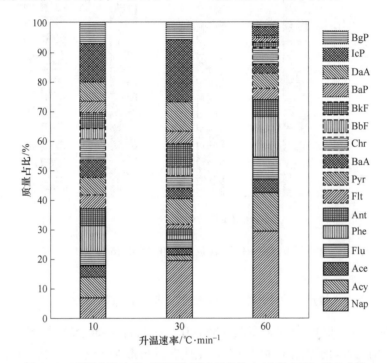

图 6-18　不同升温速率时污泥热解液相产物中 16 种 PAHs 质量占比

　　图 6-19 是在热解终温为 450 ℃时不同升温速率条件下污泥热解液相产物中 16 种 PAHs 质量占比。在低温热解条件下，低环 Nap 的质量占比在三种升温速率下均最高；其次是 Phe（10 ℃/min 和 60 ℃/min）和 DaA（30 ℃/min）。在 10 ℃/min 和 60 ℃/min 升温速率时，低环 PAHs 总质量占比最高，可达 64.36%；在升温速率为 30 ℃/min 时，高环 PAHs 的质量占比最高，其中 DaA 为 11.5%；其次是低环 PAHs，其质量占比达到 35.64%。在低温下慢速热解过程中热反应时间较长，在 CaO 作用下液相产物中生成的高环 PAHs 发生裂解作用，使得低环和中环 PAHs 占据主导地位；而快速热解的反应时间较短，低温下新生成的 PAHs 主要来自污泥样品本身，以低环 PAHs 为主。与高温热解不同的是，低温热解时不同升温速率下液相产物中 Nap 质量占比均最高；当热解速率较低时，高温热解条件下的高环 PAHs 质量占比是低温时的 3 倍多。

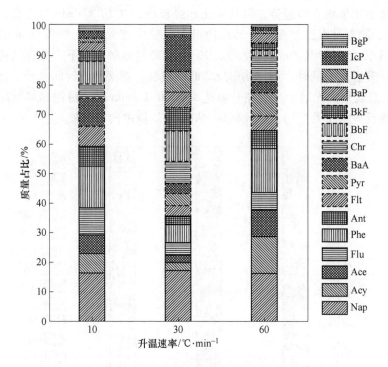

图 6-19　在不同升温速率下低温热解液相产物中 16 种 PAHs 质量占比

6.5.1.2　液相产物中 16 种 PAHs 含量分布及其毒性当量

图 6-20(a) 和 (b) 分别是高温 (850 ℃) 和低温 (450 ℃) 热解条件下不同升温速率时污泥热解液相产物中 PAHs 生成含量与毒性当量。在高温热解过程中，随着升温速率升高，污泥热化学反应持续时间和反应程度均有差异，因此液相产物中 PAHs 的生成含量表现出明显差别，但总体呈现出先减后增的趋势。当升温速率升高至 60 ℃/min 时，液相产物中 16 种 PAHs 总生成浓度有阶跃式增长，达到最大值 9.94 μg/g，其中低环 PAHs 占据主导地位，总生成浓度为 7.31 μg/g。在升温速率为 30 ℃/min 时，液相产物中 16 种 PAHs 的总生成浓度最低，为 5.53 μg/g，其中高环 PAHs 约占 50%。在升温速率为 10 ℃/min 时，Nap 生成含量仅为 0.44 μg/g，而中环和高环 PAHs 生成含量较高。

在低温热解过程中，随着升温速率升高液相产物中 PAHs 的生成含量呈现递增趋势。在升温速率为 10 ℃/min 时，液相产物中 PAHs 总生成含量最低，为 4.54 μg/g，而在 60 ℃/min 时最高，达到 26.57 μg/g，是 10 ℃/min 时的 6 倍左右。而且各环 PAHs 生成含量均有明显变化，除部分高环 PAHs（BbF、BkF、IcP、DaA、BgP）外，其他 PAHs 均呈现出与总生成含量一致的变化趋势。在液

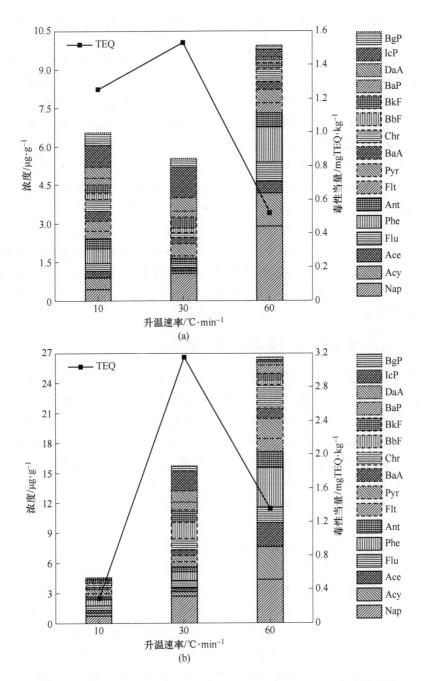

图 6-20 在不同升温速率下高低温热解液相产物中 PAHs 含量与毒性当量

(a) 850 ℃；(b) 450 ℃

相产物中 Nap 占据非常重要的地位，其生成浓度在三种升温速率下均最高，在 60 ℃/min 时达到峰值 4.36 μg/g，是 10 ℃/min 的 6 倍左右，与 16 种 PAHs 的总生成浓度变化一致。在低温热解条件下，升温速率对液相产物中 PAHs 的生成变化影响较高温时大。在升温速率为 30 ℃/min 和 60 ℃/min 时，低温条件下热解液相产物中 PAHs 总生成含量均为高温的 3 倍左右；在 10 ℃/min 时，高温下液相产物中 PAHs 总生成浓度略高于低温，此时热解温度较高且反应时间较长，生成的 PAHs 主要来自自由基高温合成。

图 6-20 还显示了高温和低温热解时不同升温速率下液相产物中 16 种 PAHs 的毒性当量 TEQ。在升温速率为 30 ℃/min 时，液相产物中 PAHs 的 TEQ 值均最高。随着升温速率变化，液相产物中 16 种 PAHs 的 TEQ 值与 PAHs 总生成含量的变化趋势相反，主要体现在升温速率为 30 ℃/min 时，PAHs 总生成含量最低，而 TEQ 最高；在升温速率为 60 ℃/min 时，PAHs 总生成含量最高，而 TEQ 最低。当低温热解时，在升温速率为 30 ℃/min 条件下，TEQ 高达 3.15 mg/kg，在 60 ℃/min 时 TEQ 为 1.35 mg/kg；然而在 60 ℃/min 时，液相产物中 PAHs 总生成含量约为 30 ℃/min 时的 2 倍。

6.5.1.3 液相产物中不同环数 PAHs 赋存规律

图 6-21(a)是高温热解条件下污泥热解液相产物中高环（5 环、6 环）、中环（4 环）、低环（2 环、3 环）PAHs 生成含量的变化规律。随着升温速率的变化，在高温和低温热解条件下，不同环数的 PAHs 生成含量变化各异。在 30 ℃/min 时，低环和中环 PAHs 生成含量均最低，而高环 PAHs 含量最高。在 60 ℃/min 时，高环 PAHs 含量最低，中环和低环 PAHs 含量最高，且低环 PAHs 的生成含量达到异常峰值 7.31 μg/g，分别是 10 ℃/min 和 30 ℃/min 的 3 倍和 4.4 倍。中环 PAHs 生成浓度变化较为平稳，其波动范围是 0.99 μg/g（30 ℃/min）~1.74 μg/g（60 ℃/min）。

在低温热解条件下[见图 6-21(b)]，当升温速率分别为 10 ℃/min 和 60 ℃/min 时，中低环 PAHs 占据主导地位，其生成含量占总生成量 87% 以上；在 30 ℃/min 时，中低环 PAHs 生成量占比降低，仅为 53%。随着升温速率增高，中环和低环 PAHs 生成含量呈现出增加趋势，在 60 ℃/min 时分别达到峰值 6.70 μg/g 和 17.10 μg/g，且低环 PAHs（Nap、Ace、Acy、Flu、Phe、Ant）和中环 PAHs（Flt、Pyr、BaA、Chr）生成含量均最高；高环 PAHs 生成含量则先增后减，在 30 ℃/min 时达到最大值 7.22 μg/g。在低温热解时，液相产物中 PAHs 主要来自污泥本身，此时增加升温速率会对液相产物中 PAHs 的生成起到积极作用。低温热解液相产物中不同环数 PAHs 的生成含量变化与高温热解不一致，主要体现在两方面：一是升温速率为 10 ℃/min 时，低温下高环 PAHs 生成含量低于中环和低环，而高温下则最高；二是升温速率从 10 ℃/min 升至 30 ℃/min，低环和中环 PAHs 生成含量的变化在高温和低温热解时呈现相反趋势。

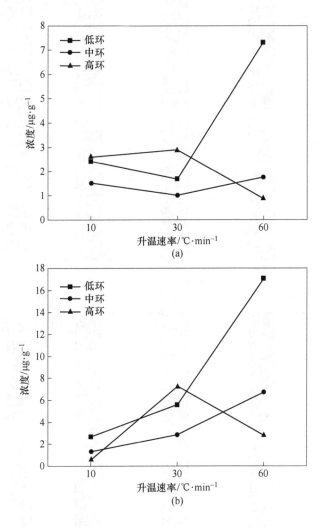

图 6-21　液相产物中高环、中环、低环 PAHs 含量分布
(a) 850 ℃；(b) 450 ℃

6.5.2　停留时间对 PAHs 生成的影响

6.5.2.1　液相产物中 16 种 PAHs 质量占比

图 6-22(a)为高温热解条件下，不同停留时间时污泥热解液相产物中 16 种 PAHs 质量占比的变化情况。停留时间是影响热解过程的重要参数。延长停留时

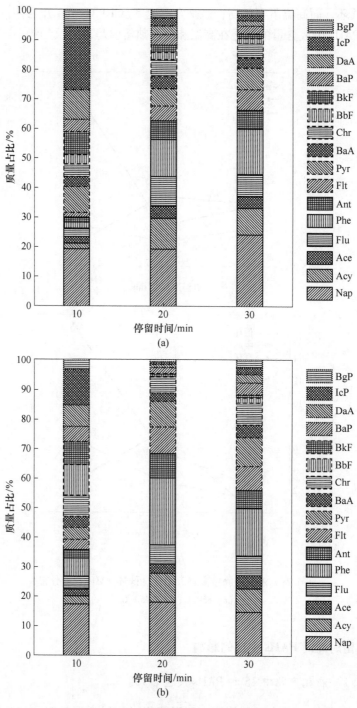

图 6-22　液相产物中 16 种 PAHs 质量占比

(a) 850 ℃；(b) 450 ℃

间使得污泥热解发生二次反应,影响产物中多环芳烃的生成。不同的停留时间使液相产物中 16 种 PAHs 的质量占比表现出较大差异。在高温热解时,不同停留时间下污泥热解液相产物中检出 16 种 PAHs。随着停留时间从 10 min 增加到 30 min,液相产物中低环 PAHs 尤其萘占据重要地位,其质量占比在停留时间为 30 min 时最高,为 24.22%。因此,停留时间会影响低环、中环、高环 PAHs 的质量占比。随着停留时间的增加,低环 PAHs 质量占比呈现递增趋势,在停留时间为 30 min 时低环 PAHs 质量占比高达 66.17%,是 10 min 时的 2 倍多;中环 PAHs 质量占比没有较大的差异,高环 PAHs 则呈现出递减的趋势,停留时间为 10 min 时为 52%,30 min 时仅为 11.32%。值得注意的是,当停留时间为 10 min 时,液相产物中 PAHs 的质量占比变化规律较为特殊,高环和中环 PAHs 占主导地位,质量占比高达 70%;而停留时间为 20 min 和 30 min 时,不同环数质量占比未发生很大改变,低中环 PAHs 占主导地位,质量占比高达 80% 以上。

在低温热解条件下,当终温停留时间为 10 min 时,16 种 PAHs 中 Nap 质量占比最高,为 17.23%,其次是 DaA 和 BbF。随着停留时间增加,Nap 不再是质量占比最高的 PAH,Phe 质量占比达到最高,分别为 22.54%(20 min)和 15.96%(30 min)。随着停留时间的增加低环、中环、高环 PAHs 的质量占比也发生了改变。低环 PAHs 质量占比呈现先增后减的趋势,高环 PAHs 的质量占比则呈现出先减后增的趋势,在 20 min 时最小。在低温热解和高温热解时,随着停留时间的增加,液相产物中 16 种 PAHs 产量分布有所差异。

6.5.2.2　液相产物中 16 种 PAHs 含量分布及其毒性当量

图 6-23(a)为高温 850 ℃ 热解时不同停留时间下污泥热解液相产物中 16 种 PAHs 的含量。可以看出,在高温催化热解工况下,停留时间对液相产物中 PAHs 的生成总含量影响较小,浓度维持在 5.53 ~ 5.93 μg/g 的范围内。但停留时间对单个 PAHs 的生成含量则有较大影响。在停留时间为 10 min 时,DaA 生成含量最高,为 1.16 μg/g,其次是 Nap,其生成浓度为 1.07 μg/g。随着停留时间延长,Nap 生成含量逐渐增加;对于低环 PAHs,Phe 的增加程度最大,其次是 Acy;对中环 PAHs 来说,总体变化不大,但 Flt 浓度分别增加了 2 倍和 3 倍,其他中环 PAHs 变化较小;对于高环 PAHs,整体上其生成量呈现出明显的下降趋势,其中 DaA 的下降幅度最为明显,分别下降了 86% 和 91%。

图 6-23(b)为低温热解时不同停留时间下污泥液相产物中 PAHs 生成分布。随着停留时间延长,液相产物中 PAHs 的生成含量呈现出先增后减的变化趋势,在 20 min 时达到峰值,在 30 min 时又下降到最小值。随着停留时间的增加,单个 PAH 与总生成含量变化趋势不一致。在停留时间为 10 min 时,高环 PAHs 生成含量达到峰值,其中 BbF、BkF 和 DaA 含量分别为 1.61 μg/g、1.21 μg/g 和

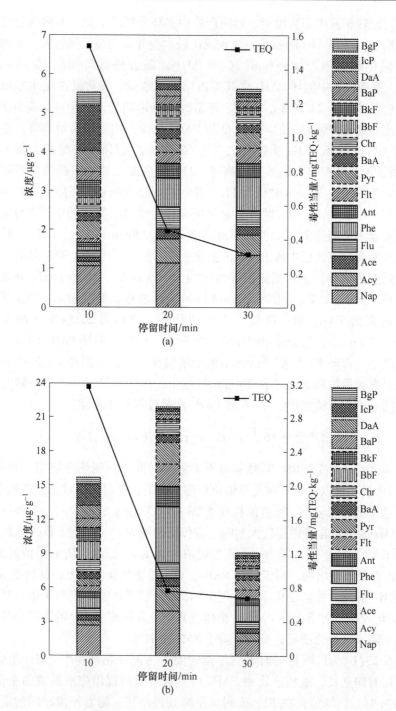

图 6-23　液相产物中 PAHs 含量与毒性当量

(a) 850 ℃；(b) 450 ℃

1. 87 μg/g，在 20 min 和 30 min 时分别稳定在 0. 18 μg/g、0. 10 μg/g 和 0. 19 μg/g 左右。与高温热解不同，低温热解液相产物中 PAHs 生成含量远高于高温热解，这可能是因为低温热解时液相产物中 PAHs 主要来自污泥自身。随着热解温度的升高，液相产物中 PAHs 主要以新生成的 PAHs 为主。

　　不同停留时间对污泥液相产物中 PAHs 的 TEQ 值也有一定影响，如图 6-23 所示。随着停留时间改变，TEQ 值的变化与 PAHs 生成含量的变化并不一致。在高温热解条件下，随着停留时间延长，TEQ 值呈现明显下降趋势，在停留 10 min 时 PAHs 总含量高达 1. 54 mg/kg，在停留 30 min 时 TEQ 值最低，为 0. 31 mg/kg。在液相产物中 PAHs 总生成含量稳定在 5. 53 ~ 5. 93 μg/g，这主要是停留时间延长使得毒性当量 TEQ 较大的高环 PAHs 发生二次热裂解转化生成低中环 PAHs。在低温热解条件下，随着停留时间增加 TEQ 值也呈现出下降趋势，在停留 10 min 时高达 3. 15 mg/kg，在 20 min 时骤降至 0. 76 mg/kg。在停留时间为 20 min 时，液相产物中 PAHs 总生成含量高达 21. 95 μg/g。可见，停留时间改变会影响液相产物中 PAHs 赋存特征，延长热解停留时间对降低液相产物中 PAHs 的 TEQ 值具有一定作用。

参 考 文 献

[1] 肖丽丽. 上海雨水及雾水中多环芳烃的研究 [D]. 上海：复旦大学，2011.

[2] 周捷成. 城市降雨径流中多环芳烃的污染特征、源解析及生态风险评价 [D]. 上海：华东师范大学，2011.

[3] Ballester F, Tenias J M, Perez-Hoyos S. Air pollution and emergency hospital admissions for cardiovascular diseases in Valerncia, Spain [J]. Journal of Epidemiology & Community Health, 2001, 55 (1): 57-65.

[4] Norris G, Youngpong S N, Koenig J Q, et al. An association between fine particles and asthma emergency department visits for children in Seattle [J]. Environmental Health Perspectives, 1999, 107 (6): 489-493.

[5] Sánchez N E, Ángela Millera, Bilbao R, et al. Polycyclic aromatic hydrocarbons (PAH), soot and light gases formed in the pyrolysis of acetylene at different temperatures: effect of fuel concentration [J]. Journal of Analytical & Applied Pyrolysis, 2013, 103 (3): 126-133.

[6] Silva R V, Romeiro G A, Veloso M C, et al. Fractions composition study of the pyrolysis oil obtained from sewage sludge treatment plant [J]. Bioresource Technology, 2012, 103 (1): 459.

[7] Sánchez N E, Callejas A, Millera A, et al. Formation of PAH and soot during acetylene pyrolysis at different gas residence times and reaction temperatures [J]. Energy, 2012, 43 (1): 30-36.

[8] Sánchez N E, Salafranca J, Callejas A, et al. Quantification of polycyclic aroma hydrocarbons (PAHs) found in gas and particle phases from pyrolytic processes using gas chromatography-mass

spectrometry（GC-MS）［J］. Fuel, 2013, 107（9）: 246-253.

［9］戴前进. 污泥热处置过程中二噁英和多环芳烃的排放特性研究［D］. 杭州：浙江大学, 2016.

［10］Dai Q J, Jiang X G, Jiang Y F, et al. Formation of PAHs during the pyrolysis of dry sewage sludge［J］. Fuel, 2014（130）: 92-99.

［11］Dai Q J, Jiang X, Lv G, et al. Investigation into particle size influence on PAH formation during dry sewage sludge pyrolysis: TG-FTIR analysis and batch scale research［J］. Journal of Analytical & Applied Pyrolysis, 2015, 112: 388-393.

［12］杜稼健, 张敏, 甄琦, 等. 镍钛合金纤维基体表面纳米多孔复合氧化物的可控生长及其对多环芳烃的选择性固相微萃取［J］. 分析化学, 2017, 45（11）: 1662-1668.

［13］周佳靖, 柳修楚, 郭瑾, 等. 纳米氧化铁与氧化剂对多环芳烃污染农田土壤修复和蔬菜健康风险的影响［J］. 环境污染与防治, 2021, 43（2）: 223-228.

［14］Oleszczuk P, Hale S E, Lehmann J, et al. Activated carbon and biochar amendments decrease pore-water concentrations of polycyclic aromatic hydrocarbons（PAHs）in sewage sludge［J］. Bioresource Technology, 2012, 111: 84-91.

［15］Oleszczuk P, Zielińska A, Cornelissen G. Stabilization of sewage sludge by different biochars towards reducing freely dissolved polycyclic aromatic hydrocarbons（PAHs）content［J］. Bioresource Technology, 2015, 156: 139-145.

［16］Chiang H L, Lin K H, Lai N, et al. Element and PAH constituents in the residues and liquid oil from biosludge pyrolysis in an electrical thermal furnace［J］. Science of the Total Environment, 2014, 481（2）: 533.

［17］Shen L, Zhang D K. Low-temperature pyrolysis of sewage sludge and putrescible garbage for fuel oil production［J］. Fuel, 2005, 84（7）: 809-815.

［18］Dominguez A. Menendez J. A. Inguanzo M, et al. Production of bio-fuels by high temperature pyrolysis of sewage sludge using conventional and microwave heating［J］. Bioresource Technology, 2006, 97（5）: 1185-1193.

［19］Shen L, Zhang D K. An experiment study of oil recovery from sewage sludge by low-temperature pyrolysis in a fluidized-bed［J］. Fuel, 2003, 82（4）: 465-472.

［20］李海鹏. 好氧消化和双氧水氧化技术改善污泥脱水性能试验研究［D］. 长沙：湖南大学, 2015.

7 污泥热解炭的全特性解析

污泥热解过程产生的固体产物（即热解炭）可作为辅助燃料、吸附剂和土壤改良剂等，是污泥资源化利用的有效途径。本章主要介绍污泥热解炭基本特性、表面特性、吸附特性及热解过程中重金属的迁移行为。

7.1 污泥热解炭的基本特性

7.1.1 工业分析与元素分析

污泥在不同热解终温与氛围下获得的热解炭的基本特性（工业分析、元素分析、原子比及热值等）见表7-1。干污泥原样中灰分、挥发分和固定碳含量（质量分数）分别为48.09%、43.98%和6.08%。在N_2氛围下，随着热解温度的升高，挥发分大量分解并析出，进而提高了灰分和固定碳含量。650℃下，热解炭中灰分、挥发分和固定碳含量（质量分数）分别为80.55%、6.70%和12.75%。相同终温时，N_2和O_2两种氛围下，热解炭的灰分含量基本相同，而低氧氛围有利于挥发分的分解和固定碳的生成。在污泥中添加20%的杨木屑共热解时，热解炭中灰分含量降低，挥发分和固定碳含量增加，能够提升热解炭的燃料特性。

高固定碳含量的热解炭，在燃烧过程中形成的火焰强度较小，燃烧较为稳定；而高挥发分含量的热解炭，热平衡性较差，燃烧不稳定。因此，通常引入燃料比（固定碳/挥发分，记FC/V）来反映燃料燃烧过程中的稳定性。污泥原样和不同热解条件下热解炭的燃料比如图7-1所示。随着热解温度升高，污泥中挥发分逐渐析出，使得热解炭的燃料比增大、燃烧性能提升。热解温度低于550℃时，10%O_2氛围下热解炭的燃料比高于N_2氛围，即低氧热解生成的热解炭的燃烧性能更高；550~600℃时，10%O_2氛围下热解炭的燃料比略微下降，650℃时的燃料比低于N_2氛围。这是由于在中高温时，低氧氛围会促进固定碳的燃烧，降低热解炭中固定碳含量和燃料比。在污泥中添加20%杨木屑，能够提高热解炭的燃料比，改善燃烧性能。

热解温度越高，污泥中有机物分解越充分，热解炭中C、H、O、N和S的含量就越低。其中，热解炭中C和O含量下降最为明显，H、N和S含量下降较少。在650℃、10%O_2下热解，C含量由污泥原样中的25.39%降低至16.08%，O含量由17.23%降低至0.38%，H、N和S含量分别由3.53%、3.21%和

表 7-1 不同热解终温与氛围下污泥热解炭的基本特性

样品	工业分析（质量分数）/%			燃料比 (FC/V)	元素分析（质量分数）/%					原子比		热值 $Q_{net,d}$ /MJ·kg^{-1}
	A	V	FC		C	H	O	N	S	O/C	H/C	
污泥	48.09	43.98	6.08	0.14	25.39	3.53	17.23	3.21	0.70	0.68	0.14	13.85
杨木屑	1.09	75.92	13.13	0.17	44.92	5.96	37.64	0.21	0.32	0.83	0.13	19.94
SSC250-N$_2$	64.83	23.18	11.99	0.52	22.06	2.65	6.59	3.30	0.57	0.22	1.44	10.83
SSC350-N$_2$	71.86	15.61	12.53	0.80	18.17	1.94	5.03	2.59	0.41	0.21	1.28	8.11
SSC450-N$_2$	75.87	10.61	13.52	1.27	16.74	1.59	3.41	2.05	0.34	0.15	1.14	6.85
SSC550-N$_2$	78.16	8.42	13.42	1.59	16.46	1.53	1.51	2.00	0.34	0.07	1.12	6.83
SSC650-N$_2$	80.07	5.72	14.21	2.48	16.24	1.25	0.62	1.47	0.35	0.03	0.92	6.52
SSC250-10%O$_2$	64.99	22.34	12.67	0.57	22.19	2.52	6.49	3.32	0.49	0.22	1.36	11.62
SSC350-10%O$_2$	72.37	13.58	14.05	1.03	17.42	1.85	5.32	2.57	0.47	0.23	1.27	8.83
SSC450-10%O$_2$	76.26	9.64	14.1	1.46	16.19	1.55	3.40	2.23	0.37	0.16	1.15	7.55
SSC550-10%O$_2$	78.62	7.31	14.07	1.92	16.01	1.29	1.80	1.91	0.37	0.08	0.97	7.33
SSC650-10%O$_2$	80.55	6.70	12.75	1.90	16.08	1.17	0.38	1.46	0.36	0.02	0.87	7.32
20%PSC250-10%O$_2$	57.67	22.99	19.34	0.84	27.20	2.59	8.97	3.14	0.43	0.25	1.14	12.34
20%PSC350-10%O$_2$	65.01	15.36	19.63	1.28	23.65	2.11	6.28	2.59	0.36	0.20	1.07	10.54
20%PSC450-10%O$_2$	68.43	9.72	21.85	2.25	23.07	1.72	4.12	2.34	0.32	0.13	0.89	9.97
20%PSC550-10%O$_2$	70.48	8.73	20.79	2.38	23.49	1.44	2.24	2.04	0.31	0.07	0.74	9.91
20%PSC650-10%O$_2$	72.73	7.69	19.58	2.55	22.96	1.31	1.16	1.55	0.29	0.04	0.68	9.43

注：A 为灰分；V 为挥发分；FC 为固定碳；O 计算所得；O=100%－C－H－N－S－A；SSC250-N$_2$ 表示 N$_2$ 氛围下终温 250 ℃污泥热解炭；SSC250-10%O$_2$ 表示 O$_2$ 氛围下终温 250 ℃污泥热解炭；20%PSC250-10%O$_2$ 表示 O$_2$ 氛围下终温 250 ℃污泥与 20%杨木屑共热解炭。

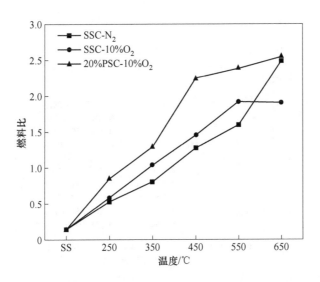

图 7-1 污泥原样和不同热解条件下热解炭的燃料比

0.70% 降低至 1.17%、1.46% 和 0.36%。在 N_2 与 $10\%O_2$ 两种氛围下，5 种元素含量相差较小。杨木屑中 C 含量较高（44.92%），以 20% 的添加量与污泥混合得到的共热解炭中 C 含量高于 22.96%，与污泥原样中 C 含量（25.39%）相差较小，热解炭品质较高。

通过分析污泥热解前后的 O/C 和 H/C 原子比，能够定量地评价热解过程中的脱水和脱氧效果。采用 Van Krevelen 图可以直观地说明数据的变化规律，以褐煤、烟煤和无烟煤作为参考物质，对比污泥及不同温度污泥热解炭的 O/C 和 H/C 原子比，如图 7-2 所示。其中，不同方向的变化分别代表脱羧基、脱水和脱甲烷的反应趋势。污泥原样的 O/C 和 H/C 较高，分别为 0.51 和 1.67，随着温度的升高 O/C 和 H/C 的比值逐渐减小。热解温度较低（250 ℃）时，N_2 氛围下污泥单独热解主要发生于脱羧基反应和脱水反应之间，在 $10\%O_2$ 氛围下更偏向于脱水反应，添加杨木屑后，反应几乎是朝着脱水反应进行，生成的热解炭的 O/C 和 H/C 比值也更加接近褐煤，表明杨木屑的加入能够增强污泥热解炭化程度。此外，添加 20% 杨木屑时在 550 ℃下获得的热解炭的 O/C 和 H/C 原子比分别为 0.07 和 0.74，与烟煤相近，该热解炭具有较高的固碳潜力。

7.1.2 热值分析

污泥和不同温度下污泥热解炭的热值如图 7-3 所示。污泥原样的热值为 $13.08~MJ/kg$，与 N_2 氛围下相比，在 $10\%O_2$ 氛围下的热解炭热值较高。$10\%O_2$ 氛围下，随着温度的升高，挥发分大量析出，350 ℃时热解炭热值降低至 $8.83~MJ/kg$；

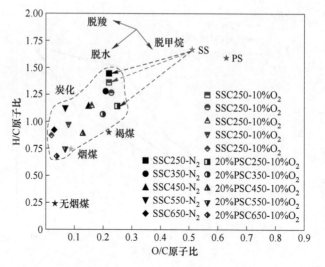

彩图

图 7-2　污泥热解炭与褐煤、烟煤和无烟煤的 Van Krevelen 图

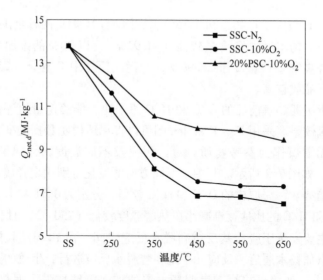

图 7-3　污泥和不同温度下污泥热解炭的热值

随着热解温度升高至 650 ℃，有机物进行了重组，热值进一步降低至 7.32 MJ/kg。添加杨木屑有利于提高热解炭热值，650 ℃时热值为 9.43 MJ/kg，约为烟煤热值（27.17~37.2 MJ/kg）的三分之一，可作为辅助燃料加以利用。

7.1.3　灰分无机成分分析

污泥及污泥热解炭灰分中无机组分的 XRF 结果见表 7-2 和图 7-4。污泥灰分中含量最高的无机物为 SiO_2，其次为 Al_2O_3 和 P_2O_5，三者占比分别为 44.370%、17.327% 和 17.139%。灰分中，SiO_2 为较为稳定的晶体网络结构，其含量越高则灰分熔融温度（AFT）越高；Al_2O_3 为骨架结构起支撑作用，熔点较高，较高含量的 Al_2O_3 也提高灰分熔融温度；而 CaO 对灰分熔融行为起到助熔作用。与污泥原样灰分相比，热解炭灰分中 SiO_2 含量与其相当，Al_2O_3 含量较低，CaO 含量较高，热解炭的熔融温度较低，具有更高的结渣与结垢性。

表 7-2　污泥及其热解炭灰分的无机组分　（%）

样品	SiO_2	Al_2O_3	Na_2O	MgO	K_2O	CaO	Fe_2O_3	TiO_2	P_2O_5	共计
SS	44.370	17.327	1.222	3.002	2.975	4.945	6.231	0.712	17.139	97.922
SSC350-N_2	40.164	13.478	1.259	1.918	4.191	7.625	10.899	1.161	17.339	98.034
SSC650-N_2	42.382	14.076	1.084	1.874	4.047	7.103	10.160	1.086	16.583	98.396
SSC350-10%O_2	41.255	13.501	1.417	1.816	4.129	7.398	10.656	1.136	16.928	98.236
SSC650-10%O_2	42.092	13.848	1.113	1.871	4.064	7.270	10.463	1.108	16.625	98.454
20%PSC350-10%O_2	39.555	13.216	1.130	1.821	4.545	8.134	11.474	1.213	17.119	98.206
20%PSC650-10%O_2	41.679	13.616	1.428	1.921	4.361	7.619	10.462	1.145	16.303	98.535

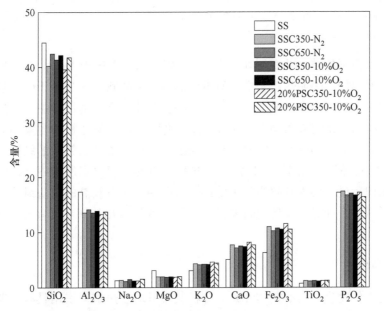

彩图

图 7-4　污泥和热解炭灰分的 XRF 结果

在实际应用中，灰分的熔融温度与许多表征化学性质的经验指标已被广泛应用于工业标准和指导，其中经验指标主要包括酸基比（B/A）、硅铝比（S/A）、铁钙比（I/C）、结渣指数（S_R）、结垢指数（F_u）和熔融温度指数（F）。其中，结渣指数 S_R 反映了燃料的结渣性能，一般分为低（$S_R > 78$）、中（$78 > S_R > 66.1$）和高（$S_R < 66.1$）三个等级；结垢指数 F_u 反映了燃料的结垢性能，一般分为低（$F_u < 0.6$）和高（$0.6 < F_u < 40$）两个等级。表7-3 中列出了污泥和热解炭的积灰、结渣参数。

表7-3　污泥和热解炭的积灰、结渣参数

样　品	B/A	S/A	I/C	S_R	F_u	F
SS	0.294	2.561	1.260	75.784	1.236	8.115
SSC350-N_2	0.472	2.980	1.429	66.270	2.575	6.465
SSC650-N_2	0.422	3.011	1.430	68.892	2.164	7.019
SSC350-10%O_2	0.455	3.056	1.440	67.492	2.522	6.762
SSC650-10%O_2	0.434	3.040	1.439	68.225	2.249	6.868
20%PSC350-10%O_2	0.502	2.993	1.411	64.863	2.849	6.150
20%PSC650-10%O_2	0.457	3.061	1.373	67.572	2.645	6.535

注：$B/A = (Na_2O + MgO + K_2O + CaO + Fe_2O_3)/(SiO_2 + Al_2O_3 + TiO_2)$；$S/A = SiO_2/Al_2O_3$；$I/C = Fe_2O_3/CaO$；$S_R = [SiO_2/(SiO_2 + MgO + CaO + Fe_2O_3)] \times 100$；$F_u = (Na_2O + K_2O) \times (B/A)$；$F = (SiO_2 + P_2O_5)/(CaO + MgO)$。

不同工况下得到的热解炭的结垢、结渣参数近似。对于 B/A 值，热解炭对应的值高于污泥原样，表明热解炭中含有更多的碱性氧化物，这是由于碱性氧化物在热解过程中会逐渐固定形成酸盐共晶，而酸性氧化物在热解过程中会与挥发性有机物结合析出（如硅烷类有机物的生成），进而使碱性氧化物的含量相对增加。对于 S/A 和 I/C，热解炭对应的值与污泥原样相近。虽然热解炭的结渣指数 S_R 比污泥原样小，但结垢指数 F_u 比污泥原样高，但其数值分别处于中等结渣和高等结垢范围内，说明污泥热解炭作为辅助燃料利用时具有较高的结渣风险以及非常高的结垢风险。同时，较低的熔融温度指数 F 也反映出热解炭具有较高的结渣风险。

7.1.4　磷和钾含量

磷和钾是农作物生长所必需的元素，分析其含量对于热解炭农用具有重要意义。由污泥及热解炭中 P 和 K 的含量结果（见表7-4）可以看出，热解过程对污泥中 P 含量的提升作用较小，说明部分 P（如磷酸酯）会随着挥发分的析出转移至焦油中。热解炭中 K 含量约为 2.8%，高于污泥原样中 K 含量（1.84%），表明绝大部分 K 在热解过程中留存于固态中。P 与 K 含量的增加表明污泥热解炭的农用价值高于污泥原样。

表 7-4 污泥及污泥热解炭中 P 和 K 的含量

营养元素	质量分数/%						
	SS	SSC350-N$_2$	SSC650-N$_2$	SSC350-10%O$_2$	SSC650-10%O$_2$	20%PSC350-10%O$_2$	20%PSC650-10%O$_2$
P	5.58	6.19	6.06	6.1	6.09	5.71	5.48
K	1.84	2.85	2.82	2.83	2.83	2.88	2.79

7.1.5 矿物相结构

污泥及污泥热解炭的 XRD 图谱如图 7-5 所示。污泥中的矿物成分主要是石英（SiO$_2$），以及一定量的钾长石（KAlSi$_3$O$_8$）、四氧化三铁（Fe$_3$O$_4$）、三氧化二铁（Fe$_2$O$_3$）、硫酸钠（Na$_2$SO$_4$）和三氧化二铝（Al$_2$O$_3$）。热解炭矿物成分与污泥原样基本相同，不同之处在于钾长石只在 N$_2$ 氛围下、350 ℃热解时存在，这说明高温和低氧氛围会促进钾长石的分解。此外，所有热解炭中均存在钠长石（NaAlSi$_3$O$_8$），说明热解过程中 Na$_2$O 将与 Al$_2$O$_3$ 和 SiO$_2$ 结合形成硅酸盐共晶体，该反应也是热解炭灰分中碱性氧化物含量增加的原因之一。

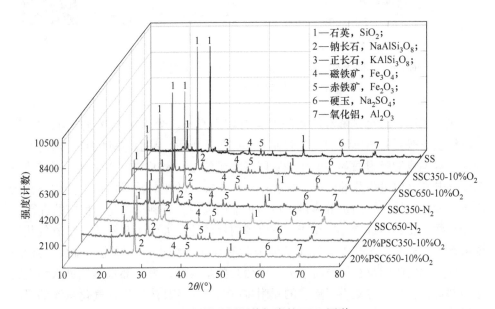

图 7-5 污泥及污泥热解炭的 XRD 图谱

7.2　污泥热解炭的表面特性

7.2.1　污泥热解炭的氮气吸附、脱附曲线

5 种不同含水率的（0%、25%、55%、75% 和 84%）污泥在高温（900 ℃）热解条件下制备的热解炭的吸附等温线如图 7-6 所示。污泥含水率对热解炭的吸附等温线总体趋势影响不大，对热解炭的孔型影响也不太显著。随着污泥含水率的增加，热解炭吸脱附回线的回环最大高度逐渐增大，当含水率高于 55% 时，回环最大高度逐渐减小，孔隙结构中 I 类孔（开放型孔和平行板型孔）相对数量随含水率的增加先增加后减少。

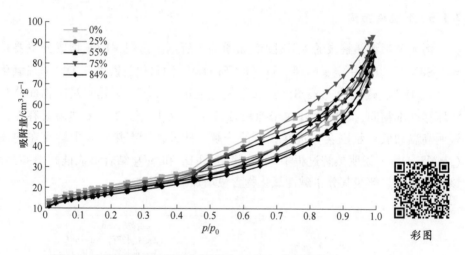

彩图

图 7-6　不同含水率的污泥在高温（900 ℃）热解条件下
制备的热解炭的吸附等温线

热解温度对污泥热解炭的孔隙结构有较大影响。含水率 55% 的污泥在不同热解温度下获得的热解炭的吸脱附曲线如图 7-7 所示。高温（900 ℃）热解炭的吸脱附等温线的吸附回环和低压端吸附量大于低温（650 ℃）热解炭，表明热解温度的升高会促进中孔的生成，中孔范围内 I 类孔的相对数量增加，而这类孔为水蒸气和挥发性产物的扩散提供了更多可能的通道，有利于热化学反应的进行。

干污泥及其热解炭、气化灰渣的吸脱附性能曲线如图 7-8 所示。随着气化温度由 650 ℃升高至 850 ℃，气化灰渣吸附回环显著缩小，I 类孔相对数量减小；但其低压端的吸附量在低温时较大，中微孔数量较多，为外部水蒸气进入污泥孔隙内部进行化学反应提供了更多的吸附位点。污泥及其热解炭、气化灰渣的吸附等温线存在较大差异，反应介质对残渣的孔隙结构存在影响：低温下外源水蒸气

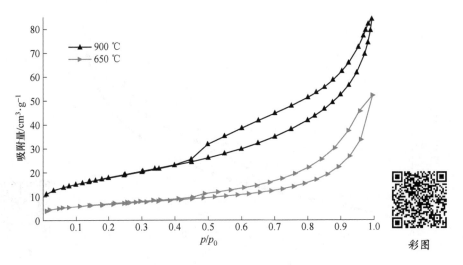

图 7-7 污泥（含水率 55%）在高温（900 ℃）和低温（600 ℃）
热解条件下制备的热解炭的吸脱附曲线

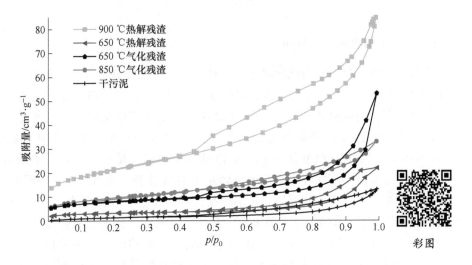

图 7-8 干污泥及其热解炭、气化灰渣吸脱附性能曲线

向污泥内部的扩散参与热化学反应，使其形成的孔隙数量较 N_2 氛围下多，Ⅰ 类
孔的数量增加显著；高温下水蒸气的加入反而使残渣形成的孔隙数量较热解条件
下少，吸附回环变小，Ⅰ 类孔占比降低。

含水率为 55% 的污泥在不同热解停留时间下热解炭的吸脱附曲线如图 7-9 所
示。停留 10 min 时，热解炭低压端的吸附量较大，但总吸附量低于停留 15 min
的热解炭，表明随着停留时间的增加，污泥中部分微孔发生扩孔演变，片状粒子
堆积形成的狭缝孔增加，热解炭的孔容增大。

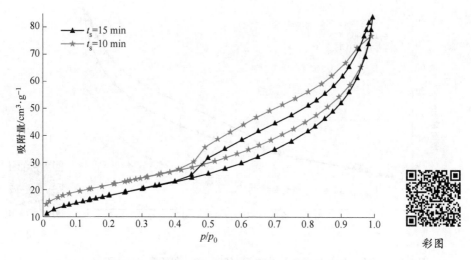

图 7-9　污泥（含水率 55%）在不同热解停留时间下
热解炭的吸脱附曲线

7.2.2　污泥热解炭的孔径分布

根据国际纯化学与应用化学联合会（IUPAC）的孔径分类方法，孔可分为微孔（孔径 < 2 nm）、中孔（孔径为 2 ~ 50 nm）和大孔（孔径 > 50 nm）三类。

孔径分布影响样品内流体输运和吸附性能，是孔隙结构特性的重要参数之一。目前依据气体等温吸附数据计算孔径分布的理论模型很多，其中 Barrett-Joyner-Halenda（BJH）模型基于 Kelvin 和 Halsey 方程，是表征中孔类物质孔径分布的最常用方法。不同含水率污泥热解炭的 BJH 孔径分布如图 7-10 所示。可以看出，随着污泥含水率的增加，热解炭孔径分布发生了较大变化，3 ~ 7 nm 孔的相对数量优势不断减弱，7 ~ 20 nm 孔数量显著增加，而大孔数量受含水率的影响较小。污泥含水率为 25% 时，由于水分的参与能够增强污泥胶颗粒的黏结收缩，使热解炭内孔径为 3.75 nm 左右的中孔相对数量峰值优势更加突出。此外，热解炭 3.75 nm 左右的中孔的数量随着污泥含水率的升高不断减少，7 ~ 10 nm 的中孔得到了较大的发展，中孔范围内的孔径分布趋于均匀；含水率的进一步增加使中孔范围内的较大孔（10 ~ 20 nm）比重不断增加。不同热解温度下的热解炭的孔径分布不同，以含水率 55% 污泥的热解炭的 BJH 孔径分布为例，结果如图 7-11 所示。

干污泥及其热解炭、气化灰渣 BJH 孔径分布如图 7-12 所示。650 ℃ 热解和气化温度下，热解炭和气化灰渣内 3 nm 以下的微中孔结构并未完全打开，而温度的升高促进了残渣内较小孔（小于 6 nm）的生长。具体地，气化温度的升高

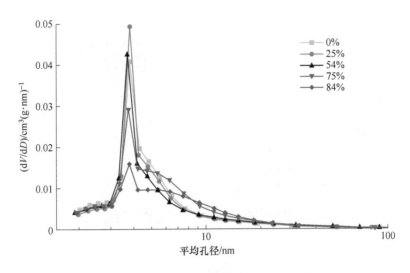

图 7-10 不同含水率污泥热解炭的 BJH 孔径分布

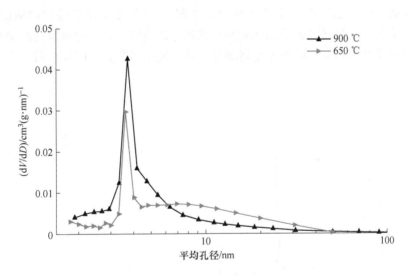

图 7-11 含水率 55% 污泥热解炭的 BJH 孔径分布

使得 3.75 nm 左右的孔数量减少，小于 10 nm 的孔数量增加显著，灰渣内孔径分布更加均匀；热解温度的升高使得 6 nm 以下孔增多，其中孔径 3.75 nm 左右的孔数量优势最为显著。对于干污泥而言：低温条件下，气化促成中孔范围内的较大孔（大于 10 nm）的数量较热解多；高温条件下，气化灰渣的孔径分布较热解炭均匀，3nm 以下的超微孔数量相对较多。

停留时间对热解炭的孔径分布也存在一定的影响。含水率 55% 污泥在 900 ℃

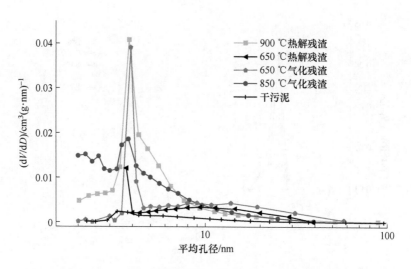

图 7-12　干污泥及其热解炭、气化灰渣 BJH 孔径分布

不同停留时间下热解炭的 BJH 孔径分布如图 7-13 所示。随着停留时间的延长，由于水蒸气及气相产物的溢出使热解炭的孔隙迅速增加，后随着反应的进行，有机物及碳不断被消耗，孔隙发生坍塌及合并，使中微孔数量随停留时间的增加而减少。

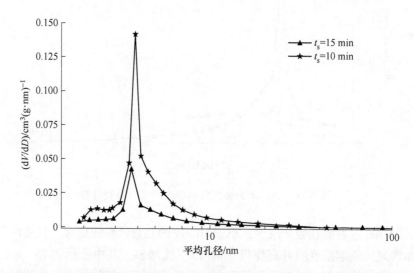

图 7-13　含水率 55% 污泥在 900 ℃不同停留时间下热解炭的 BJH 孔径分布

综上所述，污泥干燥基孔隙结构不发达，孔隙量较少，基本上没有微孔；经热解、气化处理后的污泥残渣颗粒孔径分布状态发生明显变化，孔径分布范围变

广，孔隙结构复杂化，残渣中孔径介于 2 ~ 20 nm 的中孔较发达，且孔径均在3.75 nm 附近出现单峰值，3 ~ 10 nm 的中孔相对数量优势显著，50 nm 以上的大孔较少。

7.2.3 污泥热解炭的孔结构特性参数

根据污泥原样及热解炭、气化灰渣 N_2 物理吸附实验，能够获得孔结构基本特征参数，见表 7-5。原始干污泥的 BET 比表面积为 4.99 m^2/g，高温（900 ℃）热解使其增大至 75.44 m^2/g，且形成了一定数量的微孔。所有残渣的微孔对比表面积的贡献率均不超过 50%，这进一步说明了污泥热解炭和气化灰渣的微孔并不发达，结合其平均孔径证实了残渣的孔隙结构以中孔为主。

对比不同污泥残渣的孔结构参数还可以得出如下结论。

（1）含水率对热解炭孔隙结构具有一定影响。低温热解炭的 BET 比表面积随着含水率的增加而增加，平均孔径先增加后减小。随着污泥含水率的增加，高温热解炭的 BET 比表面积、累积比表面积、微孔比表面积及其对比表面积贡献率、微孔孔容及微孔孔容贡献率均呈现出先减小后增大再减小的趋势。

（2）温度的升高，使得残渣的中孔结构进一步打开，10 nm 以上中孔数量明显增加。残渣的比表面积增大，平均孔径不断减小。热解过程中温度对残渣比表面积的影响大于气化过程。

（3）热处理方式对孔隙结构也存在较大影响。污泥高温热解过程中形成的热解炭的孔隙 BET 比表面积为同温度下气化灰渣的 2 ~ 3 倍，其累积孔容也为四类残渣中最高。

（4）含水率 55% 的污泥随着热解停留时间的增加，热化学反应更加彻底，引起热解炭骨架坍塌，中微孔结构大幅减少、比表面积和平均孔径减小、孔容增大。

7.2.4 污泥热解炭的表面形貌分析

扫描电子显微镜（SEM）在多孔性物质分析中的应用十分普遍，能够用以分析材料的微观组织结构、物质的微区形貌、界面状态以及晶体特征等。SEM 结合等温吸附数据可为残渣的孔隙结构和表面特征提供多方面认识。污泥热解炭和气化灰渣的 SEM 结果如图 7-14 所示。可以看出，污泥在热解气化过程中形成了圆筒型孔、裂缝型孔等形态多样且不规则的孔隙结构，并且孔隙较分散。这是由于化学反应的进行使有机物消耗进而造成颗粒表面结构粗糙，为物质的吸附提供更多的位置。含水率 55% 的污泥在 900 ℃ 下热解，热解炭中出现了丰富的不规则圆孔结构。

表 7-5　污泥原样及其热解炭、气化灰渣 N_2 等温吸附的孔结构基本特性参数

被测样品		含水率/%	平均孔径/nm	BET比表面积/m²·g⁻¹	累积比表面积/m²·g⁻¹	微孔比表面积/m²·g⁻¹	中大孔比表面积/m²·g⁻¹	微孔对比表面积贡献率/%	累积孔容/cm³·g⁻¹	微孔孔容/cm³·g⁻¹	微孔孔容贡献率/%
干污泥		—	8.63	4.99	9.44	—	4.99	0	0.2×10^{-1}	—	0
热解炭	终温900℃	0	6.46	75.44	83.75	11.71	63.73	15.52	1.35×10^{-1}	0.49×10^{-2}	3.63
		25	6.36	68.3	78.17	10	58.31	14.64	1.24×10^{-1}	0.41×10^{-2}	3.31
		55	6.87	63.84	77.46	4.34	59.49	6.8	1.33×10^{-1}	0.14×10^{-2}	1.05
		55$^{(1)}$	6.29	75.88	83.12	15.98	59.9	19.23	1.24×10^{-1}	0.76×10^{-2}	6.14
		75	7.96	71.06	83.16	6.78	64.28	9.54	1.48×10^{-1}	0.26×10^{-2}	1.76
		84	7.91	59.72	68.55	5.42	54.3	9.08	1.36×10^{-1}	21×10^{-2}	1.54
	终温650℃	0	12.47	10.92	11.91	4.91	6	44.97	0.34×10^{-1}	0.22×10^{-2}	6.47
		55	13.34	24.18	30.25	2.2	21.98	9.1	0.81×10^{-1}	9×10^{-2}	1.12
		84	10.63	26.84	32.4	2	24.84	7.46	0.72×10^{-1}	0.08×10^{-2}	1.04
气化灰渣	终温650℃	0	12.38	26.5	23.17	9.06	17.44	34.19	0.81×10^{-1}	0.45×10^{-2}	5.54
	终温850℃	0	6.05	33.74	34.91	3.34	30.4	9.91	0.53×10^{-1}	0.14×10^{-2}	2.62

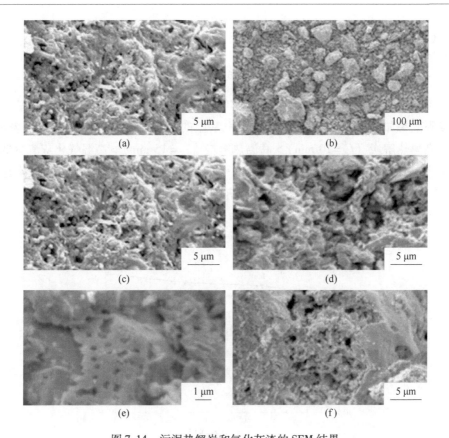

图 7-14　污泥热解炭和气化灰渣的 SEM 结果

（a）干污泥，900 ℃，热解；（b）干污泥，650 ℃，热解；（c）干污泥，600 ℃，气化；
（d）干污泥，850 ℃，气化；（e）含水率 55% 污泥，900 ℃，热解；
（f）含水率 55% 污泥，900 ℃，气化

7.3　污泥热解炭的吸附特性

　　近年来，随着我国印染行业和机械制造业的迅猛发展，伴随生产过程产生的染料及重金属污染的工业废水量也日益增多，而工业废水中常见的染料污染物有亚甲基蓝和孔雀石绿等，常见重金属有 Cu（Ⅱ）、Cr（Ⅵ）等。重金属 Cu（Ⅱ）、Cr（Ⅵ）污染废水如果未经净化处理而排入环境，会通过食物链层层富集侵入人体产生致畸、致癌效应，危害人体健康；染料废水不仅在低浓度状态下使水体着色明显，影响水生植物的光合作用，造成水体生态系统的破坏，更可怕的是染料可被人体皮肤吸收，其代谢产物芳香胺同样具有致畸、致癌效应。

　　活性炭由于具有高效吸附性和处理废水运行的简单性等优势，故利用活性炭对工业重金属及染料污染废水进行吸附处理越来越受重视。

7.3.1　热解炭对亚甲基蓝的吸附性能

7.3.1.1　不同种类热解炭吸附性能

含水率 55% 污泥在不同温度下热解气化获得的残渣对 150 mg/L 亚甲基蓝溶液吸附效果如图 7-15 所示。它们对亚甲基蓝的吸附效果（以吸附量大小表示）为：高温热解炭（$t_s = 10$ min）>高温热解炭（$t_s = 15$ min）>高温气化灰渣>低温热解炭>低温气化灰渣。高温热解炭（$t_s = 10$ min）对亚甲基蓝的平衡吸附量可达 24.83 mg/g，低温气化灰渣对亚甲基蓝的平衡吸附量可达 16.39 mg/g。

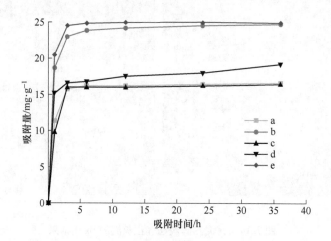

图 7-15　含水率 55% 的污泥在不同温度下热解气化获得的残渣对
150 mg/L 亚甲基蓝溶液吸附效果

a—低温（650 ℃）热解炭；b—高温（900 ℃）热解炭（$t_s = 15$ min）；

c—低温（650 ℃）气化残渣；d—高温（850 ℃）气化残渣；

e—高温（900 ℃）热解炭（$t_s = 10$ min）

含水率 55% 污泥的高温热解炭（$t_s = 10$ min）的 BET 比表面积最大、孔隙结构丰富，为分子直径为 1.2 nm 左右的亚甲基蓝分子提供了有效的分子扩散通道和更广阔的表面吸附空间。污泥热解气化残渣对亚甲基蓝的吸附行为符合 Langmuir 单分子层吸附模型，在污泥残渣孔隙中不存在亚甲基蓝分子的中大孔毛细凝聚现象，故亚甲基蓝平衡吸附值更能表征污泥残渣的 BET 比表面积。

不同热解炭和气化灰渣对亚甲基蓝的吸附速率、吸附平衡时间和平衡吸附量存在差异，但吸附过程中对亚甲基蓝的吸附速率均呈先快后慢的趋势，在吸附开始的前 1 h 内，残渣由于存在大量的未被填充的表面吸附位点，亚甲基蓝在这一时间段的吸附量急剧增加；随着吸附位点逐渐被占据和亚甲基蓝分子之间的排斥力，1 h 后残渣对亚甲基蓝的吸附速率随着吸附时间的增加不断减小。除高温气化灰渣外，其余残渣对亚甲基蓝的吸附在 12 h 后基本达到平衡状态。

7.3.1.2 染料浓度对吸附效果的影响

低温（600 ℃）和高温（900 ℃）下，停留时间 $t_s = 15$ min 获得的热解炭（下文中如未特别标明停留时间均默认停留时间 $t_s = 15$ min）在亚甲基蓝不同初始浓度下吸附量随时间的变化规律如图 7-16 所示。随着染料溶液初始浓度的升高，热解炭对亚甲基蓝的吸附量增加，吸附平衡所需时间增加。热解炭对亚甲基蓝的吸附速率随溶液初始浓度升高而不断增大，这是由于亚甲基蓝初始浓度增大时，染料溶液和热解炭间的浓度差增大，传质推动力加大，亚甲基蓝分子的扩散速度加快，因而其吸附速率增大，反之则吸附速率减小。

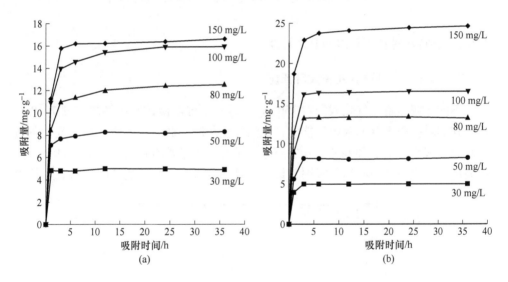

图 7-16　低温（600 ℃）和高温（900 ℃）下停留时间 $t_s = 15$ min 获得的
热解炭在亚甲基蓝不同初始浓度下吸附量随时间的变化规律
（a）低温热解炭；（b）高温热解炭

热解炭平衡吸附量与亚甲基蓝初始浓度关系如图 7-17 所示。当亚甲基蓝的初始浓度低于 100 mg/L 时，平衡吸附量与染料的初始浓度呈正线性相关，此时热解炭未达到吸附饱和，仍具有较强的亚甲基蓝吸附性能，高温与低温热解下获得的热解炭对同浓度的亚甲基蓝溶液平衡吸附量基本相同。当亚甲基蓝的初始浓度增加至 150 mg/L 时，高温热解炭对亚甲基蓝的平衡吸附量与亚甲基蓝初始浓度仍呈现良好的线性关系，而低温热解炭不再呈现线性关系。

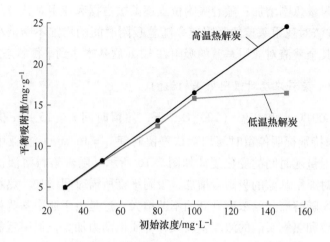

图 7-17　污泥热解炭平衡吸附量与亚甲基蓝初始浓度关系

7.3.2　热解炭对孔雀石绿的吸附性能

7.3.2.1　不同种类残渣吸附性能

不同污泥热解、气化残渣对 150 mg/L 孔雀石绿溶液的吸附性能如图 7-18 所示。它们对孔雀石绿的吸附性能为：低温气化灰渣＞低温热解炭＞高温气化灰渣＞高温热解炭，前三种残渣对孔雀石绿的平衡吸附量基本相同，可达 24.9 mg/g，而高温热解炭对孔雀石绿的吸附量最小，且达到吸附平衡所需的时间最长。这说

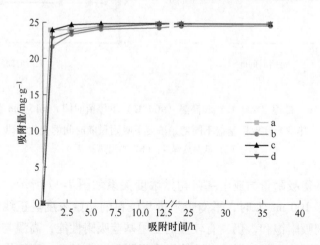

图 7-18　热解炭、气化灰渣对孔雀石绿溶液的吸附性能

a—低温（600 ℃）热解炭；b—高温（900 ℃）热解炭（t_s =15 min）；

c—低温（600 ℃）气化灰渣；d—高温（850 ℃）气化灰渣

明热解炭对亚甲基蓝和孔雀石绿两种典型的工业染料吸附机制存在着本质的差别。由残渣理化性质可知，气化灰渣虽然孔隙结构不丰富，但表面官能团结构较热解炭多，包括羧基（—COOH）、羰基（—COH）和羟基（—OH），这些含氧官能团提高了灰渣表面负电荷含量，增强表面亲水性，有利于对孔雀石绿酸性染色基团的吸附。除高温热解炭以外，12 h 后残渣对孔雀石绿基本达到吸附平衡状态；在吸附开始的前 1 h 内，由于残渣存在大量的未被填充的表面吸附位点，孔雀石绿在这一时间段的吸附量急剧增加；随着吸附位点逐渐被占据及染料分子之间的排斥力，1 h 后残渣对孔雀石绿的吸附速率随着吸附时间的增加不断减小。

7.3.2.2 染料浓度对吸附效果的影响

污泥低温和高温下获得的热解炭对孔雀石绿吸附量随染料初始浓度的变化关系如图 7-19 所示。孔雀石绿的初始浓度越低，达到吸附平衡所需的时间越短；孔雀石绿初始浓度增大时，染料溶液和残渣间的浓度差增大，传质推动力增加，孔雀石绿分子的扩散速度加快，初始吸附速率增大。热解炭平衡吸附量与孔雀石绿初始浓度关系如图 7-20 所示，结合图 7-19 可知：当孔雀石绿的初始浓度低于150 mg/L 时，低温和高温热解炭对孔雀石绿平衡吸附量与染料初始浓度均呈现良好的线性关系，继续增大溶液初始浓度，吸附量会进一步增加。

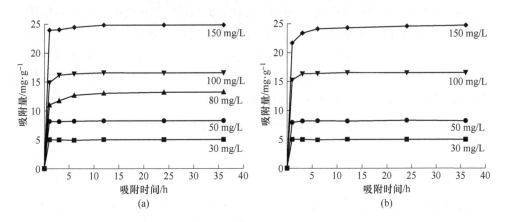

图 7-19　污泥热解炭对不同浓度孔雀石绿吸附量随染料初始浓度的变化
（a）低温热解炭；（b）高温热解炭（$t_s = 15$ min）

低温和高温热解炭对同浓度的孔雀石绿溶液的平衡吸附量基本相同，且低温比高温热解炭所需平衡时间短，这可能与热解炭表面剩余化学官能团存在一定的关系：污泥高温热解炭的物理孔隙结构虽然比低温热解炭丰富，但是由于其热解温度较高，化学反应比较彻底，低温热解炭存在的—OH、—COOH、—NH$_2$ 等官能团较高温残渣多，水溶液状态下发生质子解离，残渣表面产生负电性官能团，

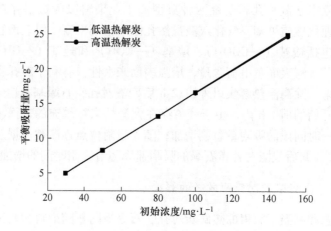

图 7-20　热解炭平衡吸附量与孔雀石绿初始浓度关系

而孔雀石绿的染色基团为正电性，热解炭表面官能团和染色基团间有电荷引力，这有效地加速了热解炭对孔雀石绿分子的吸附过程。

7.3.3 吸附前后 pH 值对比

染料溶液经热解炭吸附前后 pH 值见表 7-6，由于热解炭中的羧基官能团结构的存在，其水溶液呈酸性。而亚甲基蓝溶液显碱性，亚甲基蓝的 pH 值随着浓度的增大而减小；孔雀石绿的水溶液显酸性，孔雀石绿的 pH 值随着浓度的增大而减小，经热解炭吸附后染料溶液的 pH 值均趋于 7 左右的中性范围内，表明染料吸附过程中存在化学反应和离子中和现象。

表 7-6　染料溶液经热解炭吸附前后 pH 值

名　称	亚甲基蓝			孔雀石绿			高温热解残渣
浓度/mg·L⁻¹	50	100	150	50	100	150	6000
吸附前 pH 值	7.62	7.71	7.78	4.13	4.07	3.97	5.61
吸附后 pH 值①	7.23	7.38	7.60	7.02	7.08	7.12	—

① 吸附后 pH 值指经高温热解炭吸附 36 h 的测量值。

7.3.4 吸附模型

当吸附剂、溶液一定，在恒温条件下吸附达到平衡时，吸附质在吸附剂表面和在溶液中的浓度按特定的规律分配，存在一定的函数关系，这种关系称为吸附等温式或吸附等温线。因液相吸附的复杂性，至今仍无统一吸附理论，故一直沿用气相吸附模型。常用的模型有以下两类。

（1）Langmuir 模型。该模型是基于吸附剂吸附位点均一、吸附能不变，且为单分子层吸附假设的基础上建立的，其模型表示见式（7-1）：

$$\frac{C_e}{q_e} = \frac{1}{q_{max}} \times C_e + \frac{1}{q_{max}b} \tag{7-1}$$

（2）Freundlich 模型。该模型是一个经验公式，用于描述非均匀表面的非理想吸附以及多层吸附，即 Freundlich 模型适用于非均质表面的混杂吸附而非单分子层吸附。该模型认为理论上吸附量可达到无穷大，吸附质平衡浓度极限为吸附质初始浓度，其模型表示见式（7-2）：

$$q_e = KC_e^{\frac{1}{n}} \left(\lg q_e = \frac{1}{n}\lg C_e + \lg K \right) \tag{7-2}$$

式中 q_e——吸附平衡时的吸附质吸附量，mg/g；

     C_e——吸附平衡时液相中吸附质染料的浓度，mg/L；

   q_{max}——Langmuir 模型理论上饱和吸附量，mg/g；

     b——与吸附强度相关的 Langmuir 等温吸附常数；

n，K——与吸附强度和吸附容量有关的 Freundlich 吸附模型参数，其中 K 为 Freundlich 常数，g/(mg・h)，代表了吸附剂的单位吸附力；

  $1/n$——对吸附强度或吸附表面非均匀的测定，一般认为 $1/n$ 越小，吸附质的吸附性能越好：$1/n$ 为 0.1~0.5 时，被认为容易吸附；$1/n$ 为 0.5~1.0 时，认为吸附有一定难度；$1/n > 1$，则为难于吸附；$1/n$ 的值越接近零时，显示吸附表面越不均匀；$1/n < 1$ 时，表示是正常的 Freundlich 吸附；$1/n > 1$ 时，表示是混合的吸附。

基于亚甲基蓝及孔雀石绿的等温吸附实验平衡浓度与平衡吸附量的数据，采用上述两种等温吸附模型分别对亚甲基蓝和孔雀石绿吸附数据进行拟合，能够获得描述污泥热解炭对亚甲基蓝及孔雀石绿吸附行为的最佳模型。

7.3.4.1 热解炭对亚甲基蓝吸附模型

低温和高温下获得的热解炭对亚甲基蓝的吸附模型拟合结果如图 7-21 所示。对于低温和高温热解炭对亚甲基蓝的吸附，Freundlich 模型的拟合相关系数相对 Langmuir 模型较低，Langmuir 模型计算得到污泥高温热解炭对亚甲基蓝最大饱和吸附量 q_{max} 分别为 21.64 mg/g、16.83 mg/g，低温热解炭对亚甲基蓝最大饱和吸附量 q_{max} 与实验数据基本吻合，高温热解炭对亚甲基蓝的 Langmuir 拟合值 q_{max} 小于实验值。低温热解炭对亚甲基蓝的吸附与 Langmuir 模型的相关度（$R^2 = 0.959$）显著高于 Freundlich 模型的拟合相关度（$R^2 = 0.726$），表明低温热解炭对亚甲基蓝染料的室温吸附更接近于单分子层的均一吸附，即 Langmuir 吸附模型。高温热解炭对亚甲基蓝的吸附 Langmuir 模型和 Freundlich 模型的拟合相关系数差别不大，均为 0.85 左右，拟合相关系数值均不高（$R^2 < 0.9$），表明高温热解炭对亚甲基蓝染料的吸附过程不属于两种典型类别的吸附模型中的任意一种，不是单一吸附模型占主导作用的吸附过程，可能受几种吸附过程的协同作用，可能是比低温热解炭的亚甲基蓝吸附模型更复杂的复合吸附模型。高温和低温污泥热解炭对亚甲基蓝的吸附 Freundlich 模型的 $1/n$ 的值分别为 0.576 和 0.225，可以推断出高温热解炭对亚甲基蓝的吸附较低温热解炭困难，且高温热解炭的 Freundlich 模型拟合等温线为正常的 Freundlich 吸附。

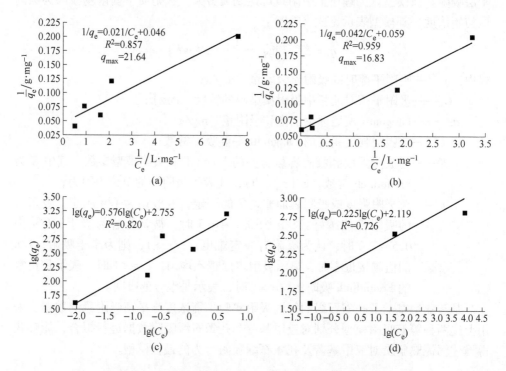

图 7-21　高温和低温热解炭对亚甲基蓝吸附的模型拟合

（a）高温，Langmuir 吸附模型拟合；（b）低温，Langmuir 吸附模型拟合；
（c）高温，Freundlich 吸附模型拟合；（d）低温，Freundlich 吸附模型拟合

7.3.4.2　热解炭对孔雀石绿吸附模型

低温和高温下获得的热解炭对孔雀石绿的吸附模型拟合结果如图 7-22 所示。污泥热解炭对孔雀石绿的吸附，Freundlich 模型的拟合相关系数相对 Langmuir 模型较低，高温热解炭对孔雀石绿的吸附 Langmuir 模型拟合相关系数（$R^2 = 0.965$）和 Freundlich 模型拟合相关系数（$R^2 = 0.929$）均较大，表明高温热解炭对孔雀石绿的室温吸附更接近 Langmuir 单分子层吸附模型，但热解炭表面不均匀

性对吸附过程有一定影响。由 Langmuir 吸附模型计算得到高温和低温热解炭的孔雀石绿的最大饱和吸附量 q_{max} 分别为 56.09 mg/g、61.63 mg/g，表明低温热解炭对孔雀石绿的吸附能力优于高温热解炭，且远高于污泥热解炭对亚甲基蓝染料的饱和吸附量，这与吸附试验所得结果一致；与亚甲基蓝正好相反，低温热解炭对孔雀石绿的吸附在两种模型下的拟合相关系数（$R^2 < 0.9$）都不是很大，显示低温热解炭对孔雀石绿的吸附过程可能受多种吸附过程的协同作用，并不是某种吸附模型占主导作用的单一吸附。

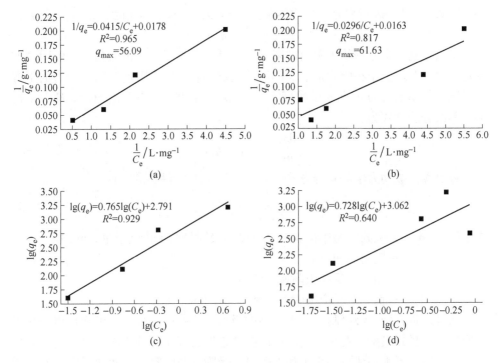

图 7-22 高温和低温热解炭对孔雀石绿吸附的模型拟合
（a）高温，Langmuir 吸附模型；（b）低温，Langmuir 吸附模型；
（c）高温，Freundlich 吸附模型；（d）低温，Freundlich 吸附模型

7.3.5 热解炭吸附动力学

目前描述或预测吸附过程的动力学模型较多，如液膜-固体模型、孔道扩散模型等。这些模型对动力学过程描述较为详细，通常将吸附量 q 表示为颗粒内空间位置 r 和时间 t 的函数，但其模型参数多，计算量大。总吸附模型假定吸附量只与吸附时间有关，避免了其他模型计算复杂的问题，模型简明且应用广泛。典型的总吸附模型有伪一级动力学方程和伪二级动力学方程，这两种模型广泛应用

于吸附机理的研究。

伪一级动力学模型认为颗粒内传质阻力是吸附的限制因素，假定吸附速率与驱动力成正比例，吸附速率随吸附量增加而线性减小，吸附剂上活性位点被吸附剂占据的速率与未被占据的活性位点的数量成正比，某一时刻的吸附量 q_t 与平衡吸附量 q_e 的差别为吸附驱动力，其伪一级动力学方程由 Langergren 和 svenska 给出，其微分表达式为：

$$\frac{\mathrm{d}q_t}{\mathrm{d}t} = k_1 (q_e - q_t) \tag{7-3}$$

对式（7-3）进行积分，当边界条件为 $t = 0$，$q_t = 0$；$t = t$ 时，$q_t = q_t$，得到：

$$\ln(q_e - q_t) = \ln q_e - k_1 t \tag{7-4}$$

伪二级动力学方程认为吸附的限制因素是化学吸附而非传质阻力，吸附剂的吸附能力主要取决于在吸附剂表面的活性位点。它假定吸附速率与驱动力的平方成正比例，驱动力为 q_t 和 q_e 差的平方，其伪二级动力学方程由 Ho 和 McKay 提出，其微分表达式为：

$$\frac{\mathrm{d}q_t}{\mathrm{d}t} = k_2 (q_e - q_t) \tag{7-5}$$

参照伪一级动力学的积分方式，对式（7-5）进行积分得到：

$$\frac{t}{q_t} = \frac{1}{k_2 q_e^2} + \frac{t}{q_e} \tag{7-6}$$

式中　q_t，q_e——吸附实验中染料某一时刻的吸附量及平衡吸附量，mg/L；

　　　　t——吸附时间，h；

　　　　k_1——伪一级反应吸附速率常数，h；

　　　　k_2——伪二级反应吸附速率常数，L/(mg·h)。

通常，符合伪一级吸附动力学模型的吸附过程被认为是一个可逆反应，其吸附速度主要受到吸附质在吸附剂颗粒间扩散速度的限制；符合伪二级吸附动力学模型的吸附体系则一般需要满足如下假设：吸附剂与吸附质之间通过电子共享或电子交换所形成的化学键，其产生的化学吸附是限制吸附速度的主导因素。Azizian 等人通过理论推导得出结论：若吸附质的初始浓度远大于吸附剂的吸附活性点的浓度（即表面位总浓度）时，吸附符合伪一级动力学方程；若吸附质的初始浓度小于或等于吸附剂的吸附点浓度时，吸附符合伪二级动力学方程。

7.3.5.1　残渣对亚甲基蓝吸附动力学

亚甲基蓝吸附动力学拟合参数见表 7-7。残渣对亚甲基蓝的吸附更适合用伪二级动力学模型进行描述，且拟合相关系数 R^2 高达 0.99 以上，而伪一级动力学的吸附数据拟合相关系数 R^2 最高只有 0.96，原因在于：伪一级反应动力学方程在做拟合曲线时首先需代入 q_e 实验值，随后拟合方程参数中会出现 q_e 的拟合值，

q_e 存在嵌套计算的问题，这使得拟合数据与实验数值存在一定偏差。相比之下，伪二级动力学方程包含了外部液膜扩散、表面吸附和颗粒内扩散等在内的所有吸附过程，因而可以全面、准确地描述亚甲基蓝分子在污泥残渣上的吸附机理。拟合结果表明污泥热解炭对亚甲基蓝的吸附速率主要控制步骤为化学吸附而非颗粒间扩散，即染料分子与颗粒表面上的功能基团的结合速率对亚甲基蓝吸附过程的吸附速率制约最大，同时亚甲基蓝的初始浓度小于 150 mg/L 时，其浓度小于污泥残渣的吸附点浓度。

表 7-7　亚甲基蓝吸附动力学拟合参数

种　类	初始浓度 $C_0/\text{mg} \cdot \text{L}^{-1}$	伪一级动力学模型参数			伪二级动力学模型参数		
		$q_e/\text{mg} \cdot \text{L}^{-1}$	k_1/h	R^2	$q_e/\text{mg} \cdot \text{L}^{-1}$	$k_2 /\text{L} \cdot (\text{mg} \cdot \text{h})^{-1}$	R^2
低温（600 ℃）热解炭	80	3.212	0.1544	0.9611	12.68	0.139	0.9994
	150	1.768	0.108	0.4782	16.69	0.19	0.9999
气化灰渣	150（650 ℃）	1.552	0.0984	0.2628	16.53	0.159	0.9997
	150（850 ℃）	3.413	0.0458	0.8457	19.21	0.0698	0.9975
高温（900 ℃）热解炭	50	0.065	0.0289	0.1922	8.252	0.978	0.9999
	100	0.491	0.1177	0.8996	16.6	0.621	0.9992
	150	1.94	0.0954	0.9465	27.41	0.00087	0.9997

基于伪二级动力学方程拟合的准确性，获得亚甲基蓝伪二级吸附动力学拟合数据参数，见表 7-8。残渣对亚甲基蓝的吸附速率随染料的初始浓度增大呈现不规律的变化；低温气化灰渣的吸附速率 k_2 显著高于高温气化灰渣。除 150 mg/L 的高温热解炭伪二级动力学计算得到的 q_e 与实验值偏差较大外，其他浓度的亚甲基蓝伪二级动力学 q_e 计算值与实验值基本相等。

表 7-8　亚甲基蓝伪二级吸附动力学拟合数据参数

种　类	初始浓度 $C_0/\text{mg} \cdot \text{L}^{-1}$	拟　合　数　据			实验值
		$q_e/\text{mg} \cdot \text{L}^{-1}$	$k_2/\text{L} \cdot (\text{mg} \cdot \text{h})^{-1}$	R^2	$q_e/\text{mg} \cdot \text{L}^{-1}$
低温（600 ℃）热解炭	30	4.92	10.66	0.9998	4.890
	50	8.28	0.597	0.9999	8.166
	80	12.68	0.139	0.9994	12.485
	100	16.17	0.112	0.9999	15.905
	150	16.69	0.19	0.9999	16.575
气化灰渣	150（650 ℃）	16.53	0.159	0.9997	16.389
	150（850 ℃）	19.21	0.0698	0.9975	19.207

种　类	初始浓度 $C_0/\text{mg} \cdot \text{L}^{-1}$	拟 合 数 据			实验值
		$q_e/\text{mg} \cdot \text{L}^{-1}$	$k_2/\text{L} \cdot (\text{mg} \cdot \text{h})^{-1}$	R^2	$q_e/\text{mg} \cdot \text{L}^{-1}$
高温（900 ℃）热解炭	30	4.957	0.107	0.9999	4.955
	50	8.252	0.978	0.9999	8.254
	80	13.175	1.0196	0.9992	13.156
	100	16.603	0.621	0.9992	14.553
	150	97.41	0.0000087	0.9997	24.977

7.3.5.2　残渣对孔雀石绿吸附动力学

溶液中孔雀石绿的伪一级和伪二级吸附拟合数据见表7-9。污泥残渣对孔雀石绿的吸附与亚甲基蓝一样，更适合用伪二级动力学模型进行描述，且拟合相关系数 R^2 高达 0.9999 以上，而伪一级动力学的吸附数据拟合相关系数 R^2 最高（高温气化灰渣）只有 0.96。对比孔雀石绿和亚甲基蓝的拟合数据可以看出，孔雀石绿拟合得到的伪一级和伪二级速率常数均大于同浓度下的亚甲基蓝，进一步验证了污泥残渣对孔雀石绿具有更强的吸附能力，同时孔雀石绿的初始浓度小于 150 mg/L 时，其浓度小于残渣的饱和吸附点浓度，也即当污泥残渣投放量固定在 6 g/L 时，继续增加孔雀石绿的初始浓度，其平衡吸附量将不断增加。

表 7-9　孔雀石绿的伪一级和伪二级吸附拟合参数

种　类	初始浓度 $C_0/\text{mg} \cdot \text{L}^{-1}$	伪一级动力学模型参数			伪二级动力学模型参数		
		$q_e/\text{mg} \cdot \text{L}^{-1}$	k_1/h	R^2	$q_e/\text{mg} \cdot \text{L}^{-1}$	$k_2/\text{L} \cdot (\text{mg} \cdot \text{h})^{-1}$	R^2
低温（600 ℃）热解炭	100	0.826	0.23	0.787	16.617	0.730	1
	150	1.152	0.226	0.886	24.938	0.517	0.9999
气化灰渣	150（850 ℃）	1.981	0.178	0.959	25.006	0.309	0.9999
高温（900 ℃）热解炭	100	0.477	0.129	0.757	16.567	1.121	0.9999
	150	2.012	0.200	0.874	24.777	0.227	1

基于伪二级动力学方程拟合的准确性，获得孔雀石绿伪二级吸附动力学拟合数据参数，见表7-10。伪二级动力学拟合得到的平衡吸附量 q_e 与实验值基本相等，且拟合数据值一般大于实验值；残渣对孔雀石绿的吸附速率 k_2 随溶液中孔雀石绿浓度的升高而降低，高温热解炭吸附速率 k_2 值受孔雀石绿染料浓度影响显著；对比四种不同种类的污泥残渣对 150 mg/L 的孔雀石绿的拟合吸附速率 k_2 大小发现：低温气化灰渣＞低温热解炭＞高温气化灰渣＞高温热解炭，本书中吸

附性能分析结果吻合较好，印证了伪二级动力学对于描述污泥残渣吸附溶液中孔雀石绿的准确性。

表 7-10 孔雀石绿伪二级吸附动力学拟合数据参数

种 类	初始浓度 $C_0/mg \cdot L^{-1}$	拟 合 数 据			实验值
		$q_e/mg \cdot L^{-1}$	$k_2/L \cdot (mg \cdot h)^{-1}$	R^2	$q_e/mg \cdot L^{-1}$
低温（600 ℃）热解炭	30	4.971	3.253	0.9999	4.970
	50	8.304	2.462	1	8.295
	80	13.289	1.281	0.9999	13.176
	100	16.617	0.730	1	16.572
	150	24.938	0.517	0.9999	24.876
气化灰渣	150（650 ℃）	24.95	1.606	1	24.924
	150（850 ℃）	25.006	0.309	0.9999	24.911
高温（900 ℃）热解炭	30	4.963	63.408	1	4.963
	50	8.214	13.116	0.9999	8.256
	100	16.567	1.121	0.9999	16.541
	150	24.777	0.227	1	24.675

7.3.6 热解炭对重金属 Cu(Ⅱ) 和 Cr(Ⅵ) 的吸附性能

高温热解炭对重金属离子 Cu(Ⅱ) 和 Cr(Ⅵ) 的吸附性能如图 7-23、图 7-24 和表 7-11 所示。可以看出，高温热解炭对重金属具有选择吸附特征，残渣对重金属 Cu 的去除效率远高于 Cr。这可能是由以下原因造成的：两种重金属化合物的溶解度不同，继而影响吸附质在溶液中处于分子、离子或络合状态的程度；铜离子在溶液中主要以 Cu^{2+} 形式存在，六价铬在溶液中大多以 CrO_4^{2-} 和 $Cr_2O_7^{2-}$ 的形式存在，水溶液状态下污泥热解炭表面的—OH、—COOH、—NH$_2$ 等官能团发生质子解离，产生负电性官能团，促进 Cu^{2+} 的吸附而不利于 $Cr_2O_7^{2-}$ 的吸附。此外，污泥热解炭水溶液呈现酸性，溶液中大量的 H_3O^+ 不利于 CrO_4^{2-} 和 $Cr_2O_7^{2-}$ 向热解炭固体表面的迁移。3 h 后 Cu(Ⅱ) 的去除率达到 94.88%，对 Cu(Ⅱ) 的吸附容量 q 达到 2.87 mg/g；随吸附时间的增加，Cu(Ⅱ) 的去除率进一步增加，但由于前期吸附已占据了热解炭的大部分孔隙表面，去除率增加并不显著。吸附 3 h 后 Cr(Ⅱ) 的去除率为 30.91%，仅为热解炭对 Cu(Ⅱ) 去除率的 30%，热解炭对 Cr(Ⅵ) 的吸附容量 q 为 0.80 mg/g，且随着吸附时间增加至 6 h，热解炭对 Cr(Ⅵ) 的去除率降低到 24.63%，这是由于热解炭对 Cr(Ⅵ) 主要限制因素是物理吸附，且 3 h 时基本达到吸附平衡，随着吸附时间的进一步增加，热解炭对 Cr(Ⅵ) 出现解析现象。

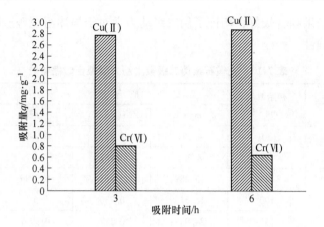

图 7-23　污泥高温热解炭的重金属吸附量随时间的变化

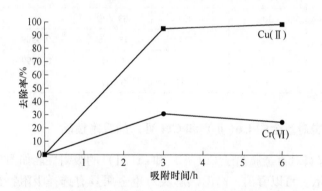

图 7-24　污泥高温热解炭的重金属去除率随时间的变化

表 7-11　高温热解残渣对 Cu(Ⅱ)、Cr(Ⅵ) 的吸附浓度变化

吸附时间/h	Cu(Ⅱ) 浓度/mg·L^{-1}	Cr(Ⅵ) 浓度/mg·L^{-1}
0	20.02	17.68
3	1.026	12.22
6	0.3210	13.33

7.4　热解过程中重金属迁移行为

7.4.1　重金属含量分析

　　污泥中含有一定量的重金属,在热解过程中,重金属将主要迁移至热解炭,热解炭中重金属含量将限制其农业利用。

污泥与污泥热解炭中 Zn、Cr 和 Cu 含量及残留率如图 7-25 所示。由于重金属不容易挥发，而是被重新分配到了质量更少的固态产物中，因此热解炭中重金属含量（mg/kg）均高于污泥原样。350 ℃下的热解炭中重金属含量低于 650 ℃下的热解炭。650 ℃下的热解炭在 N_2、10% O_2 以及掺混 20% 的杨木屑获得的热解炭中重金属含量基本相同，说明氧气和生物质的添加对污泥热解炭中重金属含量的影响很小。

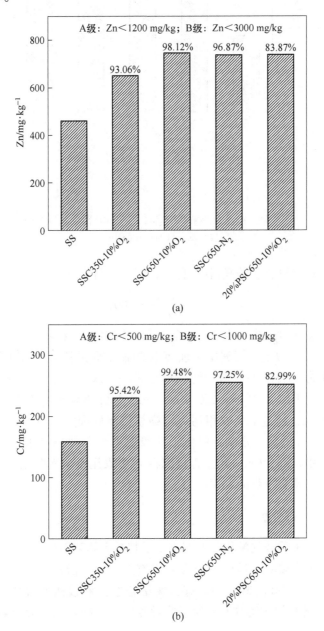

(a)

(b)

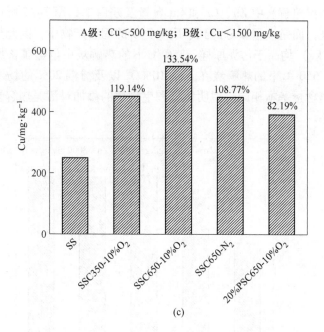

图 7-25　污泥及热解炭中 Zn、Cr 和 Cu 含量及残留率

(a) Zn；(b) Cr；(c) Cu

污泥热解炭中重金属的残留率可由式（7-7）计算得出：

$$R = \frac{SC_{Ti} \cdot \varphi_i}{SS_T} \times 100\% \tag{7-7}$$

污泥单独热解过程中几乎所有的重金属都被固定在热解炭中，重金属残留率非常高，均在93%以上。污泥中添加20%的杨木屑进行共热解获得的热解炭中重金属残留率为82%左右，低于污泥单独热解，这主要是因为杨木屑中的重金属含量极低。在10%O_2氛围、650 ℃时，污泥单独热解产生的热解炭中 Cu 含量为549.85 mg/kg，超过了《农用污泥污染物控制标准》（GB 4284—2018）规定的 A 级农用对 Cu 的最大限制，但低于 B 级农用对 Cu 的最大限制。其他工况下生成的热解炭中，Zn、Cr、Cu 总含量都在 A 级农用重金属限制以下，这表明热解产生的生物炭具有较强的农用潜力。

7.4.2　重金属形态分析

污泥热解炭中重金属的化学形态决定了其在后续利用过程中对周围生态环境的毒性影响。重金属的化学形态分为可交换态（F1，游离态）、可还原态（F2，氧化物结合态）、可氧化态（F3，有机物结合态）和残渣态（F4），其中 F1 和 F2 最不稳定，容易被植物或水系统吸收导致污染，被认为是直接毒性；F3 相对稳定，只在氧化条件下导致可溶性金属释放，被认为具有潜在的毒性；F4 非常的稳定，通常被认为不具有毒性。典型热解工况下污泥和热解炭中重金属化学形态及含量见表 7-12。

表 7-12 典型热解工况下污泥和热解炭中重金属化学形态及含量

重金属	形态	含量/mg·kg^{-1}				
		SS	SSC350-10%O$_2$	SSC650-10%O$_2$	SSC650-N$_2$	20%PSC650-10%O$_2$
Zn	F1	181.768	78.908	55.624	56.352	52.004
	F2	128.992	182.392	203.04	164.18	218.692
	F3	81.776	259.684	317.892	248.612	161.064
	F4	48.03	117.88	161.52	262.3	289.46
Cr	F1	23.808	5.58	9.484	21.804	8.144
	F2	39.008	30.448	25.112	29.232	28.188
	F3	39.316	73.2	81.772	42.468	48.636
	F4	24.89	82.45	145.9	155.75	158.55
Cu	F1	59.636	37.888	43.936	60.6	40.044
	F2	28.912	15.172	22.336	10.556	22.948
	F3	75.68	180.96	185.624	163.032	171.872
	F4	60.43	203.76	287.42	209.04	155.19

污泥和热解炭中重金属的形态分布如图 7-26 所示。可以发现，与污泥原样

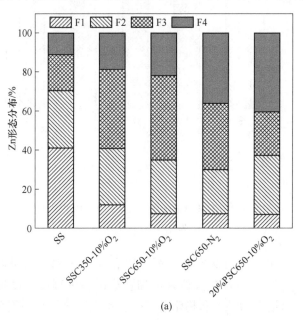

(a)

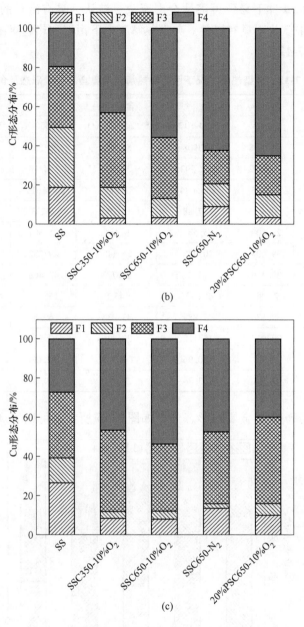

图 7-26　污泥及热解炭中 Zn、Cr 和 Cu 的形态分布

(a) Zn；(b) Cr；(c) Cu

相比，热解炭中重金属的可交换态与可还原态（F1 + F2）含量明显降低，而可氧化态与残渣态（F3 + F4）含量显著增加。这说明热解反应过程促使污泥中重金属由活性态向着潜在活性态和稳定态转化，也表明热解炭中重金属的毒性比原

污泥低。在10%O_2氛围下，与350℃温度下热解炭相比，650℃温度下热解炭中重金属的F3+F4占比较高，且F4的占比更大，说明热解温度越高，热解炭中重金属越稳定、毒性越低。650℃时，与N_2氛围相比，10%O_2氛围下Zn、Cr、Cu中F1+F2占比相对较低，F3占比明显增加，表明O_2使得重金属的化学形态朝着氧化态F3转变，降低了污泥热解炭的直接毒性。添加20%杨木屑的热解炭中，残渣态Zn和Cr含量明显增加，掺混PS使得Zn和Cr毒性降低；Cu中F3占比增加，F4占比减少，这是由于Cu与有机物相结合形成了较多的稳定性物质。

7.4.3 重金属毒性分析

对重金属污染程度和生态风险常用的评估模型为GCF（global contamination factor）和GRI（global risk index）评估模型。GCF为重金属的综合污染值，是单个重金属污染值ICF的累计值；GRI为重金属的综合风险值。以上评估模型的计算方法分别见式（7-8）~式（7-10）。

$$IFC = \frac{F1+F2+F3}{F4} \tag{7-8}$$

$$GCF = \sum_{i}^{n} IFC_i \tag{7-9}$$

其中，ICF≤1为轻度污染；1<ICF≤3为中度污染；3<ICF≤6为中-重度污染；ICF>6为重度污染。GCF≤6为轻度污染；6<GCF≤12为中度污染；12<GCF≤24为中-重度污染；GCF>24为重度污染。

$$GRI = \sum_{i}^{n} T_r^i ICF_i \tag{7-10}$$

其中，T_r^i为重金属毒性响应系数，Zn、Cr和Cu的毒性影响系数为1、2和5。GRI≤150为轻度风险；150<GRI≤300为中度风险；300<GRI≤600为中-重度风险；GRI>600为重度风险。

基于GCF和GRI评估模型计算方法，评估污泥与热解炭中Zn、Cr和Cu的污染程度及生态风险，分析结果见表7-13。热解炭中单个重金属的污染程度低于污泥原样，说明热解过程能够降低单个重金属的污染程度。污泥中Zn的污染程度最高，为重度污染；10%O_2氛围下的热解炭中Zn为中度-重度污染，在N_2氛围和添加20%杨木屑下则降为中度污染。随着温度的升高，Cr由原污泥的中-重度污染降为中度污染，最后降为轻度污染。几乎所有的热解炭中Cu都为中度污染。10%O_2氛围下，350℃时，污泥原样的中-重度风险降低到热解炭的中度污染，随着热解温度的升高至650℃，进一步降至低度污染，表明低氧氛围下，热解温度越高，重金属总污染程度越小。虽然污泥和热解炭中Zn、Cr、Cu的总生态风险都处于轻度风险区内，但污泥热解炭的GRI值明显低于污泥原样，因此能够预测热解过程降低了污泥中所有重金属的生态风险程度。

表 7-13　污泥与热解炭中 Zn、Cr 和 Cu 的污染程度及生态风险

项　目	SS	SSC350-10%O₂	SSC650-10%O₂	SSC650-N₂	20%PSC650-10%O₂
Zn	HC	MHC	MHC	MC	MC
Cr	MHC	MC	LC	LC	LC
Cu	MC	MC	LC	MC	MC
污染程度	MHC	MC	LC	LC	LC
生态风险	LR	LR	LR	LR	LR

注：LC 为轻度污染；MC 为中度污染；MHC 为中-重度污染；HC 为重度污染；LR 为低风险。

参 考 文 献

[1] He C, Giannis A, Wang J Y. Conversion of sewage sludge to clean solid fuel using hydrothermal carbonization: hydrochar fuel characteristics and combustion behavior [J]. Applied Energy, 2013, 111 (11): 257-266.

[2] Manya J J, Alvira D, Azuara M, et al. Effects of pressure and the addition of a rejected material from municipal waste composting on the pyrolysis of two-phase olive mill waste [J]. Energy & Fuels, 2016, 30 (10): 8055-8064.

[3] Liu J X, Jiang X M, Zhang Y C, et al. Size effects on the thermal behavior of superfine pulverized coal ash [J]. Energy Conversion & Management, 2016, 123: 280-289.

[4] Zhao B, Zhang Z, Wu X. Prediction of coal ash fusion temperature by least-squares support vector machine model [J]. Energy & Fuels, 2010, 24 (5): 3066-3071.

[5] Bryers R W. Fireside slagging, fouling, and high-temperature corrosion of heat-transfer surface due to impurities in steam-raising fuels [J]. Progress in Energy and Combustion Science, 1996, 22: 29-120.

[6] Bridgeman T G, Darvell L I, Jones J M, et al. Influence of particle size on the analytical and chemical properties of two energy crops [J]. Fuel, 2007, 86 (1/2): 60-72.

[7] Wang G L, Silva R B, Azevedo J L T, et al. Evaluation of the combustion behaviour and ash characteristics of biomass waste derived fuels, pine and coal in a drop tube furnace [J]. Fuel, 2014, 117: 809-824.

[8] Garcia R, Pizarro C, Alvarez A, et al. Study of biomass combustion wastes [J]. Fuel, 2015, 148 (15): 152-159.

[9] Xing P, Darvell L I, Jones J M, et al. Experimental and theoretical methods for evaluating ash properties of pine and El cerrejon coal used in co-firing [J]. Fuel, 2016, 183: 39-54.

[10] 严继民, 张启元. 吸附与凝聚: 固体的表面与孔 [M]. 北京: 科学出版社, 1979.

[11] 朱纪磊, 奚正平, 汤慧萍, 等. 多孔结构表征及分形理论研究简况 [J]. 稀有金属材料与工程, 2006, 35 (2): 452-456.

[12] 张超, 高才, 鲁雪生, 等. 多孔活性炭孔径分布的表征 [J]. 离子交换与吸附, 2006,

22 (1)：187-192.

[13] 姚金玲，王海燕，于云江，等. 城市污水污泥处理厂污泥重金属污染状况及特征 [J]. 环境科学研究，2010，23 (6)：696-702.

[14] 张文轩. 改性秸秆对污水中染料物质的吸附脱除研究 [D]. 南京：南京大学，2012.

[15] 刘澜. 改性稻秆吸附剂表征及处理亚甲基蓝溶液的吸附性能研究 [D]. 重庆：重庆大学，2011.

[16] Chen M, Li X M, Yang Q, et al. Total concentrations and speciation of heavy metals in municipal sludge from Changsha, Zhuzhou and Xiangtan in middle-south region of China [J]. Journal of Hazardous Materials, 2008, 160 (2/3)：324-329.

[17] Yuan X, Huang H, Zeng G, et al. Total concentrations and chemical speciation of heavy metals in liquefaction residues of sewage sludge [J]. Bioresour Technol, 2011, 102 (5)：4104-4110.

[18] 杨婷. 城市污水处理厂污泥中重金属的污染及环境风险评价模型优化研究 [D]. 南昌：江西农业大学，2017.

[19] Zhao S, Feng C H, Yang Y R, et al. Risk assessment of sedimentary metals in the Yangtze Estuary：new evidence of the relationships between two typical index methods [J]. Journal of Hazardous Materials, 2012, 241/242：164-172.

8 污泥热解工程实例

8.1 国内实施案例

8.1.1 广东省江门市 160 t/d 的污泥热解炭化项目

广东省江门市 160 t/d 的污泥热解炭化项目（见图 8-1）可处理市政污泥、印染污泥、造纸污泥、食品污泥等一般固体废弃物，处理能力为 160 t/d（含水率 80%），其中热解炭化系统处理能力为 80 t/d（含水率 60%）。

图 8-1 污泥热解炭化厂区图

项目工艺路线如图 8-2 所示，含水率为 80% 污泥送到工厂后进行脱水预处理，利用板框压滤机进行脱水，将污泥脱水至 60% ~ 65%，脱水后的污泥进入汇料储槽并经刮板输送至多段炉热解炭化系统。另外，60%~65%含水污泥可以直接输送至汇料系统，经汇料搅拌均匀后输送至多段炉进行热解，既提升了整体系统的适应性，也降低了污泥预处理系统的成本支出。

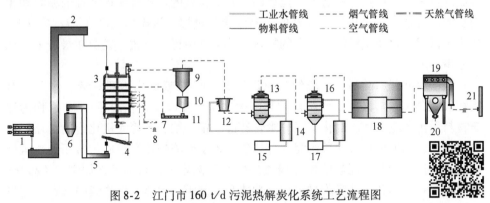

图 8-2　江门市 160 t/d 污泥热解炭化系统工艺流程图

1—污泥进料储槽；2—刮板输送机 1；3—多段炉；4—螺旋出料冷却器；
5—刮板输送机 2；6—污泥出料储槽；7—天然气；8—燃烧空气机；9—多管旋风除尘；
10—飞灰缓存槽；11—飞灰输送螺旋；12—预冷器；13—洗涤器；14—冷却塔；15—循环水槽；
16—洗涤器；17—循环水槽；18—RTO；19—袋滤机；20—固废；21—烟囱

彩图

该项目总占地面积为 1600 m^2（不含污泥仓库），总装机功率为 260 kW，运行功率为 170 kW，其中多段炉运行功率为 18.5 kW。多段炉采取密封式设计，如图 8-3 所示，其处理污泥的过程可分为干燥、热解和炭化三个阶段。干燥：在干燥阶段污泥中的水分以蒸汽形态脱离污泥相，下落的污泥在耙齿的搅拌作用下被层层拨开，与上升的热烟气进行充分的热交换以利用烟气余热，该阶段操作温度

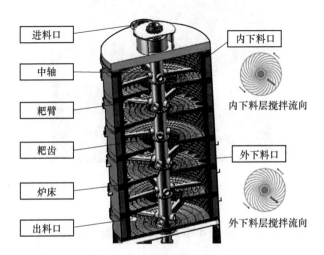

图 8-3　污泥热解炭化多段炉

为 150～200 ℃。热解炭化：污泥干燥完成后，在缺氧环境下，进入热解反应阶段，污泥在多段炉热解过程中有低温炭化操作模式、高温炭化操作模式。低温炭化过程：热解反应发生在 650～700 ℃时，污泥中的有机物被破坏得以全部释放，排放的炭渣是一种热值较低的、黑色的、木炭样式的、具有流动特性的粉状和颗粒状的混合物，其中灰分约占 75%。高温炭化过程：该操作温度在 872 ℃以上，相比于低温炭化模式污泥中更多的能量在热解气中得以释放，残留在炭渣中的能量减少。

该项目处理后的污泥残渣约为原污泥的 10%，减量化达到 90%，水分和有机物被充分热解。该项目所制得的热解生物炭可在以下途径应用。（1）作为建筑材料：污泥热解残渣的化学组分中含有硅、铝、铁、钙等无机化合物，还有部分固定碳，热解生物炭保留污泥部分热值。鉴于残渣的化学组成与常用的建筑材料组分接近，因此污泥热解炭化残渣是生产环保建筑材料的可选原料。（2）作为吸附剂：虽然和其他吸附材料相比性能存在差距，但热解生物炭中含有一定量的固定碳，具有吸附能力。经优化改进处理后，不仅可以脱除水中的有机物，还可以吸附金属离子，达到脱色和降低化学需氧量（COD）的目的，可以在生产中替代部分活性炭的使用，减少整厂（特别是污水处理厂）活性炭的用量，降低成本。（3）污染土壤的修复：减少土壤中有机物和无机污染物流动形式的潜力；增加土壤有机组分含量，增加其污染物吸附性能。图 8-4 为热解炭化后产渣。

图 8-4　热解炭化后产渣

8.1.2　山东省青岛市即墨 300 t/d 市政污泥热解炭化项目

山东省青岛市即墨市政污泥热解炭化项目，设计日处理污泥 300 t，采用污泥调理+板框脱水+热力干化+热解炭化+尾气处理的工艺路线,建设有4套板框脱水系统,2条污泥干化炭化生产线,如图8-5所示。运行数据显示,污泥减量化程度达到90%以上,处理后的污泥炭渣作为建材原料在当地消纳使用。

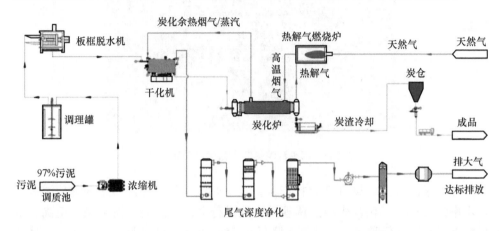

图8-5 即墨300 t/d市政污泥热解炭化工艺流程

污水处理厂含水率97%的脱水污泥通过泵输送至调质池中,添加药剂后,经叠螺式污泥浓缩机浓缩到含水率95%的泥浆,泵入污泥调理罐,加入药剂后进行搅拌调理,使污泥的细胞壁破坏,便于后续挤压脱水。板框脱水:调理后的污泥送入板框机进行固液分离,污泥含水率降至60%左右。热力干化:板框脱水后的60%的泥饼送入污泥干燥机,在干燥机内与炭化炉排出的余热烟气接触,加热蒸发水分,将含水率60%左右的污泥干燥至含水率20%以下。在此环节,也可利用蒸汽余热锅炉——吸收炭化炉排出的热烟气产生蒸汽,送入污泥蒸汽干化机,与污泥间接接触蒸发脱水。热解炭化:含水率20%左右的污泥,输送进入连续式绝氧热解炭化炉,与热烟气间接接触发生热解炭化反应,产生的污泥炭排出经冷却后,送至炭渣储存仓。炭化产生的热解气进入燃烧系统燃烧。热解气燃烧和热量梯级利用:由炭化炉产生的热解气,进入热解气燃烧装置,产生900 ℃左右的热烟气,热烟气首先进入热解炉,提供热解所需热量,从热解炉出来的烟气温度为600 ℃左右,为脱水泥饼的热力干燥提供热量,干燥后烟气温度降至120 ℃后进入烟气处理系统。烟气处理系统:热解气和天然气燃烧过程中,会产生氮氧化物和二氧化硫等污染物,烟气通过脱硝、脱硫、除尘等工艺处理后达标排放。图8-6为即墨污泥热解炭化项目车间内景。

8.1.3 长沙市50 t/d污泥深度处理项目

长沙污泥深度处理项目采用一体化污泥连续炭化技术,污泥工程规模达50 t/d(含水率80%),适用于市政污泥、印染污泥、造纸污泥等一般固废污泥

图 8-6　即墨污泥热解炭化项目车间内景

的处理处置，已于 2018 年 7 月投产运行。工艺流程如下：经污水处理厂浓缩后含水率约为 98% 的污泥先通过调理反应池进行调理，后经污泥泵输送至高压隔膜板框压滤机进行脱水，使其含水降低至 55% 以下，再将脱水污泥送入一体化炭化炉进行炭化处理。炭化系统工艺流程如图 8-7 所示。污泥经炭化工艺处理后转化为生物炭产品，资源化处理率达 100%，无害化处理率达 100%，减量化处理率达 85% 以上（以含水率 80% 计）。

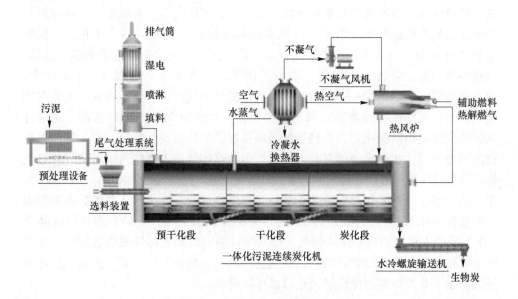

图 8-7　脱水污泥一体化炭化工艺流程

　　在炭化炉的干燥段，污泥通过炉壁被高温气体加热，在 100～120 ℃ 下不断蒸发干燥，再进入炭化炉的炭化段，在炭化段中通过炉壁被高温气体加热到

500～600 ℃，污泥裂解为生物炭和热解气，热解气通过风机送入燃烧热风炉；燃烧热风炉通过燃烧热解气、生物质燃料后产生 800～900 ℃高温气体，再回用于加热炭化炉的干燥段和炭化段，加热后降温的气体通过净化系统达标排放；生物炭从炭化炉排出，后续处理后用于资源化利用。该项目年产生物炭约 1700 t，销售给园林绿化、园艺所等单位用于园林绿化、苗圃栽培等。图 8-8 为连续一体化污泥炭化炉。

图 8-8 连续一体化污泥炭化炉

8.1.4 贵州省凯里市污水处理厂 100 t/d 污泥炭化工程

位于贵州省凯里市大坡垃圾填埋场以北新岩村的污泥炭化工程，占地 8580 m²，用于处理凯里市行政区域内 5 座污水处理厂所产生的污泥，设计处理规模为 100 t/d（含水率 80%），已于 2018 年 5 月投产运行。项目采用高干脱水 + 干化炭化处理工艺，具体工艺流程图如图 8-9 所示，将污泥变为含水率 5% 的园林绿化基质肥（15 t/d），实现了污泥处置目标。

污泥经调理改性后，泵入压滤机内高压脱水（见图 8-10），脱水后形成含水率 60% 左右的泥饼，然后通过输送设备送至炭化处理车间。在炭化处理车间内，将泥饼破碎后干燥至含水率 20% 以下，在炭化炉（见图 8-11）内 450～650 ℃区间将污泥热解炭化，使生化污泥中的细胞裂解，释放其中水分，同时使污泥中的有机物根据其碳氢比例被裂解，形成利用价值较高的热解气和固体残渣，热解气进入炭化供热系统中燃烧利用，污泥基生物炭冷却储存，作为绿化基质肥利用。

8.1.5 湖北省钟祥市 120 t/d 污泥热解气化项目

位于湖北省钟祥市的污泥处理处置项目是国内首个实现污泥耦合干化与热解气化核心设备国产化的项目，已于 2018 年投产运行，填补了城市污泥耦合干化

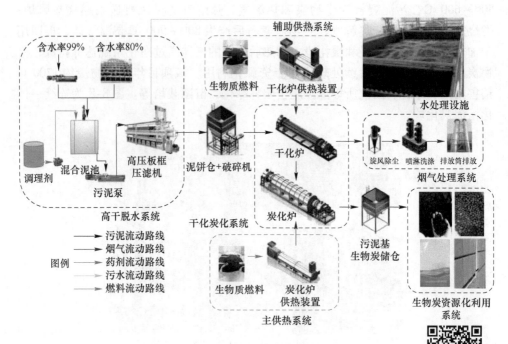

图 8-9   贵州凯里市污泥高干炭化工艺流程

彩图

图 8-10   污泥脱水机

热解气化核心技术的国产化空白。该污泥处理处置项目采用污泥耦合干化热解气化工艺，处理能力为 120 t/d（含水率不大于 80%），年处理市政污泥量可达 3 万吨。污泥耦合干化热解气化工艺由湿污泥储存系统、污泥干燥系统、热解气化系统、热能利用系统、尾气处理系统和灰渣系统六大部分构成。具体工艺流程如图8-12 所示。

图 8-11 污泥炭化炉

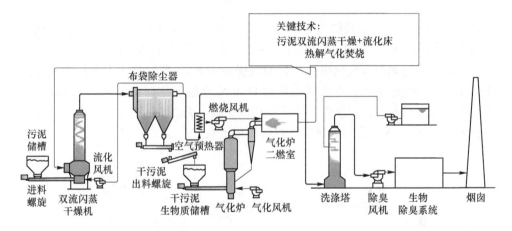

图 8-12 湖北省钟祥市污泥耦合干化热解气化工艺流程

　　污泥热解气化干燥系统是将污水处理厂含水率不大于 80% 的污泥经双流闪蒸干燥机（见图 8-13）干燥至含水率不大于 30% 后，污泥与生物质燃料一起在缺氧条件下送入气化炉中进行热解气化，污泥与生物质燃料共气化产生可燃气体及灰渣混合物。经高温旋风分离器分离出可燃气和灰渣，可燃气在二燃室内燃烧生成高于 600 ℃的烟气，作为污泥干燥用热源，灰渣送入砖厂等最终消纳途径，从而实现对污水处理厂产生的污泥减量化、无害化、资源化处理的目的。

8.1.6　郑州新区污水处理厂 100 t/d 污泥热解气化项目

　　郑州市污水净化有限公司共建成 4 座污泥处理厂，总规模达 2300 t/d，累积处理污泥 200 万吨以上，这些污泥采用"机械浓缩＋板框脱水＋干化＋热解气化

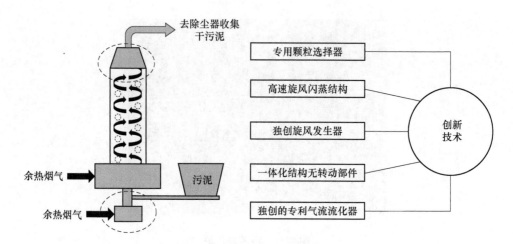

图 8-13　双流闪蒸干燥技术

焚烧"工艺处理，其中热解气化项目规模为 100 t/d（含水率 80%），污泥热值可达 2000 kcal/kg（1 kcal = 4.18 J），并已于 2017 年 11 月投产运行。

郑州新区污泥热解气化项目工艺的流程如图 8-14 所示，污泥处理的核心设备是干化机和气化炉，污泥和气化剂在 1100 ℃高温气化炉中发生化学反应，生成可燃气和无机残渣，可燃气为干化机提供热源，无机残渣可被回收利用，减少运营费用。图 8-15 为郑州新区污泥热解气化近景。

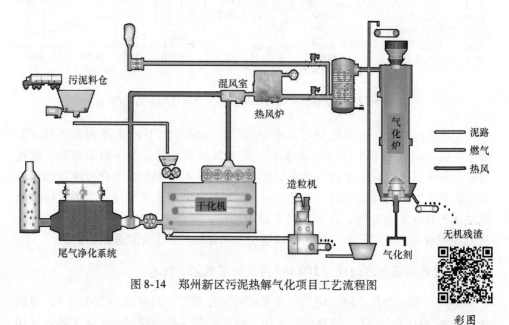

图 8-14　郑州新区污泥热解气化项目工艺流程图

彩图

图 8-15　郑州新区污泥热解气化近景

8.1.7　芜湖市无为县市政污泥热解项目

芜湖市无为县市政污泥热解项目，占地面积 500 m²，污泥处理能力为 50 t/d，年处理量 15000 t，每天产出 7.5 t 生物炭化物。无为县城区污水处理厂处理处置工程采用"中温炭化"工艺，工艺流程如图 8-16 所示。污泥来自无城污水厂和城东污水厂，将无城污水厂产生的约 80%（含水率）污泥和城东污水厂产生的经重力浓缩后的 98%（含水率）污泥按一定比例混合，并将其含水率控制在 94%～96%，混合调理后再通过泵输送至高压板框压滤机系统，压滤后泥饼含水率降至 60% 以下，进入泥饼料仓，以调节缓冲脱水系统与后期炭化系统。泥饼通过大倾角皮带输送机输送至闭风器中，闭风器在保证机内温度的同时均匀地将物料送入预烘干机，预烘干机中的打散扬雾装置快速地将物料打碎、扬起、换热、坠落、再扬起、再打碎，如此往复（预烘干使用的是炭化主炉膛、副炉膛的余热废气）。水分已经降到 10% 以下的污泥通过密封式输送机进入闭风器，再进入炭化机内筒，第二次去除水分后，自落入炭化机外筒通过位移装置逐步进入炭化次高温区、高温区、次高温区、渐冷区、冷却区，通过闭风器自流入水冷式出料螺旋机，再落入二级水冷式螺旋机，成品落入成品入库螺旋输送机上，炭化主炉膛、副炉膛的余热和余烟被预烘干机利用后，依次进入旋风除尘器、喷淋系统、碱洗和除雾装置处理。

市政污泥处理过程中现场图如图 8-17 所示。市政污泥在高温缺氧环炉内，有机质得到彻底裂解，气体经净化后作为系统的辅助燃料使用，固渣（主要是砂石和炭黑）几乎不含水，减量率大，满足《农用污泥中污染物控制标准》（GB 4284—84）要求，可进一步资源化利用。

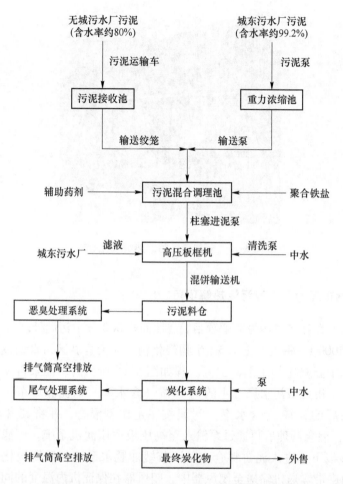

图 8-16　无为县市政污泥"中温炭化"工艺流程

图 8-17　无为县市政污泥热处理过程中现场图

8.1.8　湖北省鄂州市城区污水处理厂热解处置项目

　　湖北省鄂州市城区污水处理厂热解处置项目，于 2015 年投入试运行，占地面积 1400 m²，处理规模为 80% 脱水污泥 60 t/d，核心技术为连续高速污泥炭化工艺，主要设备为炭化炉和干燥机，工艺流程如图 8-18 所示。

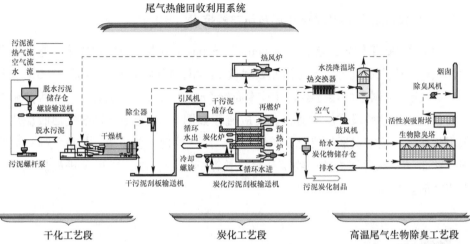

图 8-18　湖北省鄂州市城区污水处理厂热解处置项目工艺路线

彩图

图 8-19 为湖北省鄂州市城区污水处理厂热解项目工程现场。

图 8-19　湖北省鄂州市城区污水处理厂热解项目工程现场

8.2　国外实施案例

8.2.1　澳大利亚 EnerSludge 中温常压热解技术

20 世纪 90 年代末，澳大利亚 Perth 的 Subiaco 污水处理厂建成第一座商业化污泥热解油生产示范厂，干化污泥处理量 25 t/d，每吨污泥可产 200~300 L 燃料和 0.5 t 炭，燃料品质接近柴油（技术商标 EnerSludge）。该热解技术采用热解与挥发相催化改性两段式反应器，其反应流程如图 8-20 所示，热解气回收应用提供干化能量，热解炭通过流化床燃烧功能，尾气处理工艺简单，排放气体达到德国 TALuft（全球最严格的废物焚烧尾气控制标准）标准，二噁英排放量低于标准 300 倍。

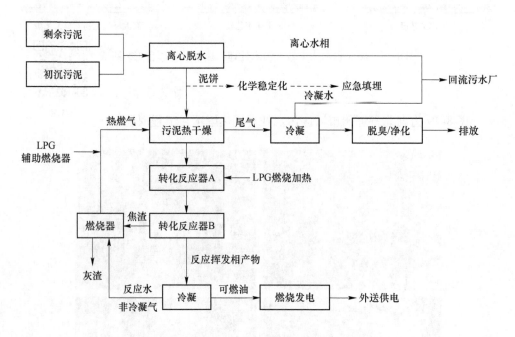

图 8-20　澳大利亚 EnerSludge 热解工艺技术路线

该工艺之后又在加拿大建厂投产，运行结果表明，污泥中的全部能源均被转化到产物中，见表 8-1。当 DS（干燥固体）处理量为 25 t/d 时，处理每吨干污泥能量净输出为 7.7 GJ（约合 263.16 kg 标准煤）。如果热解油用作柴油发电机的燃料，处理每吨干污泥可发电 925 kW·h。

表 8-1　澳大利亚 EnerSludge 热解工艺产物分析

产　物	产率/%	热值/MJ·kg^{-1}	能量百分率/%
热解油	29	30	45
热解炭	43	18	40
非冷凝性气体	14	16	11
反应水	14	6	4

8.2.2　丹麦污泥干燥热解技术

丹麦污泥干燥热解技术是将过热蒸汽干燥和低温热解两个技术集成，分三步对污泥进行处理（污泥过热蒸汽干燥、低温慢速热解、热解气体燃烧），工艺流程如图 8-21 所示。

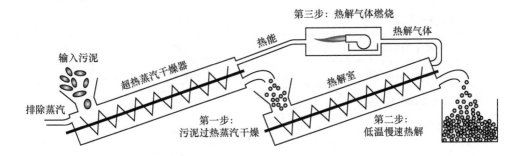

图 8-21　丹麦污泥干燥热解技术工艺流程图

第一步，含固率为 15%~25% 的污泥在无氧环境下在过热蒸汽干燥设备中被干燥，干燥后污泥的含固率大于 90%。多余的蒸汽通过热交换器冷凝，实现热量回收，同时消除干燥过程中的异味和灰尘。

第二步，干燥污泥在无氧环境中被加热到约 650 ℃，污泥的有机污染物通过热解过程被降解；热解后 50%~70% 的有机成分转化为热解气（甲烷、氢气、一氧化碳、二氧化碳混合气体），30%~50% 的有机成分转化为焦炭；热解后的固体产物包括焦炭和少量无机盐灰分，统称为生物炭。

第三步，热解过程产生的热解气（甲烷、氢气、一氧化碳、二氧化碳混合气体）在一个炉内燃烧，燃烧产生的热量可以为污泥蒸汽干燥和热解两个过程供热。此外，标的公司采用低温慢速热解工艺，热解后的生物炭不仅无臭、无有机污染物，而且保留了有机结合态磷，因此生物炭可作为富集植物有效磷的绿色有机磷肥。

实施案例：丹麦某水务公司市政污泥脱水项目。

该项目使用过热蒸汽干燥技术对 35% 含固率的污泥干燥处理，干燥后的污泥含固率为 90%～95%；干燥后的污泥在热解设备中进行低温慢速热解，热解后 70% 的有机成分转化为热解气（甲烷、氢气、一氧化碳、二氧化碳混合气体），30% 的有机成分转化为生物炭。通过燃烧热解气为污泥干燥和热解两个过程供热。

项目总投资成本 500 万丹麦克朗，维护成本 75 万丹麦克朗/a，处理能力 1250 t/a。项目设备运行使用循环冷却水，设备日常耗电 300 kW·h/d，主要技术参数见表 8-2。

表 8-2　主要技术参数表

项　　目	参　　数
项目规模/t·a^{-1}	1250
使用设备	100 kW 污泥过热蒸汽干燥设备、100 kW 低温热解设备
污泥处理效率/kg·h^{-1}	205
干燥前污泥含固率/%	35
干燥后污泥含固率/%	90～95
干燥后污泥燃烧值/MJ·kg^{-1}	18
热能回收效率/%	75
生物炭产率/g·kg^{-1}	300
可治理污染物	所有有机污染物；汞、砷等重金属及其化合物

8.2.3　日本巴工业株式会社中温常压热解技术

日本巴工业株式会社中温常压热解技术由日本 gesep 巴工业株式会社开发实施，其装置由卧式旋转干燥机、多段螺旋式炭化炉及排气处理设备构成，其工艺路线如图 8-22 所示。卧式旋转干燥机上安装有搅拌破碎装置，它可以将脱水污泥的含水率造粒干燥到 30% 左右。炭化炉是一种炉内贯穿有上下 4 段螺旋输送装置的外热炉。干燥污泥首先会被输送到最上段的螺旋输送器中，然后按照上段、中段、下段的顺序被依次输送到各个螺旋输送器内，再由设置在炭化炉下部的加热器将各段螺旋输送器机罩加热到 600～700 ℃。此时，干燥脱水污泥就在无氧状态下被热分解（干馏）出碳化物。各段螺旋输送器内产生的干馏气体在炭化炉内被燃烧，作为干馏的热源被再次利用。

该公司污泥热解系统的所产碳化物具有无臭味、透气和透水性能良好的优

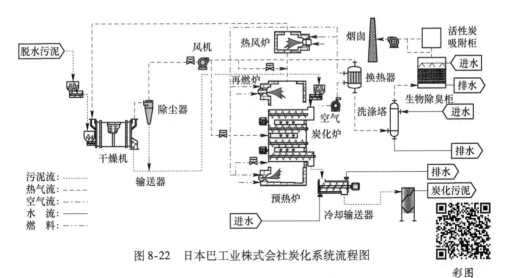

图 8-22 日本巴工业株式会社炭化系统流程图

彩图

点，可作为土壤改良材料和肥料使用。大部分碳化物与煤混合后作为附近电厂的燃料使用。此工艺先后在日本的山形县鹤岗市净化中心、福岛县双叶地方广域市町村圈（污泥回收中心）投产运行，目前该技术建设的最大规模为 30 t/d，客户地点在韩国。

2000 年以后，日本的高温热解技术已经成熟，各种各样的生产性装置相继投入使用，日本污泥炭化处理现状见表 8-3。

表 8-3 日本污泥炭化处理现状

编号	技术特点	项 目	处理量 /t·d^{-1}	起始年份	主要利用途径
1	螺旋炭化炉	鹤岗市净化中心	4.8	2002	共同研究/肥料
2	造粒干燥 + 炭化	静冈县富士市西部净化中心	3.24	2000	
3	炭化活化一体	东部净化中心	4.8	2000	DXN's 吸附材料
4	内筒干燥粒 + 外筒炭化	K 社（兵库县高砂市）	36	2000	调湿材料
5	回转窑炭化炉 + 燃料化	东京都东部污泥	100	2008	电厂燃料
6	回转窑炭化炉 + 燃料化	广岛市西部水资源再生中心	25	2012	电厂燃料
7	回转窑炭化炉 + 燃料化	熊本市南部净化处理厂	50	2013	电厂燃料
8	回转窑炭化炉 + 燃料化	大阪市平野下水处理厂	150	2014	电厂燃料
9	流化床炭化炉	爱知县衣浦东部流域	100	2014	电厂燃料
10	外热回转窑	须走净化中心	13.44	2003	融雪剂